제2판

해양시추공학

KB077882

Offshore Drilling Engineering

석유는 우리의 일상생활과 현대 정보화사회를 위한 핵심 에너지원이다. 시추는 석유의
부존을 확인하여 개발로 이어지게 하는 핵심적인 역할을 한다. 150년 이상의 역사를
가진 시추는 공학지식의 종합적인 응용이 필요한 분야로 각 작업에 대한 목적, 절차,
장비에 대한 지식을 필요로 한다.

제2판
해양시추공학

최 종 근 저

씨아이알

머리말

석유는 우리의 일상생활과 현대 정보화사회를 유지하는 가장 중요한 에너지원이다. 석유를 탐사하고 생산하기 위해서는 시추를 통하여 그 부존을 직접 확인하는 것이 필수적이다. 따라서 시추는 탐사단계와 개발단계를 이어주는 핵심적인 요소이며, 150년 이상의 역사를 가지고 있다.

시추할 목표지점이 선정되면 시추계획을 수립하고 계획된 작업을 준비하여 시추를 수행한다. 시추작업은 시추를 계획하고 비용을 부담하는 운영사(operator), 시추장비를 이용하여 실제 굴진작업을 담당하는 시추회사(drilling contractor) 그리고 필요한 장비나 기술을 제공하는 서비스회사(service company)의 협업으로 이루어진다. 각 작업은 계약에 의해 장비, 인력, 기자재를 활용한 공학지식의 종합적 응용으로 진행된다.

시추 관련 문제를 최소화하면서 안전하고 경제적으로 시추하기 위해서는 올바른 이론지식 위에 현장경험이 필요하다. 하지만 국내에는 시추분야에 참고할 수 있는 도서가 매우 제한되어 있다. 외국원서는 특정한 작업에 특화되어 있거나 대부분 2000년도 이전에 출판되어 시추분야의 전반에 대한 이해와 최근의 신기술을 이해하는 데 한계가 있다. 또한 국내외 자원개발사업의 실무자뿐만 아니라 재무적 투자자를 위한 시추 관련 전공서적의 요구가 증대하고 있다.

따라서 육상 및 해양에서 이루어지는 시추에 대한 전반적인 이해와 더불어 체계적인 교육을 위한 교재의 필요성을 절감하게 되었다. 다년간의 연구와 강의를 바탕으로 이 책을 저술하면서 다음과 같이 구성하였다.

제1장은 시추에 대한 소개로 일반인들도 시추의 역사와 구성요소를 알 수 있게 배려하였다. 계획한 목표심도에 도달하기 위해 필요한 시추계획, 작업항목, 장비, 인력을 소개하여 시추에 대한 전반적 이해를 높이고자 하였다. 제2장에서는 성공적인 시추를 위해서 가장 중요한 시추계획서(drilling program)에 대하여 설명하였다. 이용 가능한 자료와 경험을 바탕으로 잘 준비된 시추계획서는 각 작업의 효율적인 수행을 위한 지침서가 된다.

시추계획서에 따라 작업을 진행하기 위해서는 장비와 인력이 필요하다. 시추리그는 시추에 필요한 6대 시스템을 갖추고 있으며, 이들의 기능과 작동원리 그리고 해양시추의 특징에 대하여 제3장에서 공부한다. 시추액은 시추에 사용되는 유체로 암편을 제거하고 시추공의 압력을 제어하여 연속적인 굴진이 가능하게 한다. 시추액의 기능, 종류, 물성 그리고 압력계산에 대하여 제4장에서 배운다.

케이싱은 원통형의 파이프로 시추공의 안전성을 확보하기 위해 설치되고 시멘팅을 통해 고정된다. 목표심도에 도달하기 위하여 필요한 케이싱과 예상되는 내외압에 견딜 수 있는 케이싱 설계에 대하여 제5장에서 공부한다. 유정제어(well control)는 시추공의 압력과 안전을 확보하여 계획된 작업을 성공적으로 수행하기 위한 제반행위이다. 제6장에서는 지층유체가 유입되는 현상인 킥(kick)의 방지와 안전한 제어를 위한 다양한 유정제어 원리와 기법에 대하여 학습한다.

비록 잘 준비된 시추계획에 따라 작업을 진행하더라도 지층의 복잡성과 정보의 제한 그리고 운영상의 미숙으로 시추문제가 발생할 수 있다. 따라서 제7장에서는 시추문제의 종류, 특징, 방지법에 대하여 설명하여 시추작업 실무에서 비생산시간으로 인한 시추비용의 증가를 예방하고자 하였다.

안전하고 경제적인 시추를 위한 노력으로 1990년대 후반부터 새로운 개념을 적용한 많은 신기술이 개발되어 현재 활발히 적용되고 있다. 이들 신기술에 대한 원리와 적용분야 그리고 특징을 제8장에서 소개하여 신기술에 대한 이해를 높이고 시추현장에서 직면하고 있는 여러 문제를 해결할 수 있는 대안을 제시하였다. 부록에는 시추공학에서 많이 사용되는 단위변환표, 시추리그의 구성도, 시추파이프와 시추칼라의 규격, 약어를 정리하여 참고자료로 활용할 수 있게 하였다.

본 교재는 각 시추작업의 개념과 원리를 그 특성과 함께 설명하고 구체적인 예나 그림을 제공한다. 따라서 에너지자원공학을 전공하는 3, 4학년 학부생의 시추공학 강의교재로 사용할 수 있다. 본문을 중심으로 일반인도 시추에 대한 전반적인 이해를 높일 수 있고 연구문제 풀이를 통해 구체적인 계산이나 각 장에서 설명하지 못한 심화된 내용을 학습할 수 있다.

본 교재를 사용하여 강의할 때 각 단원에서 설명하고자 하는 주요내용을 요약하여 먼저 제시함으로써 강의와 학습 효율을 높일 수 있도록 배려하였다. 한 학기 학부강의의 경우 구체적인 실무지식을 필요로 하는 제2장을 제외하고 제6장까지 총 5개의 장을 강의할 수 있다. 교수의 선호도에 따라 나머지 장에서 하나의 주제를 선택하고 발표하는 팀프로젝트를 수행하게 할 수 있다. 강의의 속도나 깊이에 따라 한 학기나 두 학기로 나누어 강의할 수도 있다.

이 책의 내용이 구성될 수 있도록 함께 공부한 학부수강생, 같이 연구하며 동행한 대학원생, 출판에 도움을 준 도서출판 씨아이알, 그리고 35년 이상 실무경험을 바탕으로 많은 조언을 해주신 장광훈 석유공사 시추단장(전임)님께 감사드린다. 끝으로 이 책이 시추에 대한 이해를 높여 안전하고 경제적인 시추작업을 가능하게 하는 지침서가 되길 희망한다.

2017년 8월

관악 연구실에서

저자 **최 종 근**

Contents

석유는 우리의 일상생활과 현대 정보화사회를 위한 필수 에너지원이다. 시추는 석유의 부존을 확인하여 개발로 이어지게 하는 핵심적인 역할을 한다. 150년 이상의 역사를 가진 시추는 공학지식의 종합적인 응용이 필요한 분야로 각 작업에 대한 목적, 절차, 필요한 장비에 대한 지식을 필요로 한다. 1장은 석유의 탐사와 개발에 필요한 시추를 이해하기 위한 소개로 다음과 같이 구성되어 있다.

01 서 론

1.1 석유와 시추의 역사

1.2 시추의 종류와 목적

1.3 시추계획

1.4 시추시스템

1.5 시추작업

제1장 서 론

1.1 석유와 시추의 역사

1.1.1 석유의 역사

"현대인은 석유와 함께 일어나고 석유와 함께 생활하다 석유와 함께 잠든다!"는 말이 나올 정도로 석유는 우리의 일상생활과 경제활동에 필수적이다. 석유(石油)의 어원은 그리스어로 암석(rock)을 의미하는 *Petro*와 기름(oil)을 의미하는 *oleum*의 합성어이다. 보통 원유를 석유로 인식하는 경우도 있지만 이는 아주 좁은 의미이다.

석유(petroleum)란 자연발생적으로 존재하는 탄화수소(hydrocarbon)의 혼합물로 정의되며 온도, 압력, 조성에 따라 액체, 기체, 반고체의 상(phase)을 가진다. 혼합물이란 탄소(C)와 수소(H)의 결합으로 구성된 각 탄화수소분자들이 화학적으로 결합하지 않고 단순히 섞여있음을 의미한다. 따라서 석유는 액체인 원유, 기체인 천연가스, 반고체 상태인 역청 그리고 응축물과 같은 수반물을 모두 포함한다. 따라서 석유공학은 탄화수소의 상거동과 다공질 매질에서의 유체유동을 연구하는 학문 분야이다. 본 교재에서도 특별히 분리하여 언급하지 않는 경우, 석유는 광역적 의미로 사용되었다.

〈그림 1.1〉은 세계 및 국내의 에너지원별 소비구조를 보여준다. 특히 각 지역별로 사용하는 주력 에너지원의 차이로 인해 지역적으로 다른 특징을 나타낸다. 평균적으로 보면 원유가 33%, 천연가스가 24%를 차지하고 많이 사용할 것이라고 예상하지 않는 석탄이 28%를 차지해 전통에너지가 전체의 85%를 담당하고 재생에너지는 3%를 차지한다.

국내의 경우, 원유와 천연가스는 각각 국내 일차에너지 소비량의 38%와 15%를 차지한다 (〈표 1.1〉). 2015년을 기준으로 우리나라 연간 원유 및 천연가스 소비량은 각각 8.6억 배럴, 3,345만 톤이다. 수입액은 각각 551억 달러(전체 수입액의 12.6%), 188억 달러(전체 수입액의

4.3%)이다. 하지만 많은 사람들은 우리의 일상생활과 현대산업사회의 유지에 필수요소인 석유와 석유시추에 대하여 잘 알지 못한다. 그 이유는 여러 가지가 있겠지만 대부분의 석유자원을 수입하고 최종적인 석유제품을 단순히 사용하고 있기 때문이다. 여기에서는 미국을 중심으로 발전한 석유공학의 초기 역사에 대하여 간단히 소개하여 석유와 시추에 대한 이해를 넓히고자 한다.

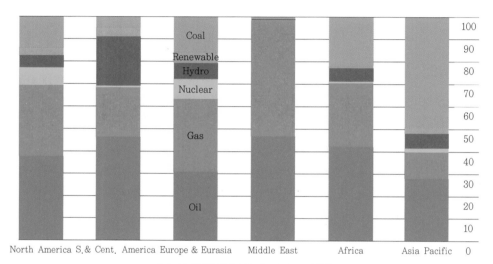

(a) 세계(2017년 BP Statistics 자료)

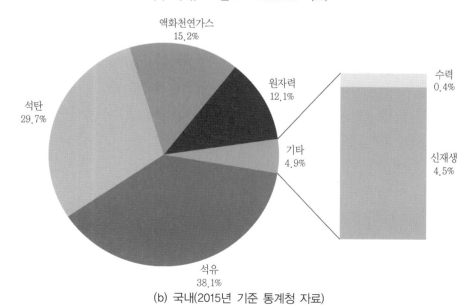

(b) 국내(2015년 기준 통계청 자료)

그림 1.1 세계 및 국내 일차에너지원별 구성 비율

표 1.1 국내 일차에너지의 소비량(2015년 기준 통계청 자료)

종류	소비량 (천 TOE*)	비율 (%)
석유	109,570	38.1
석탄	85,470	29.7
액화천연가스	43,610	15.2
원자력	34,770	12.1
수력	1,220	0.4
기타	12,840	4.5
합계	287,480	100.0

(*TOE: tons of oil equivalent)

다양한 기록에 의하면 석유는 기원전 수천 년 전부터 사용되어 왔다. 초기에는 자연적으로 노상에 침출된 유징을 이용하여 석유를 발견하였고, 흔히 암석오일이라고 불렀다. 주로 부식방지의 목적으로 목재 및 배의 코팅에 역청을 사용하거나 일부 의약품으로 사용하였고 원유는 대부분 사용되지 않았다. 그 후 19세기 초반까지 석유의 이용이나 탐사기술에 대한 현저한 변화나 발전은 없었다.

19세기 중반에 들어서면서 교육이 증가하고 신문과 잡지 같은 읽을거리가 보급되기 시작하였다. 따라서 당시의 전형적인 생활상은 낮에는 일하고 밤에는 책 읽는 그야말로 주경야독(晝耕夜讀)이었다. 너무나 당연한 이야기이지만 밤에 신문이나 잡지를 읽기 위해서는 불빛이 필요했다. 불빛을 효과적으로 제공하기 위한 재료는 적정가격, 효율적인 조명, 깨끗한 연소 등과 같은 조건을 만족시켜야 했다. 정제되지 않았던 원유는 심한 매연으로 인하여 널리 사용되지 않았지만 처음 두 조건은 너무나 잘 만족시켰으므로 정제의 필요성이 인식되고 정제기술 또한 조금씩 발전하기 시작하였다.

미국에서 산업혁명과 시민전쟁을 거치면서 대규모의 석유수요가 생겼고 노상천에서 채취되는 석유만으로는 수요를 충당하기에 부족하여 석유탐사가 필요하게 되었다. 지금은 너무나 당연히 여기지만 그 당시로는 기념비적인 생각, 즉 땅속으로 시추하면 생산량도 높이고 또 많은 양의 석유를 찾아낼 수 있다는 생각을 한 사람이 Edwin Drake이었다. 그는 흔히 대령으로 불렸지만 이는 주위 사람들에게 강한 인상을 심어주기 위한 의도적인 호칭이었고 그의 실제 직업은 철도차장이었다.

석유가 존재할 수 있는 지하의 구조(trap)를 찾아낼 수 있는 요즘의 탄성파탐사와 같은 과학적인 탐사가 없었던 당시로는 노상천 주위를 무작위로 시추하여 그의 이론을 증명할 수밖에 없었다. 수많은 시행착오, 주위의 비웃음 그리고 파산의 경제적 난관을 이기고 펜실베이니아주 타이터스빌(Titusville)에서 그는 지하 69.5 ft에서 석유층을 발견하였다. 이때가 1859년 8월 27일이며 근대 석유산업의 출발일로 인식되어 있다.

석유부피의 단위는 우리가 아는 대로 배럴(barrel, 단위 : bbl)이다. 미국에서 사용하는 단위로 42갤런(1 gal = 3.785 liters)이고 우리에게 친숙한 단위로는 159리터이다. 어쩌면 애매해 보이는 단위를 사용한 배경은 다음과 같다. 초기에 석유산업에 종사한 사람은 퇴역군인을 포함한 막노동자가 많았고 이들은 술을 매우 즐겼다. 따라서 한두 병의 술이나 포도주로는 그 수요를 감당하지 못했고 자연히 배럴 단위의 통술을 가져다 놓고 마시는 것이 당시의 풍속도였다. 요즘과 같은 저장시설이나 취합시설이 없던 당시로는, 운 좋게 찾은 또 계속해서 생산되는 석유를 빈 술통(배럴통)에 담게 되었고 또 그 배럴 단위로 판매하게 되면서 배럴이 석유부피를 재는 기본단위가 되기 시작하였다.

증가하는 석유수요와 높은 수익으로 인하여 석유산업은 큰 전기를 맞았다. 석유분야에 종사하는 사람이라면 한 번쯤은 이름을 들었을 John Rockefeller가 1870년 1월에 오하이오주 클리블랜드(Cleveland)에 스탠다드 석유회사(Standard Oil Company)를 설립하였다. Rockefeller는 석유의 생산, 송유관과 철도를 통한 수송, 정제, 판매에 이르는 모든 과정을 재력과 때로는 무자비한 방법을 동원하여 독점함으로써(1900년 절정기에는 미국 내의 정제 및 판매 시장의 90%를 독점) 막대한 부를 축적하였다. 하지만 1901년 1월 텍사스주 보몬트(Beaumont)에서 스핀들탑(Spindletop) 유전이 Patillo Higgins에 의해 발견되면서 Rockefeller의 독점시대는 서서히 막을 내리게 되었다. 그 후 이 거대회사는 미국의 독과점방지법에 의하여 엑슨, 모빌, 셰브론 등 여러 개의 회사들로 분리되었다.

스핀들탑 유전의 개발은 시추액과 가솔린 동력을 사용한 회전식 시추기법의 최초의 상업적 성공이라는 점에서 큰 의미를 가진다. 이 유전의 발견으로 인하여 100여 개 석유 관련 회사가 설립되었다. 유명한 두 석유회사 걸프(Gulf Oil)와 텍사코(Texaco: 초기 회사명은 Texas Fuel Company)가 설립되었다. 이 유전의 발견 이후 텍사스를 중심으로 한 미국 남부지역에서 석유의 탐사, 개발, 판매가 활발히 이루어졌다.

석유의 탐사와 개발은 여러 분야의 공학기술이 집약된 종합적인 기술과 폭넓은 경험을 요구한다. 따라서 1950년대 이전에는 석유의 탐사와 개발, 공급은 자본력과 기술력 그리고 경험을 갖춘 7자매라 불린 거대 석유회사들(Exxon, Mobil, Chevron, Texaco, Gulf Oil, Royal Dutch Shell, British Petroleum)에 의해 좌우되었다. 대표적인 산유국인 중동국가들과 남미국가들은 자국의 자원에 대한 권리와 이익을 챙기지 못했고 이들 메이저회사들로부터 원유가

격의 약 10% 내외의 조광료와 세금을 받는 데 만족해야 했다. 왜냐하면 메이저회사들이 기술자만 철수시켜도 석유생산이 중단될 정도로 산유국의 기술기반은 취약했기 때문이다.

1950년대가 지나면서 7자매로 대표되던 메이저들 외에도 중소 독립석유회사들이 등장하기 시작하였고 석유자원을 보유한 나라의 자각과 더불어 산유국의 기술력도 점차 향상되었다. 이런 움직임은 1960년 9월 이라크 바그다드 회의에서 5개의 산유국(Saudi Arabia, Kuwait, Iraq, Iran, Venezuela)의 석유수출국기구(OPEC) 결성으로 이어졌다. 이들은 당시 세계 원유수출의 80% 이상을 차지하였다.

OPEC의 결성은 "회원국의 유가와 석유정책을 통일함으로써 생산국, 소비국, 투자자 모두에게 공정하고 안정된 상호이익을 추구한다"는 원론적인 목적을 가지고 있었으나, 실제로는 메이저석유회사에 대항해 산유국의 이익을 보호하는 데 주목적이 있었다. 또한 "자원이란 전적으로 보유국의 주권에 속한다"는 자원민족주의를 지향하여 점차적으로 자국의 자원을 국유화하였다. 따라서 석유회사들과 자원보유국 사이에 밀고 당기는 힘겨루기가 있었지만 여러 번의 석유위기를 거치면서 자원보유국의 일방적 승리로 끝났다. 따라서 국제석유회사들은 국유화된 석유자원의 탐사와 생산을 지원하고 대가를 받는 서비스 제공자에 불과하게 되었다.

1973년 10월의 중동전쟁을 계기로 발생한 일차 석유파동과 1978년 10월 이란의 회교혁명으로 인한 이차 석유파동으로 산유국과 메이저석유회사들은 엄청난 수익을 올렸지만 소비국에는 무역적자와 경제불황, 때로는 정치적 위기를 초래하기도 하였다. 당시 이란은 하루에 약 550만 배럴의 석유를 수출해 자유세계 전체 석유공급량의 약 15%를 차지하였다. 이란을 제외한 산유국의 증산과 메이저를 포함한 석유회사의 노력에도 불구하고 현물유가는 $12.70/bbl에서 $41.00/bbl(1979년 당시 공시유가는 $24/bbl)로 223%나 증가하였다. 이는 일차에너지원이면서 내연기관과 화학공업의 연료인 석유가 경제에 미치는 영향이 얼마나 큰지를 단적으로 말해주고 있다.

〈그림 1.2〉는 1986년 이후의 미국 서부텍사스중질유 가격을 보여준다. 국제정치적 또는 계절적 요인으로 단기간의 유가변동이 전 기간에 걸쳐 존재한다. 하지만 2000년대 중반을 기준으로 서로 다른 양상을 보여준다. 2000년도 이전에는 저유가를 유지하다가 유가상승을 초래하는 국제적 사건에 유가가 급등하였다가 다시 정상화되는 모습을 보여준다. 하지만 2000년대 후반기부터는 고유가를 유지하다가 산유국의 문제뿐만 아니라 글로벌 경제의 영향으로 유가가 급등락하는 현상을 나타낸다. 따라서 급변하는 국제정세 속에서 석유자원을 안정적으로 확보하는 것이 지속가능한 사회를 위해 무엇보다도 중요해지고 있다.

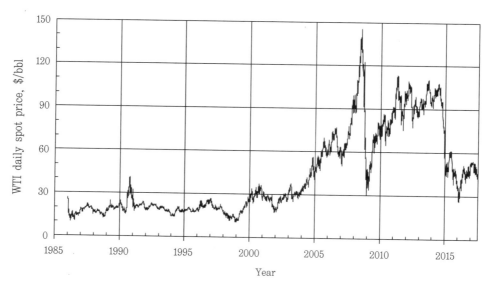

그림 1.2 미국 서부텍사스중질유(WTI)의 가격변동

1.1.2 육상시추의 역사

석유를 탐사하고 생산하는 상류부분 석유산업에서 시추는 물리탐사를 통하여 파악된 유망구조를 직접 확인하고 불확실성을 줄여준다. 따라서 향후 대규모의 투자를 필요로 하는 개발단계로의 진행 여부를 결정하게 도와준다. 또한 생산을 위한 개발정이나 생산정 또는 물이나 가스를 주입하기 위한 주입정을 시추하여 효율적인 석유생산활동을 가능하게 한다. 시추는 저류층으로부터 석유가 생산될 수 있도록 통로(즉, 유정)를 제공하므로 개발단계 및 생산단계에서도 중요하다.

이와 같이 중요한 시추는 긴 현장적용 역사를 통하여 현대적인 기술로 발전하였다. 시추의 필요성에 의해 시추장비를 개발하고 현장작업에 적용하였다. 하지만 초기에는 예상하지 못했던 다양한 시추문제들이 발생하였고 이들을 해결하고 시추심도와 작업할 수 있는 수심을 증가시키는 과정에서 많은 기술과 안전한 절차들이 개발되었다. 이와 같은 과정이 시추의 역사이며 지금 이 시간에도 안전하고 경제적인 시추를 위한 노력이 계속되고 있다.

지하에 뚫린 오래된 구멍을 보면 인류는 오래전부터 사냥, 마실 물, 소금광맥 등을 찾는 과정에서 시추를 수행하였음을 알 수 있다. 이 과정에서 우연히 석유를 발견하기도 하였지만 본래의 시추목적이 아니므로 또는 수요가 없었으므로 개발로 이어지진 않았다. 농경사회의 발전에 따라 관개용수의 확보를 위해 지하수개발을 위한 시추도 이루어졌지만 1800년대까지는 지하수나 석유의 개발에 대한 필요성이 상대적으로 적었다. 산업혁명이 일어나기 전까지 인력이나 동물의 힘을 이용한 도구가 대부분이었기 때문에 의미 있는 시추장비의 발전도 없었고 시추심도도 얕았다.

1859년에 펜실베이니아주 타이터스빌에서 Edwin Drake가 시추기술자 William Smith와 함께 시추를 통한 최초의 상업적인 유전개발에 성공했는데, 이때 사용한 시추리그가 케이블툴리그이다(〈그림 1.3〉). 케이블툴리그는 시추탑(derrick), 권양시스템, 동력원인 엔진, 시추비트, 케이블과 도르래, 시추탑 상부의 도르래, 베일러 등으로 구성된다. 케이블툴리그는 로터리 시추리그가 보편화되기 전까지 많이 사용되었다.

케이블툴리그를 이용한 시추는 다음과 같은 원리로 이루어진다. 엔진과 연결된 동력전달장치에 의한 워킹빔의 상하운동은 그 끝에 연결된 케이블을 통해 시추비트의 상하운동으로 이어진다. 시추비트의 충격에 의해 지층이 파쇄되면서 굴진이 이루어진다. 굴진과정에서 생성된 암편(cuttings)은 이를 제거할 수 있게 설계된 원통 같이 생긴 베일러에 의해 제거된다. 심도가 깊어지거나 지층이 약한 경우 공벽보호관인 케이싱이 설치되기도 한다. 케이블툴리그는 하루 평균굴진율이 수 미터(m) 내외로 낮고 지하수나 원유가 시추공으로 유입되면 이들의 관리와 제어가 쉽지 않은 단점이 있다. 또한 굴진작업과 암편제거 과정을 교대로 반복

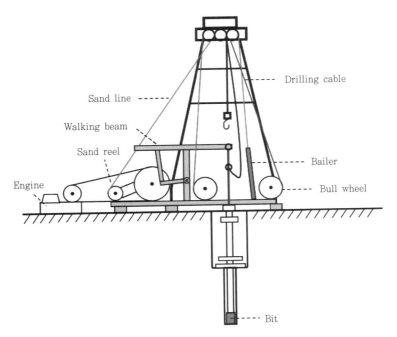

그림 1.3 케이블툴리그(cable tool rig)

해야 하는 한계가 있다.

케이블툴리그의 한계를 극복하고 굴진율을 증가시키기 위해 1860년대 후반부터 시추비트를 회전시키는 로터리 시추리그가 사용되었다. 특히, 1901년 1월 텍사스주 보몬트에서 Pattillo Higgins와 시추기술자 Anthony Lucas에 의해 발견된 스핀들탑 유전은 지하 1,000 ft 깊이의 저류층에서 최대 100,000 bbl/day 이상의 생산량을 기록하였고 로터리 시추리그를 사용한 최초의 상업적 성공이었다. 당시에 사용된 로터리시추의 개념과 원리는 현대식 시추리그에서도 그대로 사용되고 있다.

로터리 시추리그를 사용하면서 부드러운 지층이나 깊은 심도의 목표층도 시추가 가능해졌다. 비트의 회전력과 시추파이프의 무게로 인한 압축력을 동시에 이용하므로 시추속도가 급격히 증가하였으며 이수(mud)를 사용함으로써 굴진작업과 동시에 암편을 제거할 수 있어 연속작업이 가능하게 되었다. 또한 이수를 사용하여 시추공의 압력을 조절하므로 유정제어(well control)가 용이하고 시추공의 안정성도 향상되어 시추할 수 있는 심도가 깊어졌다.

이후 시멘팅과 케이싱 기술의 개발로 캘리포니아와 텍사스에서 로터리 시추리그의 사용이 정착되었고 미국의 석유산업은 비약적으로 발전하였다. 육상시추의 발전은 해양시추기술의 발전과 더불어 현재 수직 깊이 10 km 또는 수평거리 10 km 이상까지도 시추가 가능하다. 최근에는 고온과 고압을 나타내는 지층을 안전하게 시추하기 위한 장비와 기술의 개발이 이루어지고 있다.

2017년 7월 말 기준으로 가장 깊게 시추된 시추공은 미국 멕시코만의 타이버 유정으로 10,683 m(35,050 ft, 2009년)이다. 가장 긴 시추공은 러시아 사할린의 O-14 방향성 시추공으로 13,500 m(44,290 ft, 2015년)이다.

1.1.3 해양시추의 역사

석유자원을 탐사하고 생산하기 위한 E&P 업계의 노력이 과거부터 계속됨에 따라 그 대상지역이 육상 및 천해 지역뿐만 아니라 극지와 초심해지역까지 확장되고 있다. 해양 시추리그의 모태는 제2차 세계대전 전후로 개발된 보급선에 시추탑과 필요한 장비를 탑재한 것이었다. 해양시추의 역사는 석유자원의 탐사와 생산을 위한 시추가 가능한 수심의 한계를 극복한 과정이라 할 수 있다. 〈표 1.2〉는 이동이 가능한 시추리그(MODU)의 작업수심에 따른 세대별 분류를 보여준다.

시추분야는 오랜 역사를 통해 발전하여 수식이 아닌 경우 그 명확한 정의를 내리기 어려운 경우가 있다. 심해시추의 경우도, 석유회사 셸(Shell)과 페트로브라스(Petrobras)를 중심으로 많은 기술발전과 심해유전개발이 이루어졌다. 하지만 전 세계적으로 서로 다른 규모의 시추선이 건조되고 사용되므로 〈표 1.2〉의 세대분류에서 그 경계를 명확히 정하기 어렵다. 새로운 기술의 적용이 점진적으로 이루어지고 또 세계 각 지역별로 적용시기가 조금씩 다르다.

〈표 1.2〉의 수심은 보통의 작업범위가 아니라 장비의 설계용량을 작업이 가능한 최대수심으로 나타낸 것으로 대부분의 시추작업은 더 얕은 수심에서 이루어졌다. 시추선은 건조비용이 비싸고 또 그 사용수명이 30년 이상이므로 회사의 사업계획이나 운영사와 장기로 계약된 작업량에 따라 결정된다. 구체적으로 수심 7,500 ft 이내에서 많은 수의 시추가 필요하면 요즘에도 5세대 규모의 시추선이 건조될 수도 있다.

〈표 1.3〉은 1940년대부터 발전하기 시작한 해양시추의 역사를 대표적인 업적과 기술을 중심으로 요약한 것이다. 1940년대 중반 이후부터 1960년대 이전의 시기는 해양유전개발의 태동기라 할 수 있다. 미국에서는 개인이 육상 사유지의 광구권을 소유하지만 대륙붕과 심해의 광구권은 주정부와 연방정부가 각각 소유한다. 1945년에 루이지애나에서 처음으로 해양광구에 대한 광구권판매가 이루어졌다. 처음에는 목재를 이용하여 해상에 플랫폼을 건설하였지만 해수로 인한 부식과 낮은 설치수심의 한계가 있었다. 이러한 문제점을 해결하기 위하여 콘크리트나 철재파일을 사용하기도 하였으나 1960년대 말까지 작업수심의 한계는 200 ft 내외였다.

1960년 이후 20년간은 해양유전의 시추와 개발을 위한 기술들이 본격적으로 연구되어 많은 발전이 이루어졌다. 1961년에는 시추선의 위치를 동적으로 제어하는 동적위치선정시스템(DPS)과 해저 방폭장치(subsea BOP)가 개발되었다. 또한 원격으로 운영되는 잠수장비인 ROV가 개발되어 셸에서 해저작업에 활용하였다(1962년). 해양유전의 탐사와 개발을 위한

표 1.2 해양 시추리그의 세대별 분류

Generation	Water depth, (ft)	Dates	Characteristics
First	600	Early 1960s	Use of Kelly system
Second	1,000	Early 1970s	Sophisticated mooring
Third	1,500	Early 1980s	Automatic pipe handling
Fourth	3,000	Mostly 1990s	Use of top drive system
Fifth	7,500	After 1998	Dual activity rig
Sixth	10,000	After 2005	Modular derrick
Seventh	12,000	After 2010	For harsh environments

표 1.3 해양시추의 중요 사례 및 기술

Year	Key events and technology	Comments
1940s	(Very first offshore well in 1896 on a pier, Summerland, California)	태동기
	Louisiana holds first offshore lease sale (1945)	
	First use of tender platform support (1947)	
	First offshore submersible barge (1949)	
1950s	Texas holds first offshore lease sale (1953)	
	Platform installation depth reaches 100 ft (1955)	
	Jackup installation depth reaches 200 ft (1959)	
1960s	Use of dynamic positioning (1961)	
	Development of subsea BOP (1961)	
	Fixed platform depth reached 200 ft (1962)	
	Offshore Technology Conference (OTC) starts (1968)	
1970s	Drilling water depth hits 2,150 ft (1974)	발전기
	First floating production system begins work (1975)	
	Shell's Cognac Platform installed in 1,022 ft water depth (1978)	
1980s	First artificial drilling island built off Alaska(1982)	
	Production water depth exceeds 2,000 ft (1984)	
	Drilling water depth reaches 7,512 ft (1988)	
	Bullwinkle, deepest fixed platform installed at water depth 1,353 ft (1988)	
1990s	J−lay pipeline laying operation (1993)	성숙기
	Auger TLP installed at water depth 2,860 ft (1994)	
	Production exceeds 5,000 ft water depth (1997)	
2000	Water depth record of 10,011 ft by Drillship, Discoverer Deep Seas (2003)	
	Water depth record of 8,951 ft by Semi−submersible, Nautilus (2004)	
	WTI price hits $147.27/bbl (July 11, 2008)	
	WTI price hits $30.28/bbl (Dec. 23, 2008)	
2010＋	Drilled depth record of 40,503 ft by Exxon Nefegas Ltd in Sakhalin (2011)	
	Drilled depth record of 13,500 m (44,291 ft) by Rosneft in Sakhalin (2015)	
	Water depth record of 11,156 ft by ONGC, Offshore Uruguay (2016)	
	US oil productions exceed Saudi Arabia oil productions in 2014, 2015, 2016	

기술과 경험을 나누기 위하여 OTC 학술대회가 1968년 처음 개최되었고 지금도 매년 5월 초에 미국 휴스턴에서 개최된다.

1970년대에 두 번의 오일위기를 겪으면서 석유자원의 중요성이 모두에게 각인되었다. 따라서 안정적인 석유자원의 공급을 위하여 중동지역을 벗어나 다른 지역의 해양유전개발을 위한 많은 시추가 이루어졌다. 1974년에는 당시 최대 시추수심 2,150 ft를 달성하였고 1977년에는 지중해에서 셸이 저장탱크를 최초로 이용하여 원유를 생산하였다. 국내에서도 석유자원의 탐사와 개발 그리고 비축을 위해 1979년 3월 한국석유개발공사(현 석유공사)가 설립되었다.

1980년대에는 관련된 장비와 시추기술의 발달로 수심 7,512 ft에서 성공적으로 시추하고 수심 2,000 ft에서도 생산이 가능하게 되었다. 1981년 해양에서 처음으로 수평정이 엘프(Elf)에 의해 시추되었으며 1982년에 알라스카 해양에서는 인공적으로 섬을 만들어 육상에서와 같이 시추하는 기법이 시도되었다. 셸이 미국 멕시코만 1,353 ft 수심에 역사상 가장 큰 해양구조물인 고정형 플랫폼 불윙클을 설치하였고(1988년) 총 63,000톤의 철재가 사용된 것으로 알려져 있다. 국내에서도 한국가스공사가 설립(1983년 8월)되었고, 1986년 10월에 국내에 최초로 액화천연가스(LNG)를 도입하였다.

1990년대 이후는 메이저회사들의 심해유전개발 열정과 기술개발로 시추 및 생산 기술이 급격히 발전하였고 시추선의 규모도 대형화되었다. 1994년에는 Auger TLP가 수심 2,860 ft에 설치되었다. 고정형 플랫폼이 아닌 TLP를 사용하므로 불윙클 플랫폼보다 더 적은 36,500톤의 철제로도 더 깊은 수심에 사용할 수 있게 되었다. 1997년에는 수심 5,000 ft 이상에서도 석유자원의 생산이 가능해졌다. 1997년에는 해양유전의 첫 번째 대규모 성공사례라고 할 수 있는 말림(Marlim) 분지에 대한 개발이 페트로브라스에 의해 이루어졌다.

2000년대를 지나면서 더 깊은 심해유전을 경제적으로 개발하기 위한 많은 기술적 발전이 있었다. 현재는 시추선의 경우 인도 해양에서 달성한 10,194 ft(2011년), 반잠수식의 경우 미국 멕시코만의 8,951 ft(2004년)가 최고 시추수심 기록이다. 이와 같은 대기록에도 불구하고 심해유전의 시추와 개발은 쉽지 않다. 비싼 일일운영비와 장비운영의 어려움 그리고 사소한 문제가 큰 문제로 발전할 가능성으로 인하여 수심 5,000~6,000 ft 이상의 심해시추는 여전히 어려운 것이 사실이다.

심해시추의 경우 해양라이저(marine riser)를 포함하여 육상시추에서는 사용하지 않는 여러 장비들을 사용하는데, 이러한 장비들은 수심이 증가함에 따라 용량이 급격히 증가한다. 해양환경에 의한 영향을 무시할 수 없으며, 환경과 관련된 여러 문제점들이 복합적으로 작용하여 심해시추 비용을 크게 증가시킨다. 또한 세계경제의 글로벌화로 특정 회사나 국가에서 야기된 경제위기는 유가를 급등락시킨다. 2008년 WTI의 가격이 $147.27/bbl에서 6개월 만에 $30.28/bbl로 하락한 것은 좋은 예이다. 이러한 어려움을 극복하고 석유자원을 성공적으로 개발하기 위한 심해시추 및 시추 신기술에 대한 연구가 지금도 활발히 이루어지고 있다.

1.2 시추의 종류와 목적

시추가 이용되는 분야는 석유자원의 탐사와 개발, 광물자원탐사, 지하수개발, 토목시공 등 매우 다양하다. 시추는 목표심도에 따라 천부시추와 심부시추로 나눌 수 있으며 시추목적에 따른 분류도 가능하다. 하지만 석유의 탐사와 개발을 위한 시추를 제외한 대부분의 시추는 얕은 심도까지 이루어지는 천부시추이다. 천부시추는 주로 수 미터에서 최대 200~300 m 이내의 심도를 갖는 시추를 의미한다. 토목시공과 관련된 시추는 수십 미터 이내의 전형적인 천부시추로 시료채취, 지반조사, 깊은 기초, 연약지반 개량 등을 위해 사용된다.

천부시추 방법은 사용되는 장비와 굴진방법에 따라 다음과 같이 나눌 수 있다.

- 오거시추(auger drilling)
- 퍼커션시추(percussion drilling)
- 로터리시추(rotary drilling)

오거시추는 끝이 뾰족하고 나선형 날개를 가진 오거를 회전시켜 지층을 굴진하는 방법이다. 암편이 오거의 날을 통해 자동적으로 시추공 밖으로 배출되므로 시추액을 사용할 필요가 없다. 오거시추는 시추비용이 적게 들고 시추속도가 빠르지만 시추깊이는 오거의 단위길이나 이들을 연결한 총길이에 제한을 받는다. 또한 조립질 지층에서는 적용하기 어려운 단점이 있다. 퍼커션시추는 무거운 비트로 지층에 충격을 가하여 시추하는 방법으로 단단한 지층의 시추에 적합하지만, 점토질의 지층에서 사용하기 어렵다.

로터리시추는 비트를 회전시켜 지층을 분쇄함과 동시에 순환하는 시추액으로 생성된 암편을 제거한다. 적용할 수 있는 지층의 강도가 다양하며 시추속도가 빨라 천부시추를 위해 많이 사용되지만 시추비용이 비싸다. 시추비트의 중앙부분이 비어 있는 코어링 비트를 사용하면 지층(또는 암석)의 시료를 얻을 수도 있다. 회수된 코어의 품질은 암석의 강도와 상태에 따라 달라진다. 토목시공의 경우 지반의 특성, 심도, 시추목적 그리고 주어진 예산에 따라 적절한 시추방법을 선택해야 한다.

시추깊이는 시추기술의 발달로 점점 더 깊어지고 있고 〈표 1.4〉는 시추 관련 세계기록을 보여준다. 1974년에 오클라호마에서 31,441 ft까지 시추한 기록이 있으며 2005년 멕시코만에서 34,194 ft까지 시추에 성공하였다. 2008년 초에는 러시아 동부지역의 사할린 섬에서 38,322 ft를 시추하고, 2011년 40,502 ft(= 12,345 m) 시추에 성공하며 12 km를 넘는 대단한 시추기록

표 1.4 시추 관련 세계기록

Type	Well name	Length, ft	Year	Operator	Location	Comments
Measured depth	Bertha Rogers#1-27	31,441	1974	GHK	Oklahoma	Dry hole
	Knotty Head	34,194	2005	Chevron	GOM	By Drillship
	Z-12	38,322	2008	Exxon Neftegas Ltd	Sakhalin Island	Extended reach well
	BD-04A	40,320	2008	Maersk Oil Qatar	Offshore Qatar	Extended reach well
	Odoptu OP-11	40,502	2011	Exxon Neftegas Ltd	Sakhalin Island	Extended reach well
	O-14	44,291	2015	Rosneft	Sakhalin Island	Extended reach well
Vertical depth	Blackbeard	32,550	2008	McMoRan Exploration	GOM	
	Tiber	35,050	2009	BP	GOM	
Water depth	AC-813	8,070	2002	Shell	GOM	By Semi rig
	L-399	8,951	2004	Shell	GOM	
	Trident	9,727	2001	Unocal	GOM	By Drillship
	Toledo	10,011	2003	ChevronTexaco	GOM	
	KG-D9-A2	10,194	2011	Reliance Industries	Offshore India	
	Raya-1	11,156	2016	Exxon Neftegas Ltd	Offshore Uruguay	

이 세워졌다. 하지만 그 기록도 2015년에 13.5 km로 갱신되었다.

석유를 개발하고 생산하기 위한 시추는 로터리시추로 이루어지고 그 심도가 매우 깊은 특징이 있다. 따라서 사용되는 장비의 원리는 비슷해도 규모나 기능에는 큰 차이가 있다. 〈그림 1.4〉는 1949년에서 2005년까지의 평균 시추깊이의 변화양상을 보여준다. 시대별로 평균 시추깊이는 상승과 하락이 있지만 꾸준히 상승하는 경향을 보인다.

〈표 1.4〉의 세계기록은 시추기술과 기록면에서 의의가 있지만 주 개발대상이 되는 저류층의 깊이와는 차이가 있다. 40,000 ft를 넘는 최대 시추깊이에 비해 미국에서 개발정의 평균 시추깊이는 1991년까지 5,000 ft 이내였다. 그 후에도 상승과 하락을 반복하지만 2005년까지 여전히 6,000 ft 아래에 머물고 있다.

탐사정의 평균 시추깊이는 1960년대 초반 이후부터 5,000 ft를 넘었고 70년대에 6,000 ft를 유지하다 2000년 이후 7,000 ft로 증가하였다. 이들 수치도 최대 시추깊이와는 큰 차이가 있다. 1990년대 이전과 이후를 비교해보면 90년대 이후 평균 시추깊이가 크게 변동하고 있음을

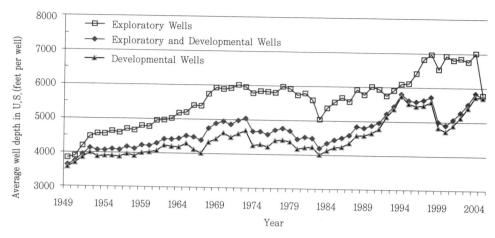

그림 1.4 시대별 미국 육상 및 해양 유전의 평균 시추심도(EIA, 2008)

볼 수 있다. 이는 늘어난 심해시추, 한계유전시추, 다양한 지역에서의 시추 그리고 시추되는 총 시추공의 수가 해마다 큰 차이가 있기 때문이다.

시추공은 시추목적에 따라 탐사정(explorational well), 평가정(appraisal well), 생산정으로 나누어진다. E&P 사업의 첫 단계에서는 지질조사 및 물리탐사 작업을 통해 석유가 존재할 수 있는 구조를 파악한다. 이들 구조 중 탐사성공의 가능성이 높아 탐사정 시추가 결정된 곳이 유망구조(prospect)이며 시추를 통하여 석유의 부존 여부를 직접 확인한다. 탐사정은 〈그림 1.5〉와 같이 석유부존의 확인 가능성이 가장 높은 지점(이를 on structure 또는 crest라 함)을 시추한다.

석유의 부존이 확인되면 이를 경제적으로 생산할 수 있는지 평가하고 개발 여부를 결정해야 한다. 이때 가장 중요한 요소 중의 하나가 매장량이다. 〈그림 1.5〉(a)와 같은 배사구조에서는 석유와 물의 경계면을 비교적 쉽게 파악할 수 있다. 하지만 〈그림 1.5〉(b)와 같이 부정합 구조 아래에 있는 경사진 저류층의 경우 처음 이루어진 탐사시추에 의해 석유와 물의 경계면이 확인되지 않는다. 따라서 보다 정확한 부존량을 알기 위해서는 추가적인 시추가 필요하며 이를 위해 평가정을 시추한다.

평가정 시추를 통하여 부존량을 평가하고 상업적으로 생산이 가능한 매장량을 계산하여 경제성을 평가한다. 이를 통해 해당 유전의 개발이 결정되면 본격적인 생산을 위한 시추가 이루어지며 이때 시추되는 시추공을 개발정이라 한다. 개발정을 통하여 생산이 이루어지므로 생산정이라고도 한다. 유전개발계획에 따라 생산이 이루어지고 있는 생산정 사이에 추가적인 유정(infill well)을 시추하여 생산속도나 회수율을 증대시킬 수 있다. 또한 효율적인 생

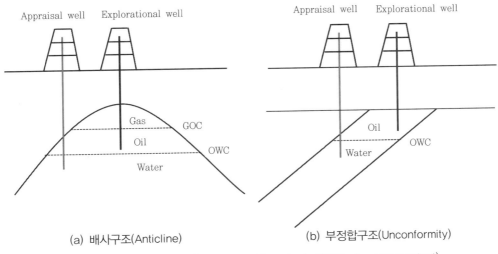

(a) 배사구조(Anticline)   (b) 부정합구조(Unconformity)

그림 1.5 석유시추의 종류(GOC: gas oil contact, OWC: oil water ·contact)

산관리를 위해 생산된 지층수나 부산물을 주입하기 위한 주입정을 시추할 수 있다.

이제까지 언급된 모든 시추작업은 다음의 세 가지 조건을 동시에 만족해야 한다. 즉 이들 세 요소를 만족시키는 것이 시추의 목적이다.

- 목표지점(target location)
- 시추공 크기(hole size)
- 계획된 예산(planned budget)

구체적으로 주어진 예산 범위 내에서 계획된 시추공의 크기로 목표지점에 도달하는 것이 시추의 목적이다. 만약 이들 조건들을 모두 만족시키며 목표지점에 도달하였는데 석유가 존재하지 않았다면 이는 탐사에 실패한 것이다. 이를 드라이 홀(dry hole)이라 하며 공학적 정의에 의하면 상업적으로 생산할 수 있는 충분한 부존량을 가지지 못한 경우이다. 탐사에 실패한 이유는 주어진 자료를 분석하여 유망구조를 선택하였지만 석유가 생성되고 이동하여 해당 구조에 축적되지 않았기 때문이다. 따라서 탐사실패와 시추실패의 용어는 명확히 구분되어 사용되어야 한다.

1.3 시추계획

시추작업을 시작하기에 앞서 잘 준비된 시추계획을 세우는 것이 무엇보다도 중요하며 또 그것이 시추의 성공을 좌우한다. 시추계획의 목적은 시추에 관련된 모든 사항을 고려한 시추 프로그램(drilling program 또는 drilling prognosis라 함)을 작성하는 것이다. 이를 통해 각 작업에 소요될 시간과 비용의 계산이 가능하다. 시추계획을 세우는 전형적인 과정은 〈그림 1.6〉과 같다.

데이터 수집과 분석 단계에서는 시추할 지역의 지질적 정보와 인근에 존재하는 시추공 (offset well)의 정보를 바탕으로 계획된 시추공의 중요한 고려사항을 파악한다. 이를 바탕으로 시추공설계 회의에서 토의를 거친 후 각자에게 업무를 분담하고 실제로 시추공을 시추할 때 고려할 사항들을 구상한다.

시추공설계를 완료한 후, 이를 시추공학자들이 검토하여 의견을 모으고 시추 프로그램을 작성한다. 시추 프로그램에 포함되어야 할 항목으로는 시추작업의 전반적인 정보, 시추공의 심도 및 방향, 이수디자인, 케이싱 및 시멘팅 계획, 정두장비, 시추 중 발생할 수 있는 문제점,

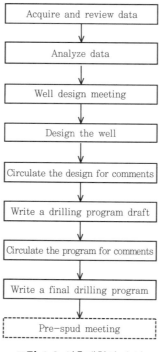

그림 1.6 시추계획의 순서

시추공 시험, 유정완결 계획 등이다. 시추 프로그램은 간략하게 작성해야 하지만 작성된 시추계획의 기술적 배경이 명확히 드러나야 한다. 각 항목을 계획하는 데 바탕이 된 기술적인 자료를 기술설명부분에 수록하여 필요하면 참고할 수 있게 한다.

시추 프로그램 초안이 완성되면 회사 내 시추 관련 전문가들에게 회람하여 검토의견을 수렴한다. 제안된 의견을 고려하여 완성된 초안에 대한 회사 내 검토를 거쳐 최종안을 완성한다. 시추 프로그램이 완성되면 작업을 담당할 팀원이 전체 시추 프로그램을 구체적으로 확인하는 과정(이를 drill the well on paper라 함)을 갖는다. 시추에 필요한 관계기관의 행정적인 허가를 얻고 현장에서 시추작업을 시작할 수 있도록 관련 장비의 준비작업(이를 rig up이라 함)을 마치면 비로소 굴진을 위한 준비가 완료된다. 당일 수행해야 하는 작업과 안전에 대한 미팅을 가지고 실제로 굴진작업을 처음 시작하는 것을 스퍼딩(spudding)이라 한다.

〈그림 1.7〉은 시추 프로그램의 핵심적인 내용인 시추공 단면도와 시간에 따른 작업계획을 보여준다. 이를 통해 깊이에 따른 케이싱 설치와 작업일수를 종합적으로 파악할 수 있다. 시추심도가 깊어질수록 단위길이를 시추하는 데 소요되는 시간이 더 길어지는 것을 확인할 수 있다. 작업기간이 길어질수록 시추비용도 증가하므로 계획한 대로 시추작업을 수행하는 것이 중요하다. 보다 자세한 시추계획은 2장에서 공부한다.

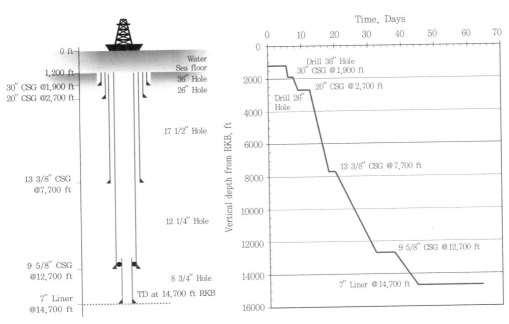

그림 1.7 시추공 단면도 및 시간에 따른 시추심도

1.4 시추시스템

1.4.1 시추의 원리

석유시추에 가장 많이 쓰이는 로터리시추의 원리는 비트의 회전력과 시추가 이루어지는 지층면에 가해진 압축력을 이용하여 지층을 분쇄하는 것이다. 따라서 로터리시추는 비트를 회전시키는 역할을 하는 회전시스템이 필요하다. 사용하는 장비에 따라 다음의 세 종류가 있다.

- 회전테이블(rotary table)
- 탑드라이브(top drive)
- 이수모터(mud motor)

회전테이블은 주로 육상 시추리그에서 많이 쓰이는 방식으로 4각형 또는 6각형 단면을 가진 철강파이프인 켈리와 회전테이블을 이용하여 비트를 회전시킨다. 탑드라이브는 회전테이블을 이용하지 않고 시추파이프를 직접 회전시키는 방식이다. 시추파이프를 회전시키기 위한 모터를 가진 장비가 탑드라이브이며 시추파이프가 탑드라이브에 직접 연결된다. 탑드라이브시스템은 3~4개의 시추파이프가 연결된 스탠드(stand)를 기준으로 파이프의 연결과 해체가 이루어지고 그 작업이 자동화되어 있어 매우 효율적이다. 따라서 이 시스템은 해양시추리그의 표준이며 요즘은 대부분의 육상 시추리그도 이를 채택하고 있다.

이수모터는 순환하는 이수의 유동에 의해 비트가 회전하도록 설계된 장비이다. 즉 이수순환에 의해 모터가 회전하고 그 회전력이 비트로 전달되도록 고안된 장비가 이수모터이다. 다른 두 시스템과 달리 비트만 회전하므로 회전력 전달 면에서 매우 효율적이다. 이수모터시스템은 수직시추는 물론 방향성 시추에도 유용하게 이용된다.

시추는 단단한 지층을 분쇄하는 작업이므로 비트에 강한 압축력을 실어주어야 한다. 시추파이프 하부에 연결된 장비들을 BHA라고 하는데, 〈그림 1.8〉의 BHA 예와 같이 아래부터 비트, 시추칼라, HWDP로 구성된다. BHA 하부에 위치하는 비트에 강한 압축력을 주고 상부에 연결된 시추파이프에는 장력을 주기 위해 시추칼라는 강하고 두꺼운 파이프로 구성된다. 또한 시추과정 중에 계획된 작업을 위해 다양한 장비들을 추가할 수 있다. 〈그림 1.8〉은 BHA와 시추파이프가 연결된 시추스트링의 전형적인 예를 보여준다.

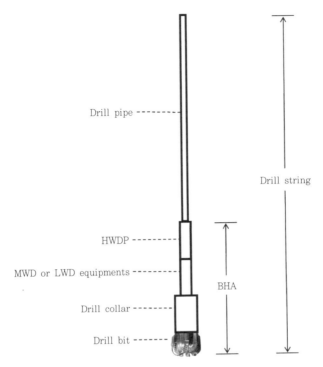

그림 1.8 시추스트링(drill string)과 BHA(bottom hole assembly)

최하부에 위치한 비트는 시추스트링의 무게에 의해 전달된 압축력을 이용해 굴진작업을 수행하는 핵심적인 기능을 담당한다. 비트는 종류에 따라 형태가 다른데 비트를 구성하는 부분이 따로 회전하는 롤러콘 타입과 회전하지 못하는 고정형 타입이 있다. 각 콘(cone)의 날은 직접 깎아서 만들기도 하며 고강도의 매질을 박아서 만들 수도 있다. 한편 고정형 비트는 날이 비트몸통에 박혀 있다. 다이아몬드가 박혀 있는 다이아몬드 비트와 금속면에 인조 다이아몬드를 박은 PDC 비트가 있다.

1.4.2 시추리그시스템

시추가 이루어지는 지역에 상관없이 시추의 원리는 압축력을 받은 시추비트의 회전력이다. 안전하고 효율적이며 계속적인 시추가 이루어지기 위해서는 이들 두 요소뿐만 아니라 다음과 같은 여러 요소가 필요하며 이를 시추리그의 6대 시스템이라 한다. 〈그림 1.9〉는 육상에서 이루어지는 시추작업을 간단히 표현한 것으로 6대 시스템의 원리를 이해하는 데 도움이 된다. 시추리그의 자세한 구성도는 부록 II에 수록되어 있다.

- 동력시스템(power system)
- 회전시스템(rotary system)
- 이수순환시스템(mud circulation system)
- 권양시스템(hoisting system)
- 유정제어시스템(well control system)
- 모니터링시스템(monitoring system)

동력시스템은 시추와 관계된 모든 작업에 필요한 동력을 공급하며 주로 디젤엔진이나 가스터빈 발전기로 구성된다. 하지만 가스를 지속적으로 공급하기 어렵기 때문에 대부분 디젤 발전기로 구성된다. 목표심도에 따라 시추리그의 규모와 필요한 동력의 규모가 결정되며 3~6대의 주발전기와 보조발전기로 구성된다. 대부분의 로터리 시추리그는 500~8,000 마력을 낼 수 있는 엔진을 필요로 하며 시추심도가 깊어질수록 더 큰 용량이 필요하다. 시추리그의 운전뿐만 아니라 대부분의 전기제품들이 직류를 사용하므로 생성된 교류전력은 SCR을 통해 직류로 전환된다. 최근에는 효율 향상을 위해 교류전력을 그대로 사용하는 모터시스템이 증

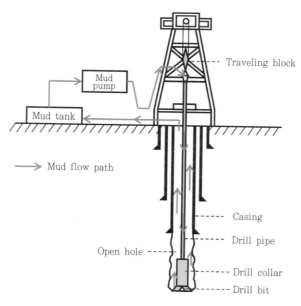

그림 1.9 육상 시추리그와 이수순환

가하고 있다.

회전시스템은 비트를 회전시키는 부분이다. 육상시추에서는 주로 회전테이블과 켈리를 이용하여 시추스트링 전체를 회전시킨다. 켈리는 4각형 또는 6각형의 단면을 가지며 로터리테이블에 물려 회전된다. 탑드라이브는 시추파이프를 직접 회전시키므로 켈리를 사용하지 않는다. 시추스트링을 권양하는 동안에도 회전이 가능하기 때문에 시추스트링의 비회전으로 인한 문제점을 줄일 수 있다. 이수모터는 언급한 두 시스템과 연계하여 필요한 경우에 또는 연속적으로 사용할 수 있다.

깊은 심도까지 연속적으로 시추를 진행하기 위해 굴진작업 중 발생하는 암편을 굴진과 동시에 제거해줄 필요가 있다. 시추 시 이수를 순환시켜 암편을 제거하는 기능을 담당하는 부분이 이수순환시스템이다. 지상의 이수탱크에 보관되어 있는 혼합된 이수가 이수펌프를 통해 시추파이프 내부로 유입되고 그 내부를 지나 비트의 노즐을 통해 분사된다. 그 후 암편과 함께 시추파이프와 시추공벽 사이의 공간인 애눌러스(annulus)를 통해 지상으로 회수된다. 회수된 이수는 암편과 지층에서 유입된 가스 등을 제거한 후 재순환을 위해 이수저장소로 보내진다.

시추스트링은 권양장치의 일부인 이동블록(traveling block)의 하부에 있는 고리에 걸려 있다. 시추스트링에 가해지는 장력을 조절하여 비트에 일정한 압축력을 가하며 이를 WOB (weight on bit)라 한다. WOB는 굴진율에 직접적인 영향을 주며 과도할 경우 시추궤도가 편향될 수 있다. 권양시스템은 시추탑, 권동기 그리고 각종 도르래와 이동장치로 구성된다.

시추파이프 단위길이에 의해 도달할 수 있는 지점까지 시추를 진행한 후 더 깊이 시추하기 위해서는 굴진작업을 멈추고 시추파이프를 연결하여야 한다. 이때 회전시스템과 이수순환시스템은 작동을 멈추고 시추공 내에 위치한 시추파이프 상부에 새로운 파이프를 연결한다. 이와 같은 과정을 파이프 연결작업이라 한다. 연결작업 후 다시 시추공 안으로 시추파이프를 투입하여 시추작업을 진행한다. 시추스트링 전체를 시추공 밖으로 들어 올리거나 안으로 투입하는 이송작업을 담당하는 부분이 시추리그의 권양시스템이다.

저압시추와 같이 특별히 의도된 경우를 제외하면 시추공의 압력은 지층의 공극압보다는 커야 하고 파쇄압보다는 작아야 한다. 만약 시추공의 압력이 지층의 공극압보다 낮으면 지층유체가 시추공으로 유입되는 현상인 킥(kick)이 발생한다. 반대로 시추공의 압력이 과도하게 높아 지층의 파쇄압을 초과하면 지층파쇄와 함께 이수손실이 야기된다. 그 결과 다른 깊이의 지층에서는 정수압의 감소로 킥이 발생할 수 있다.

킥을 조기에 감지하고 제거하지 못하면 원유나 가스 같은 지층유체가 제어되지 않은 상태에서 유출되는 유정폭발(blowout)이 일어날 수 있다. 유정폭발은 작업지연과 장비손실로 인한 비용증가뿐만 아니라 석유유출로 인한 환경오염 그리고 인명피해까지 발생시킬 수 있다. 〈그림 1.10〉은 2010년 4월에 BP 소유의 마콘도 유정을 시추하는 과정에서 발생한 화재를 동반한 유정폭발의 예이다. 유정폭발을 방지하고 비상시 시추공을 폐쇄하는 장비가 방폭장치(BOP)이다. 방폭장치는 다양한 조건에서 시추공을 폐쇄할 수 있도록 여러 개를 포개어 설치하는데 이를 BOP 스택이라 한다. BOP를 포함하는 유정제어시스템은 안전한 시추작업을 위한 방편을 제공한다.

모니터링시스템은 굴진작업이나 이수순환과 관련된 자료뿐만 아니라 다양한 정보를 제공한다. 특히 정보기술의 발달로 시추작업 중에 실시간 자료획득(MWD)이나 검층(LWD)이 증가하고 있다. 시추작업은 언급한 6대 시스템의 유기적 협업으로 이루어지며 각 시스템에 대한 자세한 내용은 3장에서 소개된다.

그림 1.10 미국 멕시코만 BP 마콘도 유정(BP Macondo Well) 유정화재 예

1.5 시추작업

1.5.1 시추작업의 인력구조

시추작업을 진행하기 위해서는 막대한 자금이 요구되기 때문에 시추계획을 잘 준비하여 계획대로 시행하는 것이 중요하다. 시추작업에 대한 운영권을 지닌 운영사, 시추작업을 담당하는 시추회사, 시추와 관련된 서비스를 제공하는 서비스회사가 협력하여 시추를 진행하며 그 협력은 모두 계약으로 이루어진다. 〈그림 1.11〉은 시추작업의 인력구조를 개념적으로 보여준다.

운영사는 광구권을 소유하고 있으며 시추할 지역을 선정하고 시추회사와 계약을 체결하여 시추작업에 드는 비용을 지불한다. 시추비용이 큰 이유도 있지만 석유 E&P 사업의 관례상 여러 회사가 지분을 갖고 공동으로 소요비용을 분담하고 한 회사가 대표하여 운영을 맡는다. 운영사 감독은 시추현장에서 근무하며 시추계획을 바탕으로 현장 시추작업과 필요한 서비스에 대한 결정권을 지닌다. 현장책임자(toolpusher)와 함께 시추작업이 원활하게 진행되도록 서로 협력한다.

시추회사는 소유하거나 임대한 시추리그를 이용해 실제로 시추작업을 담당한다. 시추회사의 현장책임자는 시추장비와 작업자들을 관리하며 시추작업을 성공적으로 마칠 책임을 진

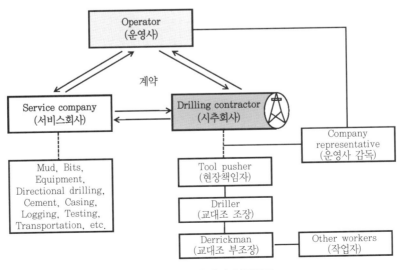

그림 1.11 시추작업 인력구조

다. 시추작업은 24시간 이루어지므로 대개 8시간 또는 12시간마다 작업조가 교대된다. 각 교대조의 책임자인 드릴러(driller)는 실제로 시추작업이 이루어지도록 작업자들을 감독하며 필요한 지시를 내린다. 작업자들은 정해진 임무에 따라 이수순환시스템, 회전시스템, 동력시스템 등 각각의 시스템에 대한 운전과 관리를 맡는다.

효율적인 시추를 위해서는 운영사와 시추회사와의 협업뿐만 아니라 다양한 서비스회사(또는 용역회사)의 도움이 절대적으로 필요하다. 케이싱 및 시멘팅 작업, 검층 같이 일반적으로 예상할 수 있는 항목뿐만 아니라 각종 장비와 소모성 재료의 공급도 중요하다. 특히 해양시추의 경우 보급품과 인력의 수송을 위한 용역계약이 필요하다. 시추작업 중 발생한 문제로 작업이 원활히 진행되지 못할 때 이를 전문적으로 해결해주는 서비스회사들도 있다.

1.5.2 시추리그의 종류

석유시추에 이용되는 로터리 시추리그는 사용되는 장소, 이동성 그리고 사용 가능한 수심에 따라 다양하지만 사용되는 위치에 따라 육상 시추리그와 해양 시추리그로 분류할 수 있다(〈그림 1.12〉). 육상 시추리그는 시추탑의 이동이 불가능한 컨벤셔널 리그와 이동이 가능한 모바일 리그로 나누어진다. 현재 사용되고 있는 모바일 리그는 시추탑 건설에 드는 비용을 줄이기 위해 고안되었으며, 시추작업 후 시추탑을 이동하여 재사용이 가능하다.

모바일 리그는 비교적 깊은 심도까지 시추가 가능한 잭나이프와 천부시추에 적당한 이동식 마스트로 나눌 수 있으나 각 리그의 용량에 따라 적용심도는 다르다. 잭나이프는 시추장

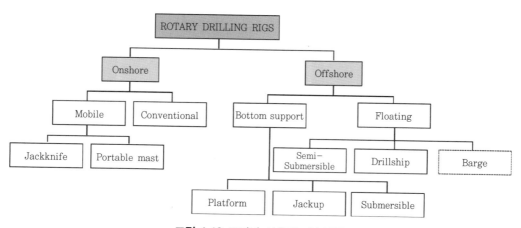

그림 1.12 로터리 시추리그의 분류

소로 이동된 후 현장에서 설치된다. 이동식 마스트는 시추탑과 권양기기, 엔진이 트럭에 실려 하나의 단위로 이동되며 유정의 재보수에도 많이 활용된다. 심부 시추용으로 규모가 큰 리그의 경우 접혀진 형태(jackknife type)와 시추탑의 상부부분이 하부부분으로 슬라이딩되는 형태(telescopic type)가 있다. 따라서 최종 목표심도에 따라 적절한 규모의 리그를 선택하여야 한다.

해양 시추리그는 크게 고정식과 부유식으로 분류된다. 작업시 시추리그가 해저면에 고정되는 고정식에는 플랫폼, 잭업, 잠수식 리그가 있으며 부유식에는 반잠수식과 선박식이 있다. 건설에 필요한 비용과 최대 작업수심에 따라 규모가 달라지기 때문에 수심과 최종 목표심도에 따라 적절한 시추리그를 선택해야 한다.

플랫폼은 한번 건설되면 이동할 수 없고 건설비도 비싸기 때문에 경제성이 확인된 경우 개발과 연계하여 활용된다. 하지만 그 규모와 비용이 수심이 깊어짐에 따라 급격히 증가한다. 규모가 큰 플랫폼의 경우 모든 시추 관련 장비와 시설을 하나의 플랫폼 위에 설치하며 방향성 시추를 이용하여 다수의 시추공을 시추할 수 있다.

잠수식은 시추리그를 해저면에 가라앉혀 시추작업을 진행하고 작업이 완료되면 시추리그를 다시 부유시킨다. 주로 수심이 얕은 호수나 해안가에서 사용되며 작업이 가능한 수심은 대부분 40~50 ft 이하이다. 대륙붕의 해양시추에 보편적으로 이용되는 잭업리그는 적용수심이 최대 600 ft 내외이다. 잠수식의 일반화된 형태인 잭업리그는 독립적으로 상하로 움직일 수 있는 세 개의 다리를 위로 들어 올린 후 시추장소로 견인되며, 시추할 장소에 도달하면 다리를 해저면까지 내려 위치를 고정한다. 잭업리그의 크기가 작은 경우 추가적인 작업이나 작업자의 숙소를 위해 다른 배를 활용할 수 있다.

깊은 수심에서 시추작업을 진행할 때에는 주로 부유식 시추리그를 이용한다. 반잠수식 시추리그는 여러 개의 앵커나 동적위치선정시스템(DPS)을 이용해 시추리그의 위치를 유지하고 밸러스트 탱크에 해수를 채우는 양을 조절하여 잠수깊이를 조정한다. 선박식은 시추목적으로 건조된 선박에 시추리그가 장착된 것으로 이동이 용이하다. 부유식 시추리그는 컴퓨터와 연결된 GPS와 DPS를 이용해 위치를 유지한다.

일반적으로 반잠수식이 선박식보다 안정성이 우수하지만 적재용량의 한계로 최대 작업수심은 낮다. 하지만 최근에 제작되는 부유식 시추리그는 그 종류에 상관없이 설계용량에 따라 12,000 ft 이상 초심해에서 작업할 수 있다. 잭업, 반잠수식, 선박식과 같이 이동이 가능한 시추리그를 MODU라 한다.

1.5.3 해양시추

해양에서 시추작업을 진행하는 경우 육상시추와 전체적인 작업시스템은 유사하다. 하지만 해수의 유동과 깊은 수심으로 인해 추가적인 고려가 필요하다. 〈그림 1.13〉은 부유식 시추리그를 이용한 해양시추의 개념을 보여준다. 부유식 시추리그를 일반적으로 시추선이라고도 한다. 본 교재에서도 특별히 구별하여 언급하지 않은 경우 반잠수식과 선박식을 시추선으로 표현하였다.

해양시추 시 해저면에서 해수면의 시추선까지 이수순환을 위해 해양라이저가 필요하다. 해양라이저는 유연한 재질의 철강파이프이며 외경이 21 inch인 경우가 대부분이다. 육상시추와 같은 원리로 시추파이프 내부로 이수를 펌핑하며 애눌러스를 거쳐 시추파이프와 해양라이저 사이의 공간을 통해 이수를 회수한다. BOP 스택은 육상시추작업 시 시추탑 하부의 지상에 설치되며, 천해시추의 경우에도 이와 유사하게 시추탑 하부의 해수면 위에 설치된다. 하지만 부유식 시추선의 경우 유정제어 및 비상시 시추선과의 효과적인 분리를 위해 해저면에 BOP 스택을 설치하며 육상의 경우보다 BOP의 개수가 많다.

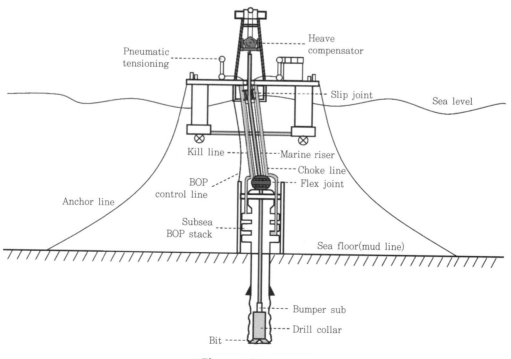

그림 1.13 해양 시추리그

해양시추작업을 진행할 때 해수의 움직임에 의해 의도한 대로 시추를 진행하지 못할 수 있다. 해수에 의한 움직임에도 비트에 일정한 압축력을 주며 시추작업을 진행하기 위해 여러 장비들을 추가적으로 사용한다. 대표적인 상하동요 보정장비(heave compensator)는 이동블록과 탑드라이브 사이에 위치하며 피스톤과 실린더로 이루어져 있어 시추선이 해수에 의해 상하로 움직이더라도 시추파이프가 일정한 높이를 유지하도록 한다. 즉 해수의 유동에도 불구하고 비트의 압축력을 일정하게 유지시키는 역할을 하며 고정블록이 상하로 움직이도록 설계된 경우도 있다.

해양라이저의 상부에 위치한 슬립조인트는 시추선의 상하운동으로 인한 영향을 보상하며 해양라이저 하부에 위치한 플렉스조인트는 해양라이저가 일정한 경사범위에서 움직일 수 있게 한다. 해양시추에서는 예측하지 못한 위험이 있고 유정제어가 비교적 어렵기 때문에 안전에 대한 주의가 요구된다. 비상시 이용하기 위한 구명보트를 구비하여야 하며 안전에 대한 지속적인 교육과 훈련이 필요하다. 특히 시추선이 손상되거나 사고로 침몰하는 경우, 필요한 작업을 위한 수단이 없어져 대처가 늦어지고 상황이 악화되므로 안전한 작업에 특별히 유의하여야 한다.

1.5.4 시추작업

석유의 탐사와 개발을 위한 시추는 전형적으로 〈그림 1.14〉와 같은 순서로 진행된다. 이들 순서를 살펴보면 시추작업에 대한 전반적인 내용과 본 교재의 구성에 대하여 알 수 있다. 앞서 설명한 시추계획(2장)에 따라 필요한 작업준비를 마치면 시추리그의 각 시스템(3장)이 유기적으로 활용되어 시추작업이 이루어진다.

시추액은 굴진과정에서 생성된 암편을 연속적으로 제거하고 시추공의 압력을 제어하기 위해 사용되지만 그 외에도 많은 기능을 수행한다. 시추액은 시추에 사용되는 다양한 유체를 통칭하고 시추이수는 주로 액상의 시추액을 의미한다. 전통적으로 수성이수(WBM)를 많이 사용하지만 고압고온 환경이나 반응성 지층을 시추하는 경우 유성이수(OBM)를 사용한다. 또한 시추액이 가져야 하는 특성을 위해 다양한 첨가물을 추가한다. 시추액을 시추공으로 펌핑하기 이전에 밀도와 점성 같은 계획된 물성치를 유지하도록 관리하고 모니터링하는 것이 중요하다.

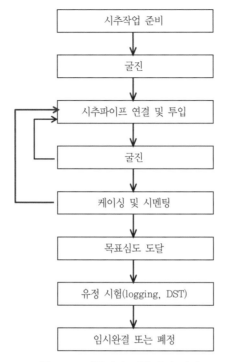

그림 1.14 전형적인 시추작업 과정

육상시추의 경우 시추액의 순환경로는 〈그림 1.9〉에 잘 나타나 있다. 시추액이 정지해 있을 때에는 시추액의 밀도에 의한 정수압만 작용한다. 하지만 시추액이 순환하는 경우에는 유동으로 인한 압력손실이 발생한다. 압력손실의 정도는 시추액의 종류, 유동조건, 시추스트링과 시추공의 기하에 따라 달라지며 가정한 유체모델을 이용하여 그 값을 계산할 수 있다. 시추액의 기능과 종류, 물성 및 시험법 그리고 순환에 따른 압력변화를 4장에서 자세히 다룬다.

굴진에 의해 형성된 시추공을 나공(open hole)이라 한다. 나공은 시간이 지남에 따라 함몰되거나 더 깊이 굴진하는 경우 하부로부터 오는 지층압력에 의해 시추공의 파쇄가 일어날 수 있어 케이싱이 필요하다. 비록 시추공 자체는 문제가 없어도 지하수를 보호하기 위하여 법적으로 반드시 케이싱을 설치해야 하는 경우도 있다. 또한 문제의 가능성이 있는 지층과 시추공을 격리하거나 더 깊은 목표심도에 도달하기 위하여 케이싱을 설치하고 시멘팅을 실시한다.

〈그림 1.15〉는 전형적인 케이싱 설치 예이다. 일반적으로 더 깊은 심도까지 시추한 후에 그 다음 케이싱을 설치하므로 시추깊이가 깊어짐에 따라 케이싱의 길이도 길어진다. 케이싱

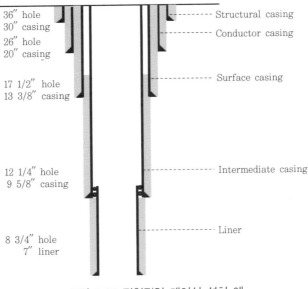

36″ hole
30″ casing — Structural casing
26″ hole
20″ casing — Conductor casing

17 1/2″ hole
13 3/8″ casing — Surface casing

12 1/4″ hole
9 5/8″ casing — Intermediate casing

— Liner

8 3/4″ hole
7″ liner

그림 1.15 전형적인 케이싱 설치 예

이 설치된 이후에 예정된 다음 목표심도까지 시추하기 위해서는 시추비트가 이미 설치된 케이싱 내부를 통과해야 한다. 따라서 시추공의 직경과 그 다음에 설치될 케이싱의 크기도 감소한다. 케이싱과 역할이 동일하지만 지표면까지 연장되지 않은 것을 라이너라 한다. 케이싱의 역할과 종류, 케이싱설계 그리고 시멘팅에 대하여 5장에서 학습한다.

최종 목표지점에 도달하여 시추작업을 완료할 때까지 시추공의 압력을 적절히 유지하고 제어하는 것이 필요하다. 유정제어란 광의적인 의미로 시추, 유정완결, 생산의 전 과정에서 유정의 압력을 유지하고 안전을 확보하여 계획된 작업을 성공적으로 수행하기 위한 제반행위를 통칭한다. 협의적인 의미에서 본다면 킥을 효율적으로 방지하고 킥의 발생 시 킥을 빠르게 감지하고 제한하여 안전하게 제거하는 제어과정을 말한다. 유정제어는 흔히 협의의 의미로 사용된다.

〈표 1.5〉는 유정제어 실패사고와 비용을 보여준다. 표에서 볼 수 있듯이 운영권자와 작업장소에 관계없이 유정제어 실패로 인한 사고가 일어날 수 있으며, 또 그 비용이 큰 특징이 있다. 최근 들어 안전과 환경에 대한 규제가 강화되고 있어 유정제어가 더 중요해졌다. 안전한 시추를 위한 킥의 방지와 감지, 시추공의 폐쇄, 킥의 다양한 제거기법에 대하여 6장에서 공부한다.

표 1.5 유정제어 사고와 비용 예(Abel, 1993)

운영권자	작업장소	연도	피해액 (백만$)
Amoco	Eugene Island 273, GOM	1960	20
Phillips	Ekofisk Platform, N. Sea	1976	56
Gulf Oil	Angola, W. Africa	1978	90
Pemex	Ixtoc well, Mexico	1978	85
Amoco	Tuscaloosa event	1980	50
Apache	Key 1-11 well, Texas	1982	52
Mobil	W. Venture, Nova Scotia	1985	124
Total Oil	Bekepai Platform, Indonesia	1985	56
Petrobras	Enchove Platform, Brazil	1988	530
Oxy Oil	Piper Alpha Platform, N. Sea	1988	1,360
Saga	2/4-14 well, Norwegian N. Sea	1989	284
Kuwait Oil	AI-AWDA Project, Kuwait (intentional blowouts by Gulf War)	1991	5,400
BP	Macondo well by Transocean Deepwater Horizon, GOM	2010	예측 불가

비록 철저한 시추계획을 세우고 경험을 바탕으로 시추작업을 수행하더라도 정보의 불확실성과 작업자의 실수로 인하여 여러 문제들이 발생할 수 있다. 목표심도까지 도달하는 과정에서 다양한 특징을 가진 지층을 지나게 되고 이들의 복잡성과 불확실성으로 인하여 사실 완벽한 시추계획은 불가능하다. 작업자의 실수나 장비의 오작동 또는 관측되는 자료나 현상에 대한 잘못된 해석으로 인한 부적절한 대응도 시추문제를 유발한다.

〈그림 1.16〉은 시추과정에서 생긴 다양한 시추문제들과 상대적 비율을 보여준다. 이들 문제로 인해 허비된 시간을 비생산시간(NPT)이라 한다. 결과적으로 계획된 본래의 작업은 진척이 전혀 없고 문제해결을 위한 노력으로 시간과 비용만 증가한다. "시추문제 없는 시추작업은 없다", "시추작업은 시추문제를 해결하는 과정이다"와 같은 표현처럼 시추문제는 계속하여 발생하므로 이들을 예방하고 문제가 발생하면 빠르게 감지하여 효율적으로 해결하는 것이 중요하다. 7장에서는 전형적인 시추문제에 대하여 원인과 감지 그리고 해결책을 소개한다.

요즘에는 전 세계적인 석유수요 증가와 석유 E&P 업계의 계속적인 노력으로 기술적 또는 경제적 이유로 기존에는 개발되지 않았던 한계유전, 심부유전, 심해유전, 신석유자원의 개발이 활성화되고 있다. 이들 저류층은 전통적인 방법으로 시추하기 어렵거나 과도한 비용문제가 있다. 구체적으로 동일 광구권 내에 존재하는 심부 유망구조의 시추는 그 동안의 생산에

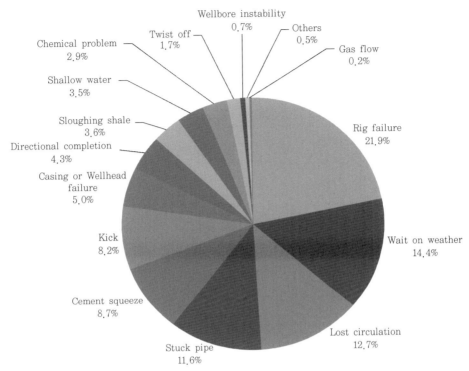

그림 1.16 시추깊이 15,000 ft 이하 일 때의 시추문제(J.K. Dodson Company, 2003)
(멕시코만(Gulf of Mexico)의 수심 600 ft 이하 지역에서 1993~2002년 기간 동안 작업한 경우)

의해 압력이 고갈된 상부의 저류층을 통과해야 하므로 현저히 다른 지층압을 관리해야 하는 어려움이 있다.

비록 〈그림 1.16〉과 같은 많은 문제가 발생하지만 보통의 경우에는 이들을 감지하고 해결할 수 있다. 하지만 그 문제가 지속적으로 발생하면 정상적인 시추가 불가능해진다. 이와 같은 경우에는 해당 문제를 근본적으로 해결하는 새로운 대안이나 전통적인 방법을 따르면서도 그 비용이나 문제의 발생가능성을 획기적으로 줄일 수 있는 절차나 장비가 필요하다. 현재 사용되고 있는 신기술은 시추공의 압력을 항상 제어한 상태에서 시추하는 압력제어시추(managed pressure drilling, MPD), 케이싱으로 시추파이프를 대신하는 케이싱시추, 심해시추를 위한 이중구배(dual gradient)나 이중데릭(dual derrick) 기술, 비용절감을 위한 소구경시추(slim hole drilling), 코일튜빙시추(coiled tubing drilling), 방향성 시추 등 매우 다양하다.

특히 최근 들어 안전과 환경에 대한 관심이 증가하면서 관련 법률이 강화되는 추세이므로 시추계획과 작업과정에서 이를 고려하여야 한다. 안전과 효율은 향상시키고 비용을 줄이는 것은 시추업계가 당면한 과제이므로 다양한 신기술에 대하여 8장에 정리하였다. 시추뿐만 아니라 석유공학에도 활용할 수 있는 단위변환, 리그구성도, 시추파이프 및 시추칼라 규격, 약어 등을 부록에 제공하였다.

각 장의 마지막에 시추분야 전공자들을 위해 연구문제를 제공하였다. 따라서 시추에 대한 전반적인 이해를 원하는 일반인들은 이를 무시해도 된다. 연구문제를 통해 각 장에서 배운 내용의 복습이 가능하고 또 구체적인 계산을 통해 그 이해를 높일 수 있다. 또한 본문에서 다 설명하지 못한 항목들을 연구문제에서 언급하여 추가적인 자료조사와 함께 심화학습이 가능하도록 하였다. 연구문제 중 모든 계산문제에 대한 해답을 부록에 제공하였다.

시추에 대한 이해를 높이고자 본 교재에서는 시추에서 사용되는 용어를 의미 중심으로 한글명을 사용하고자 노력하였다. 하지만 국내에서는 석유의 탐사와 생산을 위한 시추작업이 활발하지 않아 아직 용어가 통일되지 않았고 주로 영어용어를 그대로 사용한다. 따라서 한글용어와 더불어 영어도 표기하여 그 의미를 명확히 하였다.

연구문제

1.1 국내 일차에너지 연간 소비량을 TOE로 나타내고 화석에너지와 신재생에너지의 비율을 비교하라. 가장 최근의 공식자료를 이용하고 자료의 출처를 명시하라.

1.2 국제유가의 기준이 되는 세 가지 유종에 대하여 이름, 가격 그리고 특징을 조사하라. 세 유종의 가격이 다른 이유는 무엇인가?

1.3 육상시추와 해양시추의 차이점을 해양시추를 중심으로 비교하고 설명하라.

1.4 시추 관련 다음 각 항목에 대하여 최근 10년간의 기록변화에 대하여 조사하라.
   (1) 수직심도(vertical depth)
   (2) 시추길이(drilled depth or measured length)
   (3) 수심(water depth)

1.5 탐사실패와 시추실패를 설명하라.

1.6 다음 용어들을 그 정의를 중심으로 설명하라.

    (1) Petroleum

    (2) Kick

    (3) Blowout

    (4) Trap

    (5) Spudding

    (6) Stand (of drill pipes)

    (7) Paper drilling

1.7 다음 약어들을 철자를 명시하고 한 문장으로 설명하라.

    (1) E&P

    (2) P&A

    (3) BOP

    (4) GPS

    (5) LMRP

    (6) MODU

    (7) ROV

1.8 아래 주제 중 하나를 선택하여 A4 용지 1/2~1페이지 분량으로 요약하라.

    (1) 1960년 이후 OPEC 회원국의 변화

    (2) 석유가 앞으로 40년 후 고갈되지 않는 이유

    (3) 킥의 발생원인

    (4) 시추액의 기능

    (5) 고압고온 환경에서 발생하는 시추문제

    (6) 심해시추가 어려운 이유

    (7) 최근 24개월 동안 국제유가의 변동과 그 원인

1.9 심도 10,000 ft 수직공에 사용되는 시추파이프의 외경은 5 inch 이고 무게는 19.5 lb/ft 이다. 시추공의 내경은 8.75 inch로 일정하고 시추비트는 시추공 바닥에 닿기 직전이라고 할 때 다음 물음에 답하여라. 다른 언급이 없으면 10 ppg 이수가 시추공을 채우고 있다고 가정하고 시추비트의 영향은 무시하라.

(1) 주어진 자료를 이용하여 깊이에 따른 시추공과 시추스트링의 단면도를 그려라.

(2) 시추공 바닥에서 정수압을 psi(= lb/square inch)와 MPa(= mega Pascal)로 계산하라.

(3) 시추스트링이 이수 속에 잠겨 있는 상태에서 그 무게를 계산하라.

(4) 시추공에 이수가 없다고 가정하고 시추스트링의 무게를 계산하라.

(5) 시추스트링 내부에 존재하는 이수의 부피는 몇 배럴인가?

(6) 애눌러스에 존재하는 이수의 부피는 몇 배럴인가?

(7) 이수펌프의 용량이 0.125 bbl/stroke일 때 애눌러스를 모두 채우기 위해 필요한 펌프의 행정수를 계산하라.

1.10 위의 〈문제 1.9〉에서 6,000 ft 깊이에 단위무게 36.0 lb/ft인 9.625 inch 케이싱이 설치되었고 나공의 직경은 8.75 inch라 하자. 외경 7 inch, 단위무게 107 lb/ft의 시추칼라 1,000 ft가 시추스트링에 사용되었다고 가정하자. 나머지 조건이 동일할 때 〈문제 1.9〉의 (1)~(7)을 반복하라.

시추작업에 있어 가장 중요한 것은 좋은 시추계획과 그 계획에 따른 작업의 수행이다. 목표지점이 결정되면 안전하고 경제적인 시추를 위하여 모든 상황이 고려된 시추계획서를 작성하여야 한다. 이는 시추작업의 시작에서 모든 작업을 완전히 완료하여 장비와 작업인력을 철수할 때까지 이루어지는 각 작업에 대한 지침서 역할을 한다. 따라서 이용 가능한 모든 자료와 축적된 시추경험을 종합하여 시추계획서를 작성하여야 한다. 2장은 다음과 같이 구성되어 있다.

02 시추계획

2.1 시추계획의 과정
2.2 시추 프로그램
2.3 시추일정 및 예산

제 2 장 시추계획

2.1 시추계획의 과정

2.1.1 시추계획의 중요성

우리가 소형 탁자를 만드는 경우에도 설계도와 소요되는 예산에 대한 계획이 필요하다. 만약 아무런 계획도 없이 작업을 진행하면 탁자를 구성하는 각 부분의 크기나 이음부분이 맞지 않거나 준비한 재료가 부족할 수도 있다. 이 경우 처음부터 다시 하거나 문제가 되는 부분을 시행착오를 통하여 보완하면 하나의 탁자(a table)를 만들 수 있다. 하지만 그 탁자가 계획한 본래의 규격에 맞지 않거나 기능을 수행하지 못할 수도 있으며 무엇보다도 비용과 시간이 많이 소요될 것이다.

만약 계획의 수정이 용이하고 비용이나 시간이 크게 문제가 되지 않는다면 상황의 변화에 따라 손쉬운 대처가 가능하므로 계획이 별로 중요하지 않을 수도 있다. 하지만 대형구조물을 만들거나 비싼 장비나 재료를 사용하는 경우에는 시행착오를 통해 최적의 방법을 찾는 것이 쉽지 않다. 또한 잘 준비되지 못한 초기계획을 변경하는 데 많은 어려움이 있다. 특히 거대한 지구의 복잡한 지층을 시추하여 정해진 목표지점에 도달해야 하는 시추작업의 경우 철저한 계획이 필수적이다. 구체적인 시추계획서를 시추 프로그램(drilling program) 또는 시추 예상서(progonosis)라 한다.

고유가의 영향과 자원확보 경쟁으로 인하여 광구권 확보가 어려워지고 또 비용도 증가하고 있다. 일반적으로 전체 탐사비용의 70~80%가 탐사정을 시추하는 데 소요되고 나머지가 지질조사나 물리탐사에 사용된다. 시추와 관련된 사고의 횟수는 과거에 비하여 많이 감소하였지만 대형사고로 인하여 시추작업과 안전에 대한 규정이 강화되고 있다. 결과적으로 시추비용이 상승하여 운영사뿐만 아니라 시추업체도 안전하고 경제적인 시추에 대한 부담을 가지고 있다.

시추과정에서 만나는 다양한 문제들이 아무런 예고도 없이 발생한다면 적절한 대처가 어렵다. 하지만 인근 시추공의 시추결과를 바탕으로 각 시추깊이에 따라 발생할 수 있는 문제를 알고 분석하여 그 구체적인 대응책이 기록으로 주어져 있다면 관리가 가능하다. 즉 구체적인 시추계획서를 통해 일차적으로 문제발생을 방지하고 또 문제가 발생하더라도 효과적으로 대응할 수 있다.

만약 태풍이나 우기 또는 계절적 요인으로 작업을 할 수 있는 기간이 제한되어 있는 지역에서는 이를 반드시 고려하여야 한다. 계획의 수립이나 작업진행이 미숙하여 그 기간 내에 작업을 완료하지 못하면 1년을 기다려야 할 수도 있으며 이는 보기 힘든 현상이 아니다. 따라서 시추 프로그램에는 이와 같이 잠정적으로 문제가 되는 내용도 반드시 포함되어야 한다.

시추 프로그램은 시추작업 이전에 관계기관의 허가를 얻기 위해서도 필요하다. 각 국가별 규정에 의해 시추제안서를 제출하고 시추허가를 얻어야 한다. 제안서에 포함되어야 하는 내용은 시추목적, 시추지역, 목표심도, 시추공 크기, 시추궤도, 지층의 공극압과 파쇄압, 시추공 시험, 위험요소와 대책, 환경영향평가 등이다.

시추계획을 잘 준비해야 할 뿐만 아니라 이들 작업의 진행도 유기적으로 이루어져야 한다. 예를 들어 주문한 후 배달되는 데 긴 시간이 걸리는 장비는 그 장비가 필요한 시점에 현장으로 배달되고 또 점검을 마쳐 사용할 수 있게 미리 주문되어야 한다. 주문일정도 시작부터 완료까지 일정한 기간으로 하는 것이 필요하다. 〈그림 2.1〉은 시추작업이 진행되는 과정을 표현한 것으로 시추 프로그램을 작성하고 그에 따라 작업이 이루어지는 모습을 보여준다.

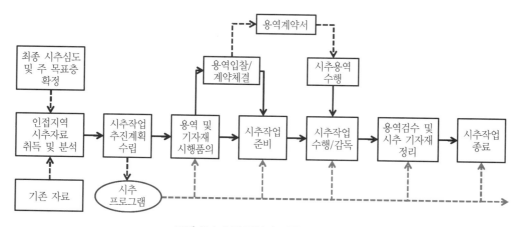

그림 2.1 시추작업의 전형적인 과정

2.1.2 시추계획의 준비과정

시추공의 종류에는 석유의 부존 여부를 확인하기 위한 탐사정, 저류층의 크기나 유체 간 경계면을 파악하기 위한 평가정, 생산을 위한 개발정 등이 있다. 또한 시추작업은 기존에 존재하던 시추공을 다시 시추하는 재굴진, 현재 시추공에서 벗어나 굴진하는 우회시추, 다수의 시추공을 시추하는 다가지시추 등 매우 다양하다. 따라서 이와 같은 각 작업의 목적과 순서에 맞게 시추계획은 준비되어야 한다.

시추계획은 시추의 목적에 따라 세부항목이 달라질 수 있으나 기본적으로 〈그림 2.2〉와 같은 과정을 거친다. 먼저 시추의 목적에 따라 목표심도를 정하고 시추공 크기와 완결의 종류를 결정한다. 언급한 두 항목은 개발정에서 매우 중요하다. 시추 프로그램의 첫 번째 단계로 이용 가능한 자료를 수집하고 분석한다. 탐사정을 제외하고는 원하는 대부분의 자료를 운영사에서 가지고 있기 때문에 큰 어려움이 없고 과거에 작성한 시추계획서를 활용할 수 있다. 하지만 탐사정의 경우 인근에서 시추한 시추공 자료를 사용해야 한다.

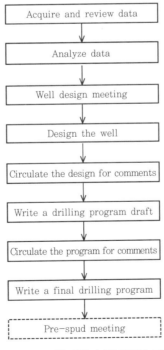

그림 2.2 시추계획의 일반적인 과정

지층의 복잡성과 다양성으로 인하여 시추작업은 각 지역별로 서로 다른 특성을 나타낸다. 따라서 시추계획은 특정 지역이나 그 인근에서 시추된 시추공 자료를 바탕으로 작성되어야 한다. 이용할 수 있는 자료는 다음과 같이 매우 다양하다. 이들은 해당 시추공의 운영사로부터 얻거나 작업에 참여한 용역회사 또는 작업자를 통해 부분적인 정보를 얻을 수도 있다. 또는 자료취득을 목적으로 시추비용을 탐사에 실패한 경우에만 일부 부담할 수 있다(이를 dry hole agreement라 함).

- Well data
- Casing programs
- Daily drilling reports
- Mud reports
- Bit records
- Logging data
- DST(drill stem test) data
- Core & core analysis data
- Maps (topographic map, geologic map, etc)
- Other available reports

미국뿐만 아니라 많은 국가에서는 시추 관련 모든 정보를 지정된 기관에 보고하도록 하고 일정한 시간이 경과되면 이를 공개하고 있다. 언급한 자료들은 부분적으로 존재하거나 서로 다른 기관에서 관리하는 경우도 있어 이들을 수집하고 분석하여 활용에 유리하도록 정리하는 것도 중요한 작업 중의 하나이다. 상류업계 많은 석유회사들은 유망지역의 자료를 확보하여 자체적으로 전산화하고 있다.

하나의 시추공에 대하여 언급한 모든 자료들이 요약되어 있는 것이 최종시추보고서(final well report)로 시추계획뿐만 아니라 각 작업과정, 발생한 문제와 해결과정 그리고 시추공과 저류층 관련 시험결과를 포함하고 있다. 시추작업을 마치면 최종시추보고서를 작성하여 향후 참고자료로 활용해야 한다.

2.1.3 시추계획의 종류

시추계획은 필요한 작업을 효율적으로 수행하기 위하여 반드시 필요한 것으로 실무적 관점에서 고려하여야 할 항목은 다음과 같다. 시추계획은 한두 명의 인원으로 이루어지는 것이 아니라 다수의 인원으로 구성된 팀에 의해 이루어지며 용역회사의 도움을 받는 것도 필요하다.

- 시추공 계획
- 용역발주 계획
- 인력운영 계획
- 보급운영 계획

시추공설계는 주어진 목표심도에 도달하기 위하여 시추공과 케이싱을 계획하는 것으로 시추계획의 가장 기본이다. 시추목적과 수집된 자료를 바탕으로 깊이에 따라 구간별로 시추공의 크기를 결정한다. 시추공의 크기가 같은 구간을 섹션(section)이라 하며 주로 26인치 홀 섹션과 같이 직경을 같이 언급한다. 시추예정지역의 규정과 지표면 조건 그리고 지층의 공극압과 파쇄압에 의해 케이싱의 설치심도와 개수가 결정된다. 목표심도에서 시추공의 크기는 케이싱의 개수에 영향을 받는다. 2장에서 설명을 위해 〈그림 2.3〉과 같이 시추공 및 케이싱이 결정되었다고 가정하자.

깊이에 따른 시추공과 케이싱의 크기가 결정되면 회사 내 전문가들의 의견을 수렴하여 세부적인 작업계획을 수립한다. 최종 목표심도에서 수행하게 될 각종 시험과 지질조건으로 인하여 예상되는 시추문제를 고려하여 시추공을 설계한다. 시추공의 크기뿐만 아니라 시추궤도에 따른 방향제어에 대한 계획도 필요하다.

시추목적에 따라 목표지점에 도달한 이후의 작업이 달라진다. 탐사정은 석유의 부존 여부를 확인하는 것이므로 필요한 시추공 시험과 지층유체 샘플링 작업을 마치면 시추공을 막는 폐공(P&A)작업을 한다. 개발정의 경우 유정완결을 실시하여 석유를 생산하는 것이 목적이므로 임시로 시추공을 마감한다. 따라서 각 목적에 맞게 필요한 작업이 준비되고 실행될 수 있도록 설계되어야 한다.

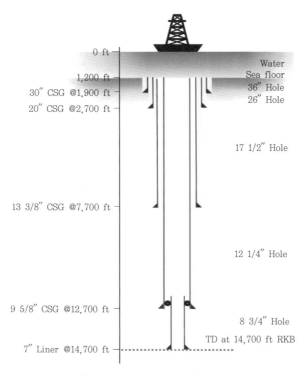

그림 2.3 시추공 및 케이싱 계획

시추작업을 계약산업의 꽃이라 할 만큼 많은 작업들이 서비스회사를 통하여 이루어진다. 시추작업에서 가장 큰 비용을 차지하는 시추리그의 계약은 다음과 같은 형태가 있다.

- 일일기준율(Daily rate($/day))
- 굴진기준율(Footage rate($/ft))
- 턴키(Turnkey)
- 조합기준율(Combined rate)

일일기준율은 작업한 일수에 따라 비용을 지급하는 것으로 실제로 굴진 깊이가 증가하지 않더라도 임대료를 지급한다. 이는 탐사정을 시추할 때 이루어지는 가장 흔한 계약방식으로, 시추리그가 일당을 받고 운영사에 고용되는 개념이다. 임대료는 정상작업, 고장, 이동 등에 따라 다르게 결정된다.

굴진기준율은 작업일수에 상관없이 실제로 시추된 깊이에 따라 비용을 지불하는 것으로 지하의 지층구조나 시추문제가 모두 파악된 지역에서 시추할 경우에 사용된다. 전형적으로 개발정을 시추할 때 사용될 수 있다. 하지만 지층의 복잡성과 다양성으로 인하여 여러 시추 문제가 발생할 수 있고 작업지연에 대한 보상으로 일일기준율보다는 비싼 단가를 적용한다.

턴키 계약은 시추회사가 모든 책임을 지고 운영사가 원하는 지점까지 정액으로 시추하는 것이다. 물론 케이싱 설치와 시추공 시험을 포함할 수 있다. 이 계약은 운영사가 시추 관련 경험이 없거나 시추문제나 여러 이유로 운영사가 턴키 계약을 선호할 때 이루어진다. 추가적 인 작업이 필요하면 해당 작업 역시 턴키 방식으로 계약할 수 있다. 조합기준율은 특정 깊이 까지는 굴진기준율로 하고 그 이후로는 일일기준율로 하는 계약이다.

〈표 2.1〉은 필요한 용역계약의 종류를 보여준다. 특히 해양에서 작업하는 경우 육상시추에 비하여 더 많은 장비와 안전에 대한 고려가 필요하다. 시추지역과 작업내용 그리고 시추회사 의 전문성에 따라 용역계약의 종류는 달라지나 30가지 이상으로 구성될 수 있다. 〈표 2.2〉는 미국 멕시코만에서 이루어진 시추작업에 참여한 용역회사의 예이다.

계약은 입찰이나 수의계약을 통하여 이루어진다. 하지만 시추지역의 특성이나 과거의 용 역경험에 따라 운영사가 특정 용역회사를 선호할 수 있다. 대부분의 국제적 용역회사는 각 지역을 담당하는 지사를 두고 전 세계적으로 서비스를 제공한다. 용역작업은 시추과정 중 특별한 기능을 수행하는 것으로 첫 번째 시도에서 작업을 성공적으로 마치는 것이 매우 중요 하다. 이런 의미에서 비용뿐만 아니라 인증된 기술과 현장적용 경험을 가진 용역회사를 선택 하는 것이 필요하다.

용역계약에는 단순히 장비를 공급받는 것도 있지만 장비와 더불어 전문인력이 실제작업 을 실시하는 경우가 많다. 이는 시추장비의 첨단화와 계속하여 개발되는 신기술 또는 장비를 사용하기 위한 절차나 결과해석에 필요한 전문성에 의해 그 경향이 증가하고 있다. 용역회사 에 의한 작업은 그 단가가 비싸고 계약된 작업을 하지 않고 기다리는 기간에도 비용을 지불 하므로 해당 작업이 계획에 맞게 잘 진행되도록 관리하는 것이 중요하다. 많은 경우 현장 도착과 철수에 따른 비용을 지불한다.

시추작업은 일일운영비가 비싼 이유도 있지만 시추를 멈추게 되면 다양한 시추문제가 발 생하므로 하루 24시간 계속적으로 작업한다. 하루 2~3교대로 일하며 해양시추의 경우 주로 2주 2교대 단위로 작업한다. 만약 해양시추에서 굴진작업만 담당하는 시추작업팀이 7명으로 이루어졌다고 가정하면, 해상 시추선에 2교대 작업을 할 수 있게 14명이 상주하고 나머지 7명은 육상에서 휴가를 보내며 다음 교대를 준비한다. 시추팀뿐만 아니라 현장지질기사나 시추선 운영 관련 인원들의 교대계획도 수립하여야 한다.

표 2.1 시추작업을 위한 용역계약 항목

No.	Service type	Contractor
1	Drilling contractor	
2	Rig mobilization and demobilization	
3	Rig positioning	
4	Drilling bits	
5	BHA	
6	Drilling tools rental	
7	Directional drilling	
8	Wellhead	
9	Mud and mud engineering	
10	Centrifuges	
11	Casing running	
12	Casing	
13	Cementing and service	
14	Liner hanger	
15	Fishing and casing cutting	
16	Mud logging	
17	Wireline logging	
18	DST	
19	MWD	
20	LWD, PWD	
21	Supply base	
22	Supply boat	
23	Helicopter or air plane	
24	Anchor handling tug supply (AHTS)	
25	ROV	
26	Coring tools and service	
27	Sample analysis	
28	Communication service	
29	Weather forecast	
30	Oil spill control	
31	Environmental impact assessment (EIA)	
32	Catering	
33	Well insurance	

표 2.2 해양시추에 참여한 용역회사 예

Items	Company name or related information
Well name	Macondo
Well location	Mississippi Canyon block 252, GOM
Operator	British Petroleum
Drilling contractor	Transocean
Casing	Weatherford Int.
Cementing	Halliburton
Drilling mud	M-I SWACO
Supply boat	Tidewater Marine
Well monitoring	Sperry Sun
Wellhead equipment	Dril-Quip
Wireline logging	Schlumberger

접근성이 용이한 육상에서 시추하는 경우에는 필요한 기자재나 소모성 물품을 보급하는 데 큰 어려움이 없다. 필요한 경우 대형 창고에 보관하거나 일기에 별로 영향을 받지 않고 물품을 공급받을 수 있다. 하지만 오지나 밀림지역 그리고 해양에서 시추하는 경우에는 각종 물품과 인력이 잘 보급되어야 시추작업을 원활히 수행할 수 있다. 시추작업상 아무런 문제가 없는데도 필요한 장비나 각종 테스트를 위한 전문인력이 도착하지 못한다면 계획한 작업을 수행하지 못해 시추비용만 증가한다. 대기시간이 길어질수록 시추공의 상태가 악화되고 다른 시추문제를 야기하므로 모든 보급이 잘 이루어질 수 있도록 보급사무소를 설치하고 인력을 운영하여야 한다.

2.2 시추 프로그램

2.2.1 시추 프로그램의 내용

시추계획의 결과로 작성된 시추 프로그램은 목표지점까지 시추하고 시추공 관련 시험을 완수하기 위한 종합계획서이다. 따라서 시추작업과 관련된 모든 내용이 포함되어 있다. 〈표 2.3〉(a)는 〈그림 2.3〉과 같은 시추공 및 케이싱 계획으로 탐사정을 시추한다고 가정할 때 목차의 예이다. 기존 시추공의 일부를 재시추하는 경우에는 〈표 2.3〉(b)와 같이 비교적 간단히 작성할 수 있다. 목차가 간단할지라도 각 시추작업에서 필요한 모든 항목들이 포함되기 때문에 그 분량은 대부분 100페이지 이상이다.

표 2.3 시추 프로그램 목차 예

(a) Drilling case

Section	Title
1	Well summary
2	Geological summary
3	Pre-operations summary
4	36 inch hole section
5	26 inch hole section
6	17 1/2 inch hole section
7	12 1/4 inch hole section
8	8 3/4 inch hole section
9	DST
10	Well plugging and abandonment
Appendix	

(b) Re-entry case

Section	Title
1	Well information summary
2	Geological summary
3	Drilling summary
4	Detailed drilling procedures
Appendix	

시추 프로그램 1장인 시추공 요약부분에서는 시추작업의 전체적인 내용을 한눈에 파악할 수 있도록 아래와 같은 내용이 표와 그림으로 요약된다. 2장에서는 시추과정에서 지나게 될 각 지층과 천부가스와 킥(kick)과 같이 지질적 요인으로 인해 발생할 수 있는 위험요소에 대한 정보를 제공한다.

- Well data
- Map of the well location
- Geologic column
- Seismic profiles
- Formation pore and fracture pressures
- Wellbore profile
- Time vs. depth plot
- Bit program
- BHA program
- Casing program
- Mud program
- Cementing program
- BOP diagram
- Wellhead diagram
- P&A(plug & abandonment) diagram

시추공 정보는 시추공위치의 경위도, 목표심도, 수심, 시추공의 종류, 궤도, 시추회사와 사용할 리그의 종류 등이다. 또한 시추공의 위치를 지도상에서 명확히 표시하고 이미 존재하는 유정이나 시설물도 같이 표시하여 작업자가 참고하도록 한다. 목표심도에 도달하는 과정에서 지나게 될 지층을 깊이에 따라 표시하고 탄성파탐사의 해석결과로 도출된 지하구조를 같이 나타낸다.

지층의 공극압과 파쇄압은 안전한 시추를 위해 필요한 시추공의 압력과 케이싱의 설치심도를 결정한다. 따라서 깊이에 따른 압력값을 그래프로 제공하고 온도나 케이싱 설치심도를 같은 페이지에 표시할 수 있다. 실측된 자료가 있다면 이들도 같이 표시한다. 위에서 언급된 개별 항목들은 한 페이지로 요약되어 제시되며 가장 핵심적인 것은 깊이에 따른 시추공 및 케이싱의 크기와 시간과 깊이 그래프이다.

비트 프로그램은 각 시추공 구간에 따라 사용할 비트의 크기와 종류, 시추구간, 비트노즐 직경, 예상하는 이수유량과 펌프압력 등을 포함한다. BHA 프로그램은 각 구간별로 사용될 BHA의 구체적 구성을 나타낸다. 케이싱과 시멘팅 프로그램은 케이싱 설치심도에 따른 케이싱의 종류, 등급, 연결형태, 사용할 시멘트 반죽의 종류와 밀도, 부피, 부수적으로 사용되는 장비에 대한 정보를 포함한다. 이수 프로그램은 각 구간에 사용할 이수의 종류, 물성, 첨가물의 종류와 비율을 표시한다.

BOP 그림은 BOP 스택의 구성과 규정압력 그리고 각종 유동라인의 연결상태를 표시한다. 정두 그림은 사용하는 정두장비와 하부 케이싱의 연결상태를 보여준다. P&A 그림에서는 시추결과에 따라 시추공을 폐쇄하기 위한 시멘팅의 위치와 두께에 대한 정보를 표시한다. 이미 설명한 대로 시추공의 종류에 따라 폐공과정이 달라진다.

2.2.2 시추를 위한 준비작업

시추를 위한 준비작업은 계약된 시추회사의 리그가 현장에 도착하면 시추작업을 시작할 수 있게 필요한 작업을 하는 것이다. 육상시추의 경우 시추탑을 설치할 위치에 땅을 정리하고 각 장비들을 설치할 수 있도록 준비한다. BOP를 설치할 수 있도록 지표면을 굴착하여 셀러 (cellar)를 만들고 각종 기자재나 물품을 보관할 수 있는 창고를 건설한다. 또한 사무실과 작업자의 숙소와 더불어 진입로를 개설하는 것이 필요하다. 사람들의 왕래가 많거나 안전이 위협되는 지역에서는 단순한 출입금지 경고문 설치를 넘어 보호용 울타리와 경비시설을 갖춘다. 이런 준비작업은 일반 토목작업으로 진행된다.

해양시추의 경우 대부분 리그를 견인하고 많은 경우 장거리를 이동하기 때문에 견인회사를 잘 선택하여야 한다. 시추리그가 현장에 도착하면 바로 계류작업을 수행할 수 있도록 미리 준비한다. 또한 어로활동이 있는 지역이면 그 생업활동의 중단에 대한 보상과 어로시설물을 철거하는 작업을 해야 한다.

철거할 수 없는 파이프라인이나 시설물이 이미 설치되었거나 운영 중인 경우 이들 시설의 파손이나 환경문제가 발생하지 않도록 유의한다. 이미 언급한 대로 시추공의 위치를 나타내는 지도에 주위의 모든 시설물을 같이 표시한다. 특별한 위험이 있다면 이를 미리 분석하여 대책을 시추계획서에 수록하여야 한다.

해양시추의 경우 장비를 해저에 설치하고 나면 회수나 수리가 어렵고 시간이 많이 소요된다. 따라서 장비를 준비하고 사용하기 이전에 반드시 점검해야 한다. 특히 압력을 제공하거나 압력으로 제어되는 장비들은 명시된 절차에 따라 규정된 압력을 준수하는지 점검하여야 한다. 주문에서 현장배달까지 많은 시간이 소요되는 정두장비 같은 것은 그 기간을 고려하여 미리 주문한다. 끝으로 당일 수행하여야 하는 작업에 대한 안전미팅을 가지면 실제 굴진작업을 위한 준비가 완료된다.

2.2.3 시추공 굴진 및 케이싱

〈그림 2.3〉과 같이 깊이에 따라 시추공을 굴진할 때 절차는 비슷하다. 즉 주어진 크기의 시추공을 계획된 깊이까지 굴진하고 케이싱을 내려 시멘팅을 실시한다. 이를 위해서 시추공의 크기에 맞는 비트를 가진 BHA를 준비하고 케이싱과 시멘팅 자료를 계획한다. 또한 해당 작업에 필요한 장비와 물품에 대한 종류와 수량이 제시되어야 한다.

36 inch 시추공을 굴착하는 경우에는 해저면의 상태와 예상되는 천부 위험요소에 따라 다양한 방법이 가능하다. 육상시추와 동일하게 36 inch 비트를 이용하여 시추하거나 해머를 이용해 땅 속으로 박을 수 있다. 천부가스와 같은 위험요소가 예상되면 소구경의 시추공(이를 pilot hole이라 함)을 굴착하고 확공하는 것이 가능하다. 또는 예정된 시추공위치에서 50~200미터 떨어진 위치에 예비시추를 시행할 수 있다.

심해의 경우 해저면의 천부지층이 미고결상태이므로 〈그림 2.4〉와 같이 케이싱 하부에 시추비트를 고정하고 비트노즐을 통해 시추액을 고압으로 분사하여 시추할 수 있다. 이 경우 별도의 시멘팅 작업이 필요없다. 노즐의 고압수에 의해 밀려나갔던 지층입자들은 시간이 지나면서 침강하여 케이싱을 지지하는 역할을 한다. 이때는 주로 해수를 시추액으로 사용한다.

주어진 조건과 회사의 방침에 따라 30 inch 케이싱을 설치하는 방법은 다양하다. 따라서 한 방법이 결정되어 시추 프로그램에 구체적으로 주어져야 한다. 실제 작업은 최적의 작업능률을 위해 보통의 작업범위 내에서 운영변수의 조정은 있으나 시추 프로그램에 따라 진행된다. 하지만 예상하지 못했던 큰 사건이 발생하면 계획을 변경하여야 하며 시추계획서를 작성하는 과정과 동일하게 자료수집과 분석 그리고 변경안에 대한 의견수렴이 필요하다.

각 시추공 구간을 모두 설명하는 것은 그 분량이 방대하므로 26 inch 시추공을 중심으로 설명하고 나머지는 중요한 차이점만 언급하고자 한다. 〈그림 2.3〉과 같은 시추공을 시추하므로 이미 36 inch 시추공이 시추되고 30 inch 케이싱도 설치되어 시멘팅 작업이 마쳐진 상태이다. 시멘트 반죽은 굳어지는 데 시간이 소요되므로 그 예상시간을 시추 프로그램에 명시하여

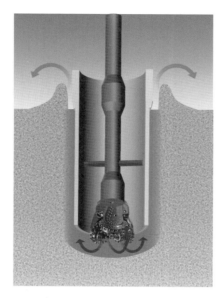

그림 2.4 제팅시추(jetting drilling)

야 한다. 26 inch 시추공의 시작에서 그 다음 크기인 17 1/2 inch 시추공을 굴진하기 이전의 과정을 다음과 같이 요약할 수 있다. 따라서 그 과정에 대한 계획이 구체적으로 수립되어야 한다.

- 26 inch 비트로 구성된 BHA 준비
- 시추스트링을 시추공 바닥까지 하강(tripping in)
- 목표심도인 1,500 ft까지 시추
- 시추스트링 회수(tripping out)
- 20 inch 케이싱 조립 및 하강
- 시멘트 반죽 주입
- 시멘팅 결과시험
- BOP 설치
- 라이저 연결(해양시추의 경우)

작업내용을 중심으로 설명하면 다음과 같다. 26 inch 시추비트를 가진 BHA를 이용하여, 시멘팅이 된 30 inch 케이싱 바닥에서부터 굴진을 시작하여 다음 목표지점인 1,500 ft까지 시추한다. 이 과정에서 예상되는 시추문제나 암편을 제거하기 위해서 필요한 조치들을 취한다. 시추계획서에서 작업의 가이드라인으로 주어진 비트의 압축력(WOB), 회전수, 예상굴진율 등도 실제결과와 비교한다. 해양시추의 경우 ROV를 해저면에 보내 가스의 분출 여부를 모니터링한다.

계획한 목표심도에 도달하면 케이싱을 설치하기 위한 준비작업을 하고 시추스트링을 회수한다. 20 inch 케이싱을 내리고 시멘팅을 실시한다. 이를 위해 시멘트 반죽의 종류, 밀도, 부피 자료가 시추 프로그램에 명시되어야 한다. 20 inch 케이싱 위에 BOP를 설치하기 때문에 CBL(cement bond log)이나 압력시험을 통해 시멘팅이 잘 이루어졌는지 시험한다.

BOP를 설치하기 이전에 먼저 BOP 자체에 대한 압력시험을 한다. 그 후 BOP를 설치하고 장비와 연결장치에 대한 압력시험을 실시한다. 해양시추의 경우, 지표케이싱에 정두장비를 부착하여 설치하고 라이저 하부에 BOP를 달아 정두에 연결한다. 라이저를 설치하면 해저면에서 해상의 시추선으로 시추액을 회수할 수 있게 된다. 따라서 라이저가 설치되기 이전에는 주로 해수를 시추액으로 사용하고 암편은 해저면에 버려진다.

지역에 따라서는 무배출 정책(zero discharge policy)이라 하여 시추과정에서 어떠한 암편도 해저면에 방출하지 못하게 하므로 라이저 설치 이전에도 암편을 회수하여야 한다. 이와 같은 규정이 적용되는 지역이라면 암편회수를 위한 장비나 용역업체에 대한 정보도 시추계획서에 포함되어야 한다.

해양에서 작업한다고 가정할 경우 위에서 언급한 작업을 위해 다음과 같은 장비들이 필요하다.

- BHA
- Drill string equipment
- Wellhead
- Casing hanger
- 20 inch casing
- Cementing equipment
- Mud equipment
- Survey equipment
- ROV and others

비록 큰 항목들만 언급했지만 각 항목별로 구체적인 세부항목과 장비운전을 위한 설치장비 그리고 소모성 물품이 있다. 시추스트링은 BHA와 시추파이프로 구성되지만 다음 예와 같이 구체적으로 제시되어야 한다. BHA는 26 inch 시추공을 굴진하기 위한 비트와 드릴칼라(DC), BHA를 시추공의 중심에 위치시키는 안정기, 직경이나 나사가 다른 두 파이프를 연결하는 크로스오버 서브, 시추스트링이 고착되었을 때 충격을 가할 수 있는 시추해머(drilling jar), 두께가 두꺼운 시추파이프(HWDP)로 구성된다. 2×와 같이 × 앞의 숫자는 해당 항목의 개수를 의미하고 직경은 외경이다.

- 26″ bit (IADC code 321), 9 1/2″ bit sub, 1×9 1/2″ Spiral DC, 1×26″ Stabilizer, 2×9 1/2″ DC, 1×9 1/2″ X-over, 3×8″ DC, 1×7 3/4″ drilling jar, 1×8″ DC, 1×8″ X-over, 20×5″ HWDP

일반적으로 수직정은 국부경사도가 $3°$/100 ft 이하이고 전체 시추궤도가 $5°$ 이내의 경사를 가져야 한다. 만약에 방향성 시추궤도를 계획한다면 다음과 같은 사항들을 고려하여야 한다. 즉 지표면에서 시작하여 수평적으로 일정한 거리에 떨어져 있는 목표지점에 도달하기 위해 계획을 세워야 한다. 시추공 경사와 방위각을 어떻게 그리고 얼마나 증가시킬 것인가를 계획하여 수학적으로 모순이 없는 시추궤도를 작성하여야 한다. 이 시추궤도를 따라 시추스트링이 이동할 때 버클링이나 과도한 마찰력이 발생하지 않아야 한다. 또한 수평에 가깝거나 급격한 경사의 변화로 암편수송에 어려움이 없어야 한다.

- 지표면 시작점
- 목표지점의 수직심도와 수평거리
- 시추공 크기 및 케이싱 설치심도
- 지질정보
- 시추공 궤도
- KOP(kick off point)
- BUR(build up rate)
- BHA
- 방향제어 장비
- 방향측정 장비

시추하는 과정에서 이수손실과 같은 문제가 예상되면 이를 해결하기 위한 절차와 이수손실방지제(LCM)의 목록이 명시되어야 한다. 또 현장에서 사용할 수 있도록 보급과 관리가 이루어져야 한다. 킥과 유정제어의 절차와 과정은 항상 준비되어 있어야 한다.

2.2.4 시추공 시험

실시간 측정이나 시추 후 시험이 계획되어 있다면 이에 따른 계획도 이루어져야 한다. 시추 과정에서 이루어지는 시험에는 다음과 같은 것이 있다.

- Mud logging
- MWD(measurement while drilling)
- LWD(logging while drilling)
- PWD(pressure while drilling)
- LOT(leak off test)
- FIT(formation integrity test)
- Wireline logging
- DST(drill stem test)
- Coring

이수로깅은 회수되는 이수와 암편을 화학적으로 분석하는 것으로 지하 시추공정보를 얻는 데 매우 유익하다. 이를 통하여 시추심도에 따라 지층의 종류를 매핑하며 이수와 암편 속에 있는 가스와 오일의 양을 표시한다. 가스나 오일이 포함되어 있을 때를 각각 가스쇼(gas-show), 오일쇼(oil-show)라 한다. 이수로깅에서 분석할 내용과 분석주기 (또는 샘플채취주기) 그리고 분석방법에 대하여 계획하여야 한다. 암편의 경우 보관할 방법과 장소에 대한 정보도 필요하다. 이수로깅이 아니더라도 일반적으로 주입되고 회수되는 이수의 물성과 온도, 유량, 굴진율, WOB, 펌프압력 등을 항시 모니터링한다.

정보기술의 발달로 시추과정 중에도 시추공의 위치와 경사, 지층의 조건, 압력 등을 바로 측정할 수 있다. 또한 시추작업이 완료된 이후에 검층을 통하여 석유를 포함하고 있는 지층의 두께, 공극률, 포화도 등을 알 수 있다. 시멘팅 작업 후 시추공의 견실성을 파악하기 위해 LOT나 FIT 시험을 수행한다.

목표지층이 석유를 포함하고 있는 경우 그 생산성을 알아보기 위해 DST를 수행하고 저류층의 특정 구간에서 코어를 채취할 수 있다. 이들은 지층을 굴진하는 시추작업과는 다른 장비와 절차를 사용하므로 계획심도, 구간, 필요한 장비, 기간, 용역업체 등에 대한 상세한 계획이 필요하다.

목표심도에 도달하고 나면 시추공을 완전히 폐쇄하거나 임시로 완결하는 데 각 경우에 대한 절차와 다이어그램이 필요하다. 개발정을 시추한 경우에 시추팀은 시추공을 임시로 완결하고 폐정한다. 그 후 본격적인 완결작업을 통하여 튜빙과 패커를 설치하고 천공과정을 거쳐 석유를 생산한다. 이들 작업은 유정완결팀이 담당하지만 시추공을 마감할 때 향후 작업 내용을 고려하여야 한다.

2.2.5 부 록

시추 프로그램의 부록은 회사의 선호도나 양식에 따라 다양하게 구성될 수 있다. 즉 다음에 언급된 내용들은 시추 프로그램 본문 중에 포함될 수도 있지만 간결한 시추 프로그램을 위하여 상세한 내용은 부록으로 수록한다. 상세작업내용에는 깊이에 따른 시추액, 케이싱, 시멘팅 정보가 포함될 수 있으며 용역회사의 도움을 받아 구체적인 기술자료도 함께 수록된다.

- 상세 시추작업
- 지질적인 위험 분석 및 대처절차
- 공극압 및 파쇄압
- 킥과 유정제어 분석 및 절차
- 장비의 분석결과나 시험절차
- 일반적인 안정규정
- 용역회사 목록 및 연락처
- 비상연락망

시추작업에서 유정폭발과 같은 사고는 빠른 대처와 보고가 중요하기 때문에 반드시 비상연락망 정보가 포함되어야 한다. 비상연락망에 포함되어야 할 정보는 본사, 지사, 보급기지 등 운영사와 직접 관계된 조직뿐만 아니라 용역회사 연락처도 포함되어야 한다. 또한 시추작업과 별 상관이 없는 것으로 여겨 일반인이 간과하기 쉬운 해당 지역의 관청, 병원, 응급구급

대, 소방서, 경찰서 등의 정보도 반드시 포함되어야 한다. 이는 유정폭발과 같이 큰 사고가
발생할 때 작업자뿐만 아니라 시민의 안전과 대피를 위해서도 필요하다. 연락이 잘 되지 않
을 경우를 대비하여 주 연락처와 보조 연락처를 명시하고 이를 확인하여야 한다.

지금까지 설명한 작업내용을 깊이에 따른 지층의 종류, 시추공 및 케이싱 크기, 사용할
이수밀도, 시멘팅 정보, 기타 유의사항을 하나의 표로 정리할 수 있다(〈표 2.4〉). 이는 계획된
시추작업을 쉽게 파악하고 작업을 수행할 수 있게 한다.

표 2.4 주요 시추작업의 요약

Depth, RKB ft	Lithology	Hole section		Casing, inch	Mud program	Cement class	Tests or Comments
		ID, inch	Length, ft				
1,200							Water depth
1,900		36	700	30	Seawater	G	Run HiVis mud if needed
2,700		26	1,500	20	Seawater	G	Install BOP & riser
7,700		17 1/2	6,500	13 3/8	9.0~10.5 ppg	G	
12,700		12 1/4	11,500	9 5/8	9.0~11.0 ppg	H	Wireline logs, DST
14,700		8 3/4	13,500	7	10.0~12.5 ppg	H	Wireline logs, DST

2.3 시추일정 및 예산

2.3.1 시추일정

시추일정은 준비기간, 작업기간 그리고 마무리기간으로 구성된다. 유망구조에 대한 시추가 결정되면 자료를 수집하여 시추 프로그램을 작성하고 그 계획에 따라 작업을 준비하여 실제 시추작업을 수행하고 마무리한다. 마무리 단계는 시추작업에 참여하였던 인력과 장비의 철수 그리고 작업장소의 복원으로 구성되며 용역작업의 대금지불도 포함된다.

상세계획에는 환경영향평가나 해저지형조사 등이 포함된다. 환경영향평가는 주로 시추하는 지역의 법규로 요구되는 경우가 많으며, 시추허가를 신청할 때 대부분 같이 제출된다. 해저지형조사 항목은 해저면의 경사, 수심, 수온, 기존시설의 유무, 토양샘플 등이다. 조사면적은 시추지역과 시추선의 종류에 따라 다르며 보통 예정된 시추공 위치의 사방 2~5 km 내외이다.

용역계약에서도 용역을 수행할 수 있는 회사를 조사하고 견적서를 받고 필요한 경우 입찰을 위한 과정이 포함된다. 하지만 시추계획서에 요약되어 표시되는 기간은 시추리그가 현장으로 이동하여 작업하고 철수할 때까지이다. 〈표 2.5〉는 수심 1,200 ft이고 해저면 아래로 13,500 ft 수직정을 시추하는 예로 각 작업항목과 예상시간을 보여준다. 이를 시간과 깊이 그래프로 그린 것이 〈그림 2.5〉이다. 〈그림 2.3〉과 〈그림 2.5〉를 같이 보면 전체적인 작업을 파악하는 데 큰 도움이 된다.

시추리그가 현장까지 이동하는 데 4일 정도 소요되고 시추작업을 위한 계류작업에 1.5일 소요된다. 〈표 2.5〉를 보면 12 1/4 및 8 3/4 inch 시추공이 통과하는 부분이 목표층이고 두 번의 검층과 DST가 예정되어 있다. 〈그림 2.3〉에 나타난 것처럼 시추공 굴진과 케이싱 설치 작업을 반복하여 44.5일 만에 목표심도에 도달한다. 그 후에 검층, 라이너 설치, DST 실시 그리고 폐공을 위해 약 20일을 작업한다. 계획한 모든 작업을 완료하면 시추리그를 철수시킨다.

〈표 2.5〉와 같은 일정계획은 수심과 목표심도 그리고 추가적인 작업에 따라 달라진다. 하지만 실제 작업일수는 시추과정에서 발생되는 문제들과 시추작업의 관리에 따라 지연될 수 있다. 미국 멕시코만에서 2004년 이전에 시추된 심해시추의 경우 초기에 계획된 시추비용의 평균은 $4,400만이었지만 실제로 사용된 비용의 평균은 이보다 61% 증가한 $7,100만이었다 (ConocoPhillips, 2004). 좋은 시추계획과 계획에 따른 운영은 시추작업의 성패를 좌우한다.

표 2.5 시추작업과 예상 소요시간

Operations	Duration, days	Cum. Time, days	Depth, ft
Rig move	4.0	4.0	0
Rig positioning	1.5	5.5	1,200
Drill 36 inch hole	0.5	6.0	1,900
Run and cement 36 inch conductor	1.5	7.5	1,900
Drill 26 inch hole	1.5	9.0	2,700
Run and cement 20 inch surface casing	2.0	11.0	2,700
Run BOP and riser	1.5	12.5	2,700
Drill 17 1/2 inch hole	5.5	18.0	7,700
Run and cement 13 3/8 inch casing	2.0	20.0	7,700
Drill 12 1/4 inch hole	12.0	32.0	12,700
Run wireline logging	2.0	34.0	12,700
Run and cement 9 5/8 inch casing	2.5	36.5	12,700
Run cement bond log (CBL)	1.0	37.5	12,700
Drill 8 3/4 inch hole	7.0	44.5	14,700
Run wireline logging	2.5	47.0	14,700
Run and cement 7 inch liner	1.5	48.5	14,700
Testing (2 DSTs)	13.0	61.5	14,700
Plugging and abandonment (P&A)	2.5	64.0	14,700
Preparing rig towing	1.0	65.0	0
Rig demobilization	3.0	68.0	0
Total time in days	**68.0**	**68.0**	

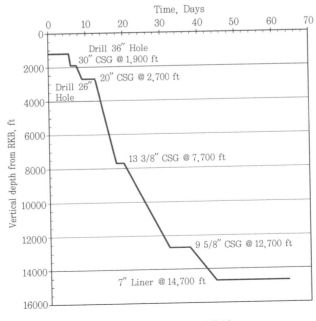

그림 2.5 시간에 따른 시추심도

2.3.2 예산산정

시추작업은 비용이 많이 소요되며 운영사의 시추팀은 구체적인 예산을 세워 예산사용 허가를 받는데 이를 AFE(authorization for expenditure)라 한다. 시추비용은 계획한 시추작업의 기간과 각종 시험계획에 직접적인 영향을 받으며 다음과 같은 요소에 의해 결정된다. 시추비용은 유가에도 영향을 받는다. 유가가 상승하면 과거와 동일한 장비와 용역인 경우에도 단가가 올라간다. 시추작업이 활성화되어 수요가 증가된 것도 비용상승의 이유 중의 하나이다.

- 시추지역
- 수심
- 시추공의 수직 및 측정 깊이
- 저류층 조건
- 시추 관련 시험
- 예상되는 시추문제
- 보험료 및 부대비용
- 작업 관련 규정
- 유가

시추비용은 크게 유형자산비용과 무형자산비용으로 나눌 수 있다. 유형자산이란 시추작업에서 사용한 후에도 회수하여 재사용하거나 폐품으로 판매가 가능하여 잔존가치가 있는 물품이다. 동일한 파이프라도 지표케이싱은 규정에 의해 회수하지 못하므로 잔존가치가 없어 무형자산이지만 회수가 가능한 케이싱과 튜빙은 유형자산이다.

시추비용을 종류별로 시간이나 깊이와 관련된 항목, 일회성 항목 그리고 부대 항목으로 나눌 수 있다. 리그 임대비는 시간에 따른 비용으로 전체비용의 큰 부분을 차지한다. 초심해 시추의 경우 일일임대비가 $350,000~$750,000 내외로 전체 작업일수가 시추비용의 핵심인자이다.

이수, 케이싱 및 시멘팅 비용은 시추깊이와 연관된 비용이다. 시추공의 깊이가 증가하면 지층의 온도와 압력도 증가하므로 이수의 비중과 물성을 유지하는 데 비용이 증가한다. 케이싱의 길이도 증가할 뿐만 아니라 지층조건에 맞게 고급사양으로 디자인되어야 한다. 시멘트 반죽의 밀도, 강도, 경화시간 등도 잘 설계되어야 한다.

　　일회성 비용항목은 정두장비, 검층, 리그의 운반과 설치, 각종 시험, 보험 비용 등 이다. 이들 비용은 그 용역을 사용한 경우에 비용을 추가하면 된다. 〈표 2.5〉의 계획에서 DST를 1회 실시하는 데 총 비용이 $1,150,000이라면 계획된 두 번의 시험에 총 $2,300,000이 소요된다. 언급한 1회 시험비용은 장비대여비, 배달비, 설치비, 시험비 등을 합산한 총액이다. 이들 금액은 주로 세부계산부분에서 계산되어 합산된다. 기타 비용으로 시추작업을 관리하기 위한 사무실 및 인력의 운영비와 부대비용이 있다.

　　일일 또는 횟수에 따라 단가가 주어진 것은 각 규칙에 따라 계산하면 된다. 작업일수는 시추계획에 따라 결정된다. 구체적인 예로 시추선의 운영비가 하루에 $500,000이고 60일을 작업한다고 가정하면 시추선 임대비가 $30,000,000이다. 이를 보면 심해시추의 비용범위를 상상할 수 있을 것이다.

　　AFE를 계산하기 위해서는 엑셀(Excel)과 같은 프로그램을 사용하는 것이 매우 유익하다. 각 비용항목별로 분류하여 단가에 따라 계산할 수 있고 조건이 변화되는 경우에도 빠른 갱신이 가능하다. 또한 비용의 전체요약과 세부항목 계산이 용이하다.

　　〈표 2.6〉은 〈표 2.5〉의 일정에 따른 AFE의 계산 예를 보여준다. 계획한 시추작업에 예상되는 순수비용이 $4,210만이고 10% 예비비를 고려하면 최종예산은 $4,630만이다. 개발정의 경우 10% 내외로 예비비를 책정하지만 탐사정의 경우 자료의 불확실성과 시추문제를 대비하여 예비비를 30%까지 책정한다.

　　〈표 2.7〉은 AFE 계산의 다른 예이다. 수심 65 m 해상에서 잭업을 이용하여 수평정을 시추한 경우로 계획한 총 기간은 52일이다. 〈표 2.6〉과 비교하면 많은 항목들이 비슷하면서도 해당 회사의 선호도에 따라 더 자세히 구성되어 있다. 잭업을 사용하여 리그임대비 비율이 〈표 2.6〉과 비교하여 상대적으로 낮은 특징을 보인다.

표 2.6 AFE의 계산 예

Expenditure Category	Dry hole (55 days)	Test (13 days)	Total
Tangible items			
Casing & Tubing	2,078,100	210,100	2,288,200
BHA	50,000	0	50,000
Wellhead	259,600	53,600	313,200
Liner hanger	102,200	0	102,200
Test equipment	0	50,000	50,000
Sub summation	**2,489,900**	**313,700**	**2,803,600**
Intangible item			
Drilling rig	21,679,700	5,244,200	26,923,900
Cementing	215,500	98,700	314,200
Mud	851,800	90,400	942,200
Solid control	23,200	5,200	28,400
Hole drilling	583,300	40,000	623,300
Casing & Tubing running	382,400	14,400	396,800
Wellhead installation	133,600	0	133,600
Liner hanger run	112,100	0	112,100
Bit	1,050,800	0	1,050,800
Casing accessories	183,400	0	183,400
P&A	321,300	0	321,300
DST	0	2,334,100	2,334,100
EIA	30,000	0	30,000
Medevac	60,000	0	60,000
Consultants & Engineers	1,063,800	311,800	1,375,670
Geomechanical analysis	35,000	0	35,000
Well control planning	56,000	0	56,000
H_2S services	91,200	21,500	112,700
Geologist	133,100	33,600	166,700
Wireline logging	2,000,000	0	2,000,000
Mud logging	161,500	34,500	196,000
Communications	78,800	17,100	95,900
Insurance	500,000	0	500,000
Logistics	500,000	80,000	580,000
Fuel	250,000	50,000	300,000
Logistics base	88,000	25,100	113,100
Weather forecast	6,000	1,400	7,400
Misc services	300,000	30,000	330,000
Sub summation	**30,890,500**	**8,432,000**	**39,322,500**
Net total expenditure	**33,380,400**	**8,745,700**	**42,126,100**
Contingency (10%)	3,338,040	874,570	4,212,610
Total AFE Estimation	**36,718,440**	**9,620,270**	**46,338,710**

표 2.7 잭업리그를 사용하여 수평정을 시추한 경우의 AFE 예

Expenditure Category	Drilling	Completion	Total well cost
Tangible items			
Conductors	227,840		227,840
Casing	763,650		763,650
Tubing for completion		176,610	176,610
Wellhead / X-mas tree equipment	285,820	306,610	592,430
Downhole completion equipment		614,410	614,410
7" liner hanger	56,960		56,960
Sub summation	**1,334,270**	**1,097,630**	**2,431,900**
Intangible items			
Rig rates & Services	7,309,750	1,111,600	8,421,350
Rig positioning	10,000		10,000
Drilling bits & Nozzles	449,500		449,500
Mud chemicals	1,174,100	192,000	1,366,100
Cement & Additives	429,990	16,770	446,760
Fuel, Water & Lubricant	2,285,220	343,220	2,628,440
Casing accessories	63,360		63,360
Directional drilling / Hole survey	1,462,380		1,462,380
Mud logging	178,690	23,360	202,050
Drilling tool rental	115,480		115,480
Solid control services	193,310		193,310
Mud engineering services	82,290	12,250	94,540
Wellhead engineer services	125,880	20,150	146,030
Tubular handling equipments	215,520	57,110	272,630
Electric logging	227,390		227,390
Well testing			
Fishing services	107,350		107,350
Helicopter	476,270	84,090	560,360
Supply vessels	1,701,590	262,530	1,964,120
Supervision & Planning	525,820	213,230	739,050
CTU, Nitrogen, Acidizing & Fracturing		108,800	108,800
Completion services		246,090	246,090
Filteration		49,710	49,710
ROV, Diver equipment & Services			
Weather forecasting	3,600	540	4,140
Communication	27,840	4,270	32,110
Anti pollution vessel	24,200	9,710	33,910
SOS services	5,000		5,000
Marine survey	13,000		13,000
Well control services	35,100		35,100
Supply base	179,570	27,530	207,100
Well insurance	128,750		128,750
H$_2$S equipment & Services			
Sub summation	**17,550,950**	**2,782,960**	**20,333,910**
Total well cost without tax	**18,885,220**	**3,880,590**	**22,765,810**
Tax (10%)	1,888,520	388,060	2,276,580
Total well cost with tax (10%)	**20,773,740**	**4,268,650**	**25,042,390**
Contingency (10%)	2,077,370	426,870	2,504,240
Total AFE Estimation	**22,851,110**	**4,695,520**	**27,546,630**

연구문제

2.1 시추계획이 중요한 이유를 각각 한 문장으로 나열하라.

2.2 다음 용어를 설명하라.

    (1) BOP stack

    (2) Consignment contract

    (3) Contingency plan

    (4) Dry hole agreement

    (5) Tight hole

    (6) Pilot hole

2.3 다음 장비들을 설명하라.

    (1) Drilling jar

    (2) X-over sub (crossover sub)

    (3) Wellhead

2.4 육상 및 해양 시추에서 필요한 사전작업을 비교하여 설명하라.

2.5 다음 용어의 전체단어와 의미를 설명하라.

    (1) AFE

    (2) WOB

    (3) WOC

    (4) WOO

    (5) WOW

2.6 국내에서 시추작업이 이루어진 경우를 하나 선택하고 〈표 2.2〉와 같이 시추작업에 참여한 용역회사를 조사하라.

2.7 수직깊이 7,000 ft에서 방향성 궤도를 시작(kick off)하여 3 deg/100 ft로 각도를 45도까지 증가시킨 후 그 각을 유지하였다. 육상에서 최종 수직심도는 10,000 ft로 계획되어 있을 때 다음 물음에 답하여라.

(1) 주어진 3 deg/100 ft로 각을 증가시킬 때 시추궤도의 곡률반경을 계산하라.

(2) 목표심도에 도달할 때까지 45도로 유지된 구간의 길이는 얼마인가?

(3) 목표심도에 도달하였을 때 수직위치를 기준으로 수평거리를 계산하라.

(4) 주어진 방향성 궤도의 총 측정깊이를 계산하라.

(5) 주어진 시추공 궤도를 그려라.

2.8 〈표 2.5〉의 일정 중 8 3/4 inch 시추공부분을 시추한 후 검층을 실시하고 7 inch 라이너를 설치한다고 가정하자. 다음 질문에 구체적으로 답하기 위하여 이용 가능한 시추계획서를 참고하고 그 출처를 명시하라. [대학원 수준]

(1) 8 3/4 inch 시추공을 시작하여 계획한 작업을 마칠 때까지 구체적 작업항목을 나열하라.

(2) 사용된 BHA를 제시하고 그 구성항목을 설명하라.

(3) 필요한 장비와 물품의 목록을 제시하라.

(4) 필요한 비용을 예상하고 그 근거를 제시하라.

시추계획에 따라 실제로 작업을 수행하기 위해서는 관련 장비와 인력이 필요하다. 시추리그는 지층의 굴진, 암편의 제거, 유정제어 및 모니터링을 위한 시스템을 갖추고 있다. 해양시추에 사용되는 리그는 해양환경과 해수의 유동으로 인하여 추가적인 장비가 필요하다.

시추리그의 작업인력은 시추분야 전문가뿐만 아니라 서비스작업을 수행하는 기술자 그리고 다년간의 현장경험을 바탕으로 기술적인 도움을 주는 자문가 등으로 구성된다. 시추작업의 일상적인 형태는 전날에 이루어진 작업을 본사에 보고하면서 이미 수행된 작업을 점검하고 당일 계획된 작업을 준비하여 수행하는 것이다. 3장은 교재의 나머지 내용을 이해하는 데도 중요하며 다음과 같이 구성되어 있다.

03 시추시스템

제3장 시추시스템

3.1 시추리그의 주요 요소

〈그림 3.1〉은 목표심도에 도달하기까지 이루어지는 전형적인 시추과정을 보여준다. 일정한 심도까지 굴진한 후 시추파이프를 추가로 연결하여 굴진작업을 계속한다. 본 교재에서 굴진은 비트의 회전으로 시추공이 생성되는 협의의 의미이고 시추는 굴진작업을 포함한 광의적 의미로 사용된다. 굴진심도가 깊어져 시추공을 보호해야 할 지층에 도달하면 케이싱을 내리

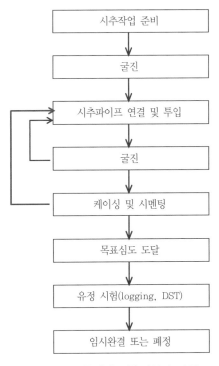

그림 3.1 전형적인 시추작업의 과정

고 시멘팅 작업을 실시하여 시추공의 안정성을 확보한다. 이 과정을 반복하여 목표심도에 도달하면 계획한 시험을 실시하고 시추작업을 완료한다.

〈그림 3.1〉과 같은 일련의 과정에서 각 작업은 로터리 시추리그에서 이루어진다. 로터리 시추리그의 6대 시스템은 다음과 같으며 이들의 유기적인 작동에 의해 안전하고 효율적인 시추가 가능하다. 〈그림 3.2〉는 로터리 시추리그의 전체 모식도이다. 3장 전반에 걸쳐 각

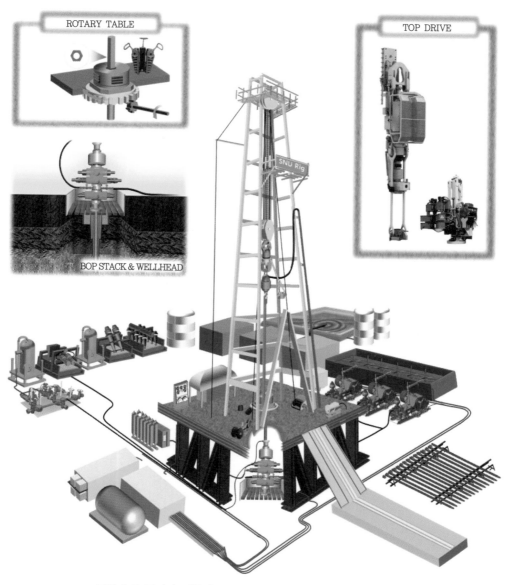

그림 3.2 로터리 시추리그의 모식도(상세한 명칭은 부록 II 참조)

시스템의 기능과 관련 용어들이 설명되므로 인내를 갖고 읽기 바란다.

- 동력시스템(power system)
- 회전시스템(rotating system)
- 이수순환시스템(mud circulating system)
- 권양시스템(hoisting system)
- 유정제어시스템(well control system)
- 모니터링시스템(monitoring system)

3.1.1 동력시스템

동력시스템은 시추리그가 작동할 수 있는 에너지를 공급하며 3~6대의 주엔진(prime mover)으로 구성된다. 시추리그의 구성에 따라 보조엔진을 둘 수 있으며 그 규모가 클수록 더 큰 동력시스템이 필요하다. 주엔진은 디젤엔진으로 일반적으로 500~8,000마력의 출력을 가지며 시추리그의 규모와 시추심도에 따라 사용되는 엔진의 수가 결정된다. 최근에 건조되는 초심해용 시추선은 8,000마력 이상의 출력을 가지고 있다.

시추리그의 장비작동에 필요한 에너지를 발생시키는 방법은 크게 기계식과 전기식이 있다. 기계식(direct drive)은 디젤연료의 연소 시 발생하는 화력을 벨트, 굴대, 기어, 체인 등으로 구성된 동력전달장치를 이용해 기계적 에너지로 전환하는 방식이다. 이 시스템은 초기설치비가 싸고 유지보수가 용이하지만 규모가 큰 단점이 있다. 따라서 동력을 전달하기 어려운 경우 이수펌프나 권양장치를 작동하기 위해 별도로 엔진을 설치하기도 한다. 기계식을 사용하는 리그에도 교류로 구동되는 장비가 있으므로 필요한 만큼 교류가 생성된다. 기계식은 다양한 위치로 필요한 에너지를 공급하기 불편해 중소규모의 육상 시추리그에 사용된다.

전기식(diesel electric)은 디젤엔진으로 발전기를 돌려 전기에너지를 발생시키는 방식이다. 전기식은 관리가 용이하고 배선을 통해 리그의 각 부분으로 쉽게 전기에너지를 보낼 수 있다. 따라서 리그의 장비들을 모듈화하여 적절한 곳에 배치하고 전력선으로 연결하여 사용할 수 있어 리그의 공간사용이 개선된다. 전기식은 전기모터를 사용하여 다양한 속도와 토크를 얻으므로 제어가 간단하고 장비의 소음과 진동이 작다.

디젤엔진의 구동 시 교류가 생성된다. 전통적으로 실리콘제어정류기(SCR)를 사용하여 직류로 전환한다. 직류모터는 움직임에 대한 제어가 간단하고 힘이나 속도를 일정하게 유지할 수 있다.

교류모터는 모터 자체의 자기장을 이용하여 구동하기 때문에 수명이 길고 연속적으로 사용할 수 있다. 비용이 저렴하면서 힘이 강력하기 때문에 2000년도부터는 디젤엔진에서 생성된 교류를 그대로 사용하는 경향이 늘어나고 있다.

3.1.2 회전시스템

로터리 시추리그는 비트를 회전시켜 굴진작업을 진행한다. 회전시스템은 비트를 회전시키는 역할을 하며 장비의 종류에 따라 다음의 세 가지가 있다.

- 회전테이블시스템(rotary table system)
- 탑드라이브시스템(top drive system)
- 이수모터시스템(mud motor system)

(1) 회전테이블시스템

〈그림 3.3〉의 회전테이블시스템은 주로 육상 시추리그에서 이용되는 전통적인 회전시스템이다. 4각형 또는 6각형 단면을 가진 켈리와 회전테이블을 사용하여 비트를 회전시킨다. 켈리의 하부는 시추파이프와 연결되어 있고 상부는 스위블과 연결된다. 스위블의 손잡이인 베일(bail)이 이동블록의 아래에 있는 고리에 걸려 있다. 스위블의 하부는 베어링 구조를 가지고 있어 켈리가 회전하여도 스위블은 정지한 상태를 유지한다.

켈리는 철강파이프로 매우 단단하며 시추플로어(drill floor)에 놓인 회전테이블의 중심을 지난다. 그 길이는 40 ft(38 ft 작업길이) 또는 54 ft(51 ft 작업길이)이고 직경은 2.5~6 inch이다. 회전테이블의 중심부에 마스터부싱이 위치하고 켈리를 감싸고 있는 켈리부싱이 그 위쪽에서 결합된다. 리그의 동력시스템에 의해 회전테이블이 회전하면 마스터부싱과 켈리부싱이 일체로 회전한다. 따라서 켈리부싱의 각진 홈을 지나는 켈리가 회전한다. 켈리부싱 내부에는 롤러가 있어 시추작업이 진행될 때 켈리가 상하로 움직일 수 있도록 한다(〈그림 3.3〉). 켈리의 회전은 시추스트링에 의해 최하부에 위치하는 시추비트에 전달된다.

시추파이프는 길이 18~45 ft의 원형 파이프로 30 ft가 가장 일반적이다. 시추파이프의 길이는 제작회사마다 조금씩 다르며 일반적으로 30 ft라고 말하는 파이프의 실제 길이는 31.6 ft 정도인 경우도 있다. 시추파이프는 〈표 3.1〉과 같이 길이, 강도, 연결구조, 외경 등에 따라 분류될 수 있다. 시추파이프의 크기는 외경이 기준이며 그 값은 2 3/8~6 1/2 inch까지 다양하

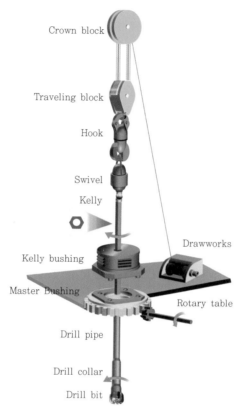

Crown block

Traveling block

Hook

Swivel

Kelly

Kelly bushing

Drawworks

Master Bushing

Rotary table

Drill pipe

Drill collar

Drill bit

그림 3.3 회전테이블을 이용한 회전시스템

표 3.1 시추파이프 규격(API specification)

(a) 길이에 따른 분류

Classification	Length, ft	Typical length, ft
Range 1	18~22	20
Range 2	27~34	30
Range 3	38~45	40

(b) 강도에 따른 분류

Steel grade	Minimum yield strength, kips	Maximum yield strength, kips	Minimum tensile strength, kips
E75	75	105	100
X95	95	125	105
G105	105	135	115
S135	135	165	145

며 부록 III에 자세히 소개되어 있다.

(2) 탑드라이브시스템

탑드라이브는 이동블록의 하부에 위치하며 자체에 장착된 모터에 의해 하부에 연결된 시추파이프를 직접 회전시킨다(〈그림 3.4〉). 탑드라이브를 파워스위블(power swivel)이라고도 하며 켈리를 사용하지 않는다. 이론적으로 회전테이블도 필요 없지만 보통의 경우 회전테이블이 있으며 시추파이프의 연결작업이나 비트의 교체작업 시 이들을 고정하는 역할을 한다.

탑드라이브시스템은 3~4개의 시추파이프가 연결된 스탠드(stand)를 기준으로 파이프의 연결과 해체가 이루어지고 철러프넥(iron roughneck) 장비에 의해 그 작업이 자동화되어 있어 매우 효율적이다. 탑드라이브는 옆면에 설치된 안내레일을 따라 상하로 이동하며 파이프회전으로 인한 토크를 지탱한다. 또한 시추파이프를 상하로 이송하는 중에도 회전이 가능하여 시추파이프의 비회전으로 인한 시추문제를 저감한다. 따라서 해양 시추리그는 탑드라이브를 기본 회전시스템으로 채택하고 있다. 하지만 그 크기가 크고 비싼 것이 단점이다.

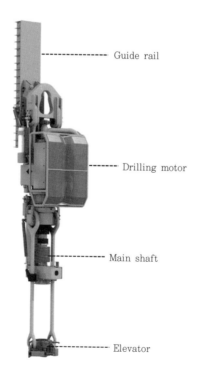

그림 3.4 탑드라이브시스템(top drive system)

(3) 이수모터시스템

이수모터는 순환하는 이수의 유동에 의해 발생하는 회전력이 비트로 전달되도록 설계된 장비이다. 이수모터는 시추스트링이 아닌 오직 비트만 회전시키므로 회전력 전달 면에서 매우 효율적이다. 따라서 이수모터시스템은 수직시추뿐만 아니라 방향성 시추에도 유용하게 이용된다.

이수모터의 외형은 일반 파이프와 같으며 내부구조는 크게 두 가지가 있다. 〈그림 3.5〉(a)와 같이 일정한 방향으로 꼬여 있는 나선형 모양의 내부코어(rotor)와 벽면구조(stator)를 가진 것을 PDM이라 한다. 이수가 내부코어와 파이프 벽면 사이의 애눌러스를 지나면서 내부코어가 회전된다. 〈그림 3.5〉(b)는 터빈모터로 순환하는 이수에 의해 날개가 포함된 요소가 회전되며 이 회전력이 비트로 전달된다.

이수모터는 연속적으로 사용되거나 다른 두 시스템과 같이 운영되어 특정한 구간에서 시추공 궤도의 경사를 조절할 때 사용될 수 있다. 이수모터를 사용하여 시추공의 경사나 방향을 조정할 때는 시추파이프가 회전하지 않는데 이를 슬라이딩 모드(sliding mode)라 한다.

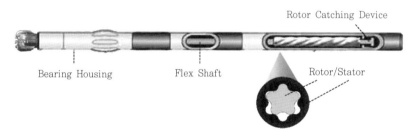

(a) PDM(Positive displacement motor)

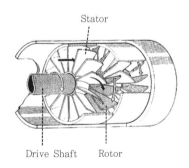

(b) Turbine motor

그림 3.5 이수모터(mud motor)

3.1.3 이수순환시스템

(1) 이수순환경로

시추 시 이수를 순환시켜 암편을 제거하는 작업을 담당하는 부분이 이수순환시스템이다. 시추공을 굴진하는 과정에서 이수의 순환경로는 〈그림 3.6〉에 나타나 있으며 육상시추를 기준으로 다음과 같이 요약할 수 있다.

Mud (suction) tank → Mud pump → Surface pipes → Stand pipe → Rotary hose → Gooseneck → Swivel → Drill pipe → Drill collar → Bit nozzle → Annulus → Bell nipple → Return line → Shale shaker → Desander → Desilter → Mud tank (then circulate again)

이수탱크에 준비되어 있는 이수를 이수펌프가 흡입하여 펌핑하면 지상에 설치된 파이프를 지나 시추리그를 따라 세워져 있는 스탠드파이프로 이동된다. 스탠드파이프로 순환된 이수는 로터리호스를 통해 시추스트링의 내부로 유입된다. 로터리호스는 유연한 고무재질로 만들어져 있어 이동블록에 의해 스위블이 이동하더라도 스탠드파이프와 연결이 유지된다. 구즈넥은 스위블과 로터리호스의 연결이 용이하게 돌출되어 있다.

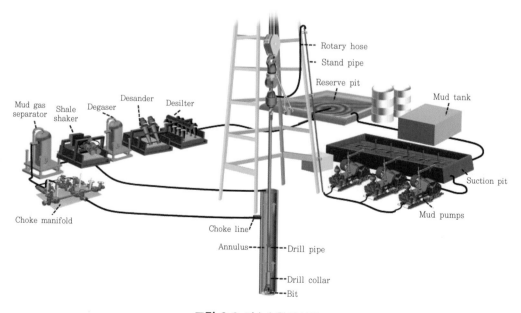

그림 3.6 이수순환시스템

시추스트링 내부로 주입된 이수는 시추비트노즐을 지나 굴진과정에서 발생한 암편과 같이 애눌러스를 통해 지상으로 회수된다. 보통의 시추과정에서는 모든 방폭장치(BOP)가 열려 있으며, 이수는 BOP 스택을 지나 그 위에 위치하는 벨리폴로 유동한다. 만약 더 이상의 유동라인이 없다면 이수는 벨리폴 위로 흘러넘치게 되지만 그 상부에 연결된 이수회수파이프를 통해 암편분리기(shale shaker)로 유입된다.

지상에서 이수가 통과하는 여러 장치는 이수에 섞인 다양한 이물질을 제거한다. 암편분리기는 그물구조의 구멍을 가지고 10도 정도 기울어진 판을 이용하여 크기가 큰 암편을 걸러내고 그 암편이 옆으로 배출되도록 진동하는 구조로 되어 있다. 이수 속에 포함된 미세한 암편의 양에 따라 사이클론으로 구성된 샌드분리기와 실트분리기를 이용하여 미립자들이 순차적으로 제거된다.

만약 미립자들이 이수에 계속 남아 있으면 이수의 밀도와 점성을 증가시켜 이수유동을 어렵게 하고 유동에 관계된 장비나 파이프를 침식시킨다. 따라서 필요한 경우 원심분리기를 이용하여 빠르고 정교하게 미립자를 제거한다. 이수 속의 가스는 중력에 의해 자연적으로 분리되도록 하거나 진공으로 가스를 흡입하는 장치(vacuum degaser)를 사용해 가스를 제거한다.

이수가 시추스트링을 통해 시추공으로 재주입되기 위해서는 계획하였던 물성이 유지되어야 한다. 비록 물성측정 당시에는 적절한 값을 유지하고 있더라도 유동하지 않은 상태로 오래 있으면 중력에 의해 무거운 가중물질이 가라앉거나 첨가물 상호간 분리가 일어날 수 있다. 회전판으로 이수를 계속해서 저어주는 장비가 교반기(agitator)이며 펌프를 이용하여 주로 이수탱크의 경계면에서 이수의 섞임과 유동을 유도하는 장비가 머드건(mud gun)이다. 벤토나이트 같은 고분자 점성증가제가 단시간에 물과 잘 반응하도록 고압으로 분사하는 장치를 쉬어젯(shear jet)이라 한다. 원하는 이수의 물성유지를 위해 필요하면 첨가물을 더해준다.

(2) 이수펌프

현장에서 사용되는 이수펌프는 여러 종류가 있지만 전통적으로 이중식과 삼중식 형태가 있다. 이중식 타입은 〈그림 3.7〉(a)와 같은 구조로 되어 있어 펌프피스톤이 전진할 때와 후진할 때 모두 이수의 펌핑이 이루어진다. 이중식은 이와 같은 실린더 2개가 한 펌프로 구성되므로 한 번의 펌프행정에 대한 출력은 식 (3.1)로 나타난다.

삼중식 타입은 〈그림 3.7〉(b)와 같이 오직 펌프피스톤의 전진행정에서만 이수를 펌핑하며 3개의 실린더가 한 펌프로 구성된다. 따라서 단위행정당 펌프출력은 식 (3.2)로 주어진다.

심해용 시추선의 경우 6개 실린더를 가진 펌프도 있다. 이런 경우에는 식에 사용된 계수가 달라지지만 큰 어려움 없이 펌프출력을 계산할 수 있다. 시추현장에서 사용되는 펌프들은 규격화되어 있기 때문에 주어진 표에서도 해당 정보를 얻을 수 있다.

이중식 타입의 펌프가 단위행정당 더 많은 이수를 펌핑할 수 있지만 양쪽으로 펌핑하기 위해 필요한 기능과 밀폐를 위한 디자인으로 1분당 행정수(spm)가 낮다. 결과적으로 이중식 타입은 단위시간당 펌프출력이 낮아 요즘에는 사용되지 않는 추세이다.

$$F_p = 0.000162 \, L_s \left(2d_l^2 - d_r^2\right)E_v \tag{3.1}$$

$$F_p = 0.000243 \, L_s \, d_l^2 E_v \tag{3.2}$$

여기서, F_p는 펌프출력(bbls/stroke), d_l는 펌프피스톤 직경(inch), L_s은 행정길이(inch), d_r은 로드(rod) 직경(inch) 그리고 E_v는 펌프효율이다.

이수는 암편제거 외에도 여러 가지 기능을 수행한다. 특히 시추공에 정수압을 제공하여 지층유체가 시추공으로 유입되는 킥을 방지하며 BOP와 함께 시추공의 압력을 제어한다. 또한 비트를 냉각하고 시추스트링과 지층 사이의 마찰력을 줄여주는 윤활제 역할을 한다. 과압 시추에 의해 시추공벽에 형성되는 이수막은 시추공의 안정성을 강화시키며 이수손실을 방지한다. 보다 자세한 내용은 4장에 소개되어 있다.

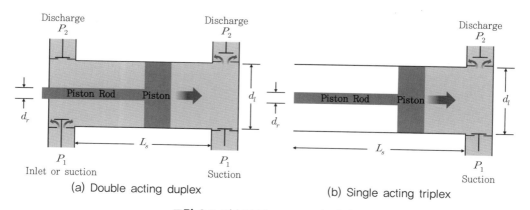

그림 3.7 이수펌프(mud pump) 타입

3.1.4 권양시스템

(1) 구성요소

〈그림 3.8〉의 권양시스템은 시추에 사용되는 각종 장비들을 이동시키고 지지하는 역할을 하며 많은 동력을 필요로 한다. 권양시스템은 크게 다음의 네 가지로 구성된다.

- 시추탑(derrick)
- 권동기(drawwork)
- 이동 및 전달 장치(block & tackle)
- 하부구조(substructure)

시추할 시추공의 상부에 설치되는 시추탑은 철제로 만들어진 구조물로 시추스트링과 각

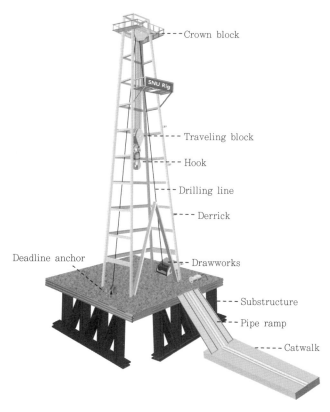

그림 3.8 권양시스템

종 장비의 무게를 지탱한다. 시추탑은 지지할 수 있는 최대 하중과 견딜 수 있는 풍속에 의해 분류된다. 시추와 관련된 여러 작업들이 진행되는 시추탑 바닥의 중앙부분 공간을 시추플로어라 한다. 시추플로어는 밑의 하부구조물에 의해 지상으로부터 30 ft 정도 높이에 위치하고 그 아래에 정두와 BOP를 설치한다. 시추탑은 보통 2~4개의 시추파이프를 한 번에 권양할 수 있어야 전체 시추스트링을 이송할 때 작업시간을 단축할 수 있다. 따라서 그 높이는 보통 80~250 ft 범위를 갖는다.

시추라인(drilling line)은 모두 연결되어 있지만 위치에 따라 다른 이름으로 불린다. 시추탑 상부에 위치하는 고정블록(crown block)과 이동블록 사이에 감겨 있는 선을 일반적으로 시추라인이라 하며 작은 힘으로도 큰 무게를 권양하기 위하여 4~12번 감겨 있다. 언급한 시추라인이 권동기와 연결된 선이 장력라인(fast line)이고 저장릴과 연결된 부분은 고정라인(dead line)이다. 시추라인의 직경은 7/8~2 inch이고 일정한 기간 사용하여 마모가 진행되면 장력라인의 일부를 잘라낸다.

시추파이프의 권양에 사용되는 장력라인은 시추플로어에 놓인 육중한 권동기의 릴에 감겨 있다. 권동기는 리그의 크기와 최대 작업심도에 따라 500~4,000마력의 출력을 갖는다. 주엔진에 의해 권동기의 릴이 감기면 이동블록이 위쪽으로 이동하면서 그 아래 후크에 걸려 있는 시추파이프나 장비를 권양한다. 반대로 권동기의 릴이 풀리면 이동블록이 하강한다. 시추작업조장인 드릴러가 드릴러콘솔(driller's console)에서 권동기와 브레이크를 이용하여 권양작업을 제어한다.

권양시스템이 담당하는 가장 핵심적인 두 가지는 다음과 같다.

- 파이프 연결(making a connection)
- 파이프 이송(making a tripping)

(2) 파이프 연결

육상 로터리시추의 경우 하나의 시추파이프 길이(예: 30 ft)만큼 굴진하고 나면 더 이상 시추파이프를 시추공으로 내릴 수가 없다. 따라서 굴진작업을 일시 중지하고 새로운 시추파이프를 연결해야 한다. 〈그림 3.9〉(a)는 시추파이프 연결작업의 구체적인 순서를 보여준다. 연결될 시추파이프들은 시추리그 측면의 파이프랙에 놓여 있다. 굴진작업이 진행 중일 때 한 개의 시추파이프가 이동경로(catwalk → pipe ramp → V-door)를 지나 시추플로어에 있는 작은 수직공인 마우스홀에 세워진다(〈그림 3.9〉(a), 왼쪽).

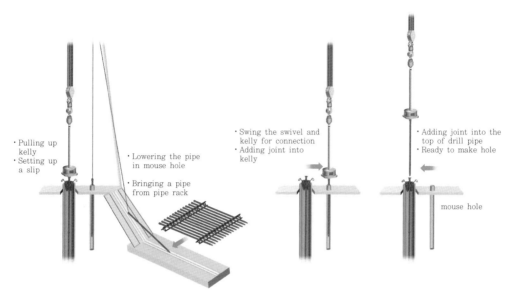

- Pulling up kelly
- Setting up a slip

- Lowering the pipe in mouse hole
- Bringing a pipe from pipe rack

- Swing the swivel and kelly for connection
- Adding joint into kelly

- Adding joint into the top of drill pipe
- Ready to make hole

mouse hole

그림 3.9a 시추파이프 연결작업

켈리를 회전테이블 위로 들어 올린 후 회전테이블 내에 슬립(slip)을 설치하여 하부의 시추스트링이 켈리와 분리된 후에도 시추공 안으로 떨어지지 않도록 고정한다. 켈리를 마우스홀로 이동시켜 새로운 시추파이프를 연결한다(〈그림 3.9〉(a), 가운데). 하나로 연결된 켈리와 시추파이프는 회전테이블로 다시 돌아와 슬립으로 고정된 시추파이프의 상부에 연결된다(〈그림 3.9〉(a), 오른쪽).

임시로 중지된 굴진작업을 계속하기 위해 슬립을 제거하고 이미 시추한 30 ft를 하강한 후에 회전시스템을 작동시켜 굴진한다. 이러한 시추파이프 연결작업은 30 ft의 시추공이 굴진될 때마다 반복된다. 파이프가 연결되는 동안 이수펌프는 정지되고 이수순환은 없다. 해양 시추리그의 경우 3~4개의 파이프가 연결된 스탠드 단위로 파이프적재시스템에 의해 자동으로 운반되며 철러프넥 장비에 의해 파이프의 연결작업이 이루어진다.

(3) 이송작업

시추작업이 계속되어 시추공 크기가 같은 구간의 시추를 마쳤거나 비트를 바꿔야 하는 경우 전체 시추스트링을 권양해야 한다. 이를 파이프 이송이라 하며 파이프가 시추공에서 나오는 것을 트립아웃, 들어가는 경우를 트립인이라 한다.

〈그림 3.9〉(b)는 트립아웃 과정을 보여준다. 먼저 비트의 회전과 이수펌프를 중지하고 켈

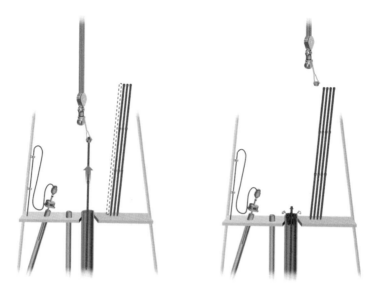

그림 3.9b 시추스트링 승강 작업

리를 회전테이블 위로 들어 올린다. 슬립으로 시추파이프를 고정하고 켈리를 분리하여 시추플로어에 있는 경사진 구멍인 랫홀(rat hole)에 놓는다(〈그림 3.9〉(b), 왼쪽). 시추작업자인 데릭맨이 시추탑 위쪽의 작업대인 멍키보드로 올라간다. 시추스트링을 권양하는 데 시간을 절약하기 위해 한번에 한 스탠드씩 꺼내어 분리한다. 분리된 스탠드는 멍키보드 옆 핑거보드에 임시로 세워둔다(〈그림 3.9〉(b), 오른쪽). 이 과정을 반복하여 전체 시추스트링을 권양한다. 시추플로어에서 이들 파이프가 세워지는 장소를 셋백구역(set back area)이라 한다. 만약 비트의 교체가 목적이었다면 이를 교체한 후 시추스트링을 다시 시추공으로 넣는 트립인 작업을 한다.

(4) BHA

〈그림 3.10〉에서 시추파이프의 하부에 연결된 부분을 시추공저장비라 한다. 효과적으로 굴진작업이 이루어지기 위해서는 시추비트가 굴착하고자 하는 지층면에 압축력을 가한 상태에서 회전하여야 한다. 회전력은 이미 설명한 대로 회전시스템에 의해 공급받는다. BHA를 포함한 시추스트링은 그 자체의 무게에 의해 최하부에 있는 비트에 매우 큰 압축력을 가할 수 있다. 따라서 후크에 매달려 있는 시추스트링의 장력을 조절하여 비트에 가해지는 압축력(WOB)을 조절한다.

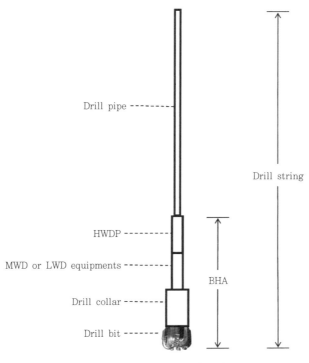

그림 3.10 시추공저장비(BHA)

시추칼라는 매우 단단하고 강한 재질로 이루어져 비트에 효과적으로 압축력을 제공하고 자체에 발생하는 압축응력을 견디며 좌굴을 방지한다. HWDP(heavy weight drill pipe)는 시추파이프와 시추칼라 사이에 위치하는 파이프로 일반적으로 시추파이프보다 내경이 작아 더 두껍고 무겁다.

BHA의 최하부에 위치한 비트는 상부로부터 전달된 압축력을 이용해 굴진작업을 수행하는 핵심적인 기능을 담당한다. 비트는 크게 비트를 구성하는 부분이 따로 회전하는 회전형 타입과 회전하지 못하는 고정형 타입으로 나뉜다. 회전형 타입은 비트 전체가 회전하면서 콘(cone)도 회전한다. 콘의 개수는 2~4개까지 있으나 주로 3개이다.

〈그림 3.11〉은 다양한 시추비트의 예를 보여준다. 각 콘의 날은 직접 깎아서 만들기도 하며, 텅스텐 같은 고강도의 매질을 박아서 만들 수도 있다. 고정형 비트는 날이 비트몸체에 직접 박혀 있으며, 금속과 다이아몬드의 합금인 PDC 비트와 다이아몬드 비트가 있다.

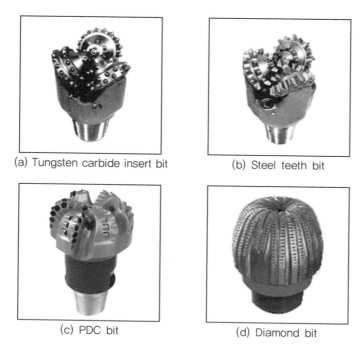

(a) Tungsten carbide insert bit

(b) Steel teeth bit

(c) PDC bit

(d) Diamond bit

그림 3.11 다양한 종류의 비트

비트는 형태와 강도 그리고 내부구조에 의하여 〈표 3.2〉와 같이 분류된다. 비트코드가 IADC 321이라면 이 비트는 날을 깎아서 만들었고(3), 중간 정도 단단한 지층용이며(2), 표준형 롤러베어링 구조(1)를 갖는다. 만약 IADC S434와 같이 주어졌다면 〈표 3.2〉(b)의 분류에서 그 의미를 쉽게 알 수 있다.

표 3.2 비트의 분류

(a) Rock bit

Type	Series(a)	Formation strength	Formation type(b)	Bit feature(c)
Milled tooth bit	1	Soft formations Low compressive strengths	1: Very soft shale 2: Soft shale 3: Medium soft shale, lime 4: Medium lime shale	1: Standard roller bearing 2: Roller bearing air cooled 3: No code 4: Sealed roller bearing 5: Sealed bearing, gauge protected 6: Friction bearing 7: Sealed friction bearing, gauge protected 8: No code
	2	Medium to med. hard formations High compressive strengths	1 & 2: Medium lime, shale 3: Medium hard lime, sand, shale	
	3	Hard semi-abrasive formations	1: Hard lime 2: Hard lime, dolomite 3: Hard dolomite	
Insert bits	4	Soft formations Low compressive strengths	1: Very soft shale 2: Soft shale 3: Medium soft shale, lime 4: Medium lime shale	
	5	Soft to medium hard formations Low compressive strengths	1: Very soft shale, sand 2: Soft shale, sand 3: Medium soft shale, sand	
	6	Medium to hard formations High compressive strengths	1: Medium lime, shale 2: Medium hard lime, sand 3: Medium hard lime, sand	
	7	Hard semi-abrasive and abrasive formations	1: Hard lime, dolomite 2: Hard sand, dolomite 3: Hard dolomite	
	8	Extreme hard and abrasive formations	1: Hard chert 2: Very hard chert 3: Hard granite	

(b) PDC (Polycrystalline Diamond Compact) bit

Body type(B)	Series(a)	Formation type	Cutting structure(b)	Bit profile(c)
M: Matrix S: Steel D: Diamond	1	Very soft	2: PDC, 19mm 3: PDC, 13mm 4: PDC, 8mm	1: Short fishtail 2: Short profile 3: Medium profile 4: Long profile
	2	Soft		
	3	Soft to medium		
	4	Medium		
	6	Medium hard	1: Natural diamond 2: TSP 3: Combination	
	7	Hard		
	8	Extremely hard	1: Natural diamond 4: Impregnated diamond	

(Series 5: No code)

3.1.5 유정제어시스템

지층유체를 포함하고 있는 다공질 지층에서 시추공의 압력이 공극압보다 낮으면 킥이 발생한다. 만약 킥의 감지나 제어가 늦거나 장비의 손상 또는 작업자의 실수로 킥 유체가 제어되지 않은 상태에서 분출되면 유정폭발(blowout)이 발생한다. 유정폭발은 화재를 동반할 수 있고 해양 시추리그에서의 화재는 매우 위험하다.

킥은 여러 가지 원인에 의해 발생할 수 있으므로 실제적인 유정제어는 킥의 빠른 감지와 적절한 대처가 핵심이다. 만약 시추공으로 펌핑되는 이수보다 더 많은 양이 회수된다면 이는 킥이 발생한 강한 징조이며 시간이 지남에 따라 전체 이수부피가 증가하는 현상으로 나타난다. 이수탱크의 수위를 측정하는 PVT(pit volume totalizer) 장비를 이용하여 감시하면 킥의 빠른 감지가 가능하다.

킥이 감지되었으면 BOP를 이용하여 신속히 시추공을 폐쇄하고 상황이 악화되는 것을 방지한다. BOP는 장비 중의 하나에 문제가 있어도 다양한 상황에서 시추공을 폐쇄할 수 있도록 여러 개를 직렬로 설치하는데 이를 BOP 스택이라 한다. 당연한 말이지만 보통의 시추작업에서는 BOP가 모두 열려 있으며, 시추스트링은 BOP 스택의 내부로 지난다.

〈그림 3.12〉(a)는 육상시추에서 사용되는 BOP 스택의 전형적인 예이다. BOP의 종류로는 크게 환형 BOP(annular BOP)와 램형 BOP(ram BOP)가 있다. BOP 스택 상부에 위치하는 환형 BOP는 가장 먼저 닫히는 BOP로, 외형은 원통모양이고 시추파이프를 감싸 시추공을 폐쇄할 수 있는 고무패커가 내부에 있다. 즉 시추파이프가 환형 BOP 안에 있을 때 환형 BOP

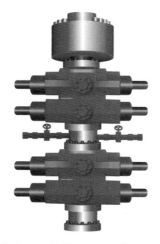

그림 3.12a 육상 BOP 스택(stack) 예

를 닫으면 시추파이프와 환형 BOP로 이루어진 애눌러스를 패커가 밀폐하여 이수가 유동할 수 없도록 한다.

환형 BOP가 효과적이지 않을 경우 하부의 램 BOP를 닫아 시추공을 폐쇄한다. 램 BOP는 양쪽에서 밀려나오는 두 개의 패커에 의해 시추공이 폐쇄되는 것으로 그 기능에 따라 파이프램, 가변구경램(variable bore ram), 블라인드램(blind ram), 전단램(shear ram)으로 나눈다(그림 6.3 참조).

파이프램은 일정한 직경의 구멍이 있는 패커를 가진 BOP로 그 구멍의 크기에 해당하는 파이프 주위의 애눌러스를 막는다. 구체적으로 각 패커는 시추파이프의 외경을 직경으로 갖는 반원의 구멍이 있다. 따라서 시추작업에 사용되는 시추파이프의 외경이 바뀌면 파이프램 패커를 교체해야 한다. 가변구경램은 파이프램과 유사하지만 다양한 직경의 시추파이프에 적용할 수 있다. 블라인드램은 내부에 설치된 패커에 아무런 구멍이 없어 시추파이프가 BOP 내부에 없을 때에 BOP의 내부를 막아 시추공을 폐쇄한다.

전단램은 다른 BOP로 시추공을 폐쇄할 수 없을 때 사용된다. 전단램을 닫으면 시추파이프가 그 내부에 있는 경우에도 이를 절단하며 시추공을 폐쇄한다. 하지만 파이프 연결부위나 HWDP 또는 드릴칼라를 절단할 수 없는 한계가 있다. 2010년 미국 멕시코만에서 발생한 BP 마콘도 시추공의 유정폭발도 전단램이 제대로 작동되지 않아 문제가 악화되었다.

BOP는 목표심도에 도달할 때까지 예상되는 지층압에 의해 그 용량이 결정된다. BOP의 압력용량은 2,000, 5,000, 10,000, 15,000 psi 등이다. 최근에는 고압고온 지층을 시추하기 위해 25,000 psi 이상의 압력용량을 가진 BOP가 사용되고 있다.

각 BOP의 개폐는 BOP 제어패널을 통해 원격으로 이루어지며 필요한 동력은 축압기에서 얻는다. 축압기는 고압의 기체와 액체로 채워져 있어 주엔진이 작동하지 않을 때에도 BOP를 개폐할 수 있게 한다. 육상 BOP의 경우에는 작업자가, 해저 BOP의 경우 ROV를 이용하여 직접 개폐도 가능하다.

〈그림 3.12〉(b)는 해저면에 설치된 BOP 스택의 예를 보여준다. 심해시추는 해저면에 BOP가 설치되기 때문에 문제가 생기면 회수와 수리에 시간이 오래 걸린다. 또한 비상시에 효과적으로 대처하기 위하여 육상의 경우보다 더 많은 수의 BOP를 설치한다. 정두 위에 BOP 스택이 설치되고 그 위로 해양라이저가 연결된다.

이수순환에서 설명한 대로 보통의 경우 이수는 회수파이프를 통해 암편분리기로 유입된다. 하지만 시추공이 폐쇄되면 BOP를 통과할 수 없으므로 BOP 스택에 연결된 초크라인을 통해 이수가 유동한다. 추가적인 킥의 발생을 방지하면서 이미 유입된 킥을 안전하게 제거하

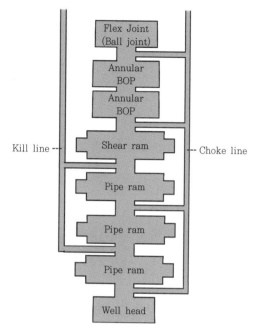

그림 3.12b 해저 BOP 스택 예

기 위하여 초크라인의 끝에 설치된 초크밸브의 개폐 정도를 조절하여 시추공의 압력을 제어한다.

초크밸브를 열면 작은 백압력(back pressure)이 걸리고 잠그면 유동면적의 감소로 큰 백압력이 걸린다. 초크밸브의 조절은 시추플로어의 초크제어패널을 통해 이루어진다. 이수와 킥의 혼합물은 초크매니폴드를 통하여 이수와 가스의 분리기로 보내 분리한다. 킬라인도 초크라인과 동일한 기능을 수행한다. 킥과 유정제어에 대한 보다 자세한 내용은 6장에서 다룬다.

3.1.6 모니터링시스템

시추작업 중 드릴러는 〈그림 3.13〉과 같은 드릴러콘솔에서 시추와 관련된 다양한 정보를 모니터링하며 작업을 감독한다. 과거에는 펌프의 유량과 압력, 후크하중, WOB, ROP 같은 굴진작업과 관련된 핵심적인 내용만 주로 모니터링 되었다(〈그림 3.13〉(a)). 하지만 요즘에는 정보기술의 발달로 다음과 같은 정보들이 기록되고 화면을 통해 전시된다(〈그림 3.13〉(b)).

(a) Manual(courtesy of Oilfield Instrumentation)　　(b) Automated(courtesy of Rigserv Int.)

그림 3.13 드릴러콘솔(Driller's console) 예

- 시추심도(depth)
- 후크하중(hook load)
- 비트의 압축력(WOB)
- 권양속도(hoisting velocity)
- 이수펌프압력(mud pump pressure)
- 이수부피(pit volume)
- 로터리회전속도(rotary speed)
- 로터리토크(rotary torque)
- 이수펌프행정수(mud pump stroke number)
- 굴진율(rate of penetration, ROP)
- 이수유량(mud flow rate)
- 이수밀도(mud density)
- 이수온도(mud temperature)
- 이수염도(mud salinity)
- 이수 내 가스함량(gas content of mud)
- 공기 중 유해가스 함량(hazardous gas content of air)
- MWD(measurements while drilling), LWD(logging while drilling), PWD(pressure while drilling) 측정값(해당 장비 사용 시)

후크하중은 고정블록에 걸리는 하중으로 이동블록과 시추스트링의 하중을 표시한다. 이유 없이 후크하중이 갑자기 증가하는 것은 부력이 감소한 것으로 이수손실이나 킥이 발생한 것으로 해석될 수 있다. 굴진율의 변화는 지층상태의 변화와 직결된다. 굴진율의 증가는 단

단한 지층에서 연약한 지층으로 또는 시추공의 압력이 과압상태에서 저압상태로 변화되었음을 의미한다. 따라서 시추작업조건을 변화시키지 않았는데도 굴진율이 갑자기 증가하면 킥의 가능성이 있다.

드릴러콘솔을 통한 모니터링 외에도 이수검층 기술자는 암편과 이수의 분석을 통해 시추하고 있는 지층의 정보를 제공한다. 이수검층 기술자는 애눌러스를 통해 회수되는 이수와 암편을 심도에 따라 분석하고 이수에 포함된 가스의 물성을 파악한다. 암편은 고생물학자에 의해 미화석(microfossil)을 찾는 데에도 이용된다. 이런 분석을 통해 지층의 양상과 상호 연결성을 파악할 수 있다.

최근에는 비트 상부에 MWD, LWD, PWD 장비를 부착하여 실시간으로 필요한 정보를 얻는다. MWD 장비는 시추공의 위치와 경사 및 방위각을, LWD 장비는 공극률, 비저항, 밀도 등의 지층물성을, PWD 장비는 압력을 측정한다. 이들 장비에 의해 측정된 정보들은 이수펄스나 유선 또는 무선으로 지상으로 전송된다.

3.2 시추리그의 종류

석유시추에 이용되는 로터리 시추리그는 사용되는 장소와 이동성 그리고 시추수심에 따라 〈그림 3.14〉와 같이 분류되고 목표심도에 따라 그 용량이 결정된다.

3.2.1 육상 시추리그

시추리그는 사용되는 위치에 따라 크게 육상 및 해양 시추리그로 분류된다. 육상 시추리그는 시추탑의 이동이 불가능한 컨벤셔널 리그와 이동이 가능한 모바일 리그가 있다. 컨벤셔널 리그는 시추공완결 후에도 시추탑이 처음 설치된 위치에 남아 있으며 석유개발 초기에 사용되었다. 요즘에 사용되는 모바일 리그는 시추탑 건설에 드는 시간과 비용을 줄이기 위해 고안되었으며, 시추작업 후 시추탑을 이동하여 재사용이 가능하다.

〈그림 3.15〉는 육상에서 사용되는 모바일 리그의 예이다. 모바일 리그에는 비교적 깊은 심도까지 시추가 가능한 잭나이프 리그와 보통 심도의 시추에 적당한 이동식 마스트가 있다. 잭나이프 리그는 접혀진 상태로 시추장소로 이동된 후 현장에서 설치된다. 이동식 마스트는 하나의 단위로 이동되어 현장에서 세워진다. 시추탑이 긴 리그의 경우, 접혀서 이동되는 형태(jackknife type)와 상부부분이 하부부분으로 슬라이딩되는 형태(telescopic type)가 있다. 요즘은 대부분의 리그 요소가 모듈화 되어 있어 수송과 현장설치가 용이하다.

시추리그는 최종 목표심도에 따라 적절히 선택되어야 하며 총 시추길이가 길수록 대용량

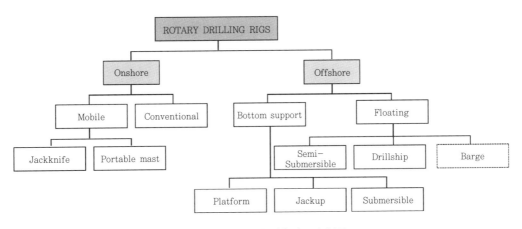

그림 3.14 로터리 시추리그의 분류

의 시추리그가 필요하다. 〈표 3.3〉은 목표심도에 따른 육상 시추리그의 분류이다.

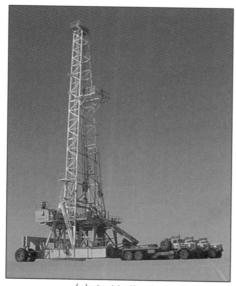

(a) Jackknife rig
(출처: http://www.adwoc.net)

(b) Portable mast
(출처: http://gefcoiraq.com)

그림 3.15 육상 시추리그

표 3.3 목표심도에 따른 시추리그의 분류

Type	Depth, ft
Light duty	5,000
Medium duty	10,000
Heavy duty	15,000
Ultra-heavy duty	> 15,000

3.2.2 해양 시추리그

(1) 해양시추의 고려사항

해양에 시추리그를 설치하고 시추작업을 진행하는 경우 육상시추와 전체적인 작업원리는
같다. 하지만 시추리그의 한정된 공간에서 해수로 인한 영향을 극복하며 작업이 이루어져야
하므로 다음과 같은 사항을 추가적으로 고려해야 한다. 〈그림 3.16〉은 부유식 시추리그를
이용한 해양 시추리그의 모식도이다.

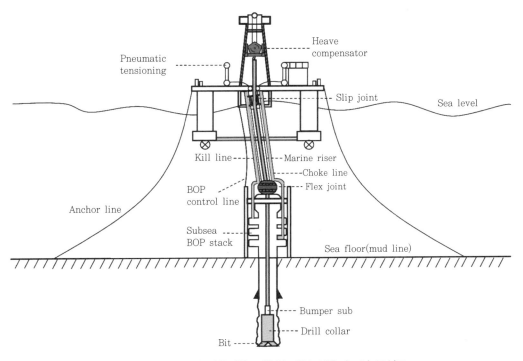

그림 3.16 부유식 시추선을 이용한 해양 시추리그의 모식도

- 해수
- 시추리그의 움직임
- 공간
- 안전

천해시추의 경우에 BOP 스택은 시추탑 하부의 해수면 위에 설치된다. 하지만 심해시추의 경우 유정제어 및 비상시 시추리그와의 분리를 목적으로 해저면에 BOP 스택을 설치한다. 즉 비상시에 해저면의 BOP를 폐쇄하면 시추공이 안전하게 제어되므로 해수나 기후의 영향을 받지 않고 시추공과 시추리그를 효율적으로 분리시킬 수 있다.

BOP가 해저면에 설치되는 경우 해저면의 정두와 해수면의 시추리그가 분리되어 있어 두 부분의 연결이 없다면 애눌러스를 통해 회수되는 이수가 바다로 배출된다. 해수를 이수로 사용하지 않는 경우 환경오염을 유발할 뿐만 아니라 비싼 이수를 회수하지 못해 비용이 증가한다. 또한 100% 이수손실에 해당되므로 실제로 시추를 계속할 수 없다. 따라서 이수순환을 위해 해양라이저를 설치한다.

해저면의 BOP 스택 상부에 설치되는 해양라이저는 유연한 재질의 철강파이프이며, 일반적으로 외경이 21 inch이다. 육상시추와 같은 원리로 시추파이프 내부로 이수를 주입하며 시추파이프와 해양라이저 사이의 공간을 통해 이수를 회수한다. BOP 스택에 연결되어 있으며, 해양라이저를 따라 시추리그의 매니폴드로 이어지는 초크라인과 킬라인은 소구경의 파이프로 고압의 유체가 유동할 수 있다.

해양시추작업에서 해수에 의한 시추선의 움직임을 보상하고 비트에 일정한 압축력을 제공하기 위해 여러 장비들을 추가적으로 사용한다. 대표적인 장비로 상하동요 보정장비, 슬립조인트, 플렉스조인트가 있다. 상하동요 보정장비는 이동블록과 탑드라이브 사이 또는 고정블록 아래에 위치하며 디자인에 따라 권동기를 이용하여 이동블록의 위치를 조정하거나 고정블록의 높이를 조절하는 경우도 있다. 상하동요 보정장비가 피스톤과 압축가스 실린더로 이루어진 경우 그 효율이 낮아 대부분의 시추선의 경우 추가적인 조정을 통해 이동블록의 위치를 일정하게 유지한다.

해양라이저의 상부에 설치되는 슬립조인트는 파도에 의해 시추리그가 상하로 움직일 때 라이저에 과도한 응력이 발생하지 않도록 한다. 해양라이저 하부에 설치된 플렉스조인트는 해저면의 BOP와 연결된 해양라이저가 일정한 각도 범위에서 회전할 수 있게 하는 볼조인트이다. 이는 해수면의 시추리그가 전후좌우로 움직일 때 그 움직임에 따른 영향을 최소화한다.

해양에서 시추작업을 위해 필요한 장비와 시설이 해양 시추리그의 한정된 공간에 배치되고 또 운전되어야 한다. 보조선박을 이용할 수 있으나 이는 효율적이지 않고 또 비용이 증가한다. 따라서 모든 장비들은 요구된 기능을 수행하면서 소형화되고 모듈화 될 필요가 있다. 또한 사용과 유지보수가 쉬워야 한다. 이와 같은 이유에 의해 해양시추장비는 그 기술확보와 시장진입이 어려운 특징이 있다. 시추리그의 공간과 무게의 용량이 증가하면 결국 건조비와 시추작업을 위한 임대비가 높아진다.

해양시추에서는 예측하지 못한 위험이 많으며 유정제어가 비교적 어렵기 때문에 안전에 대한 주의가 요구된다. 각 장비에 대한 안전규정이 필요하고 비상시 이용하기 위한 구명보트를 구비해야 한다. 모든 작업인원을 대상으로 안전에 대한 지속적인 교육과 훈련이 필요하다. 특히 해양시추에서는 시추리그가 손상되거나 사고로 침몰하는 경우 작업할 수 있는 수단이 없어진다. 따라서 필요한 조치를 취할 수 없어 대형사고로 이어질 수 있다.

(2) 해양 시추리그의 종류

해양 시추리그는 크게 고정식과 부유식으로 분류된다. 고정식 리그는 해저면에 고정된 상태에서 작업을 진행하며 플랫폼, 잭업리그, 잠수식이 있다. 부유식 리그는 해수면에 떠 있는 상태에서 시추작업을 하며 반잠수식과 선박식이 있다. 각 시추리그는 건설에 필요한 비용과 용도가 다르기 때문에 수심과 시추심도에 따라 적절한 시추리그를 선택해야 한다. 또한 해양에서는 GPS를 이용하여 위치를 파악한다.

플랫폼(〈그림 3.17〉(a))은 한 번 건설되면 이동할 수 없기 때문에 경제성이 확인되었거나 다수의 방향성 시추공을 시추할 때 사용된다. 플랫폼은 해저면에 고정되고 해수면 위쪽에 설치되므로 해수나 파도의 영향을 줄여 쉽게 작업할 수 있으나 수심이 깊어짐에 따라 크기와 건설비용이 급격히 증가한다. 지금까지 플랫폼이 설치된 최대수심은 1,353 ft이지만 주로 수백 피트 이내의 천해에 사용한다. 그 크기가 큰 경우 모든 시추장비를 하나의 플랫폼 위에 설치하지만 크기가 작은 경우 보조용 선박을 이용한다. 성공적인 탐사시추 이후에는 개발 및 생산 시설로 활용될 수 있다.

(a) Platform
(출처: http://www.britannica.com)

(b) Jackup
(출처: http://www.nordnes.nl)

(c) Semi-submersible
(출처: http://www.romanoffshore.com)

(d) Drillship
(출처: http://www.kline.com)

그림 3.17 해양 시추리그

잭업리그(〈그림 3.17〉(b))는 수심이 대개 600 ft 이내 천해에서 시추할 때 가장 대표적으로 사용된다. 잭업리그는 독립적으로 상하운동할 수 있는 세 개의 다리와 시추탑으로 이루어진다. 모든 다리를 위로 들어 올린 후 시추장소로 견인되며 시추할 장소에 도달하면 다리를 해저면까지 내리고 파도의 영향을 받지 않도록 해수면 위로 주갑판을 올린 후 시추작업을 진행한다.

시추탑은 캔틸레버(cantilever) 위에 설치되어 전후좌우로 이동이 가능하여 시추지점 상부에 정확히 위치할 수 있다. 잭업리그는 시추작업 중에는 해저면에 견고히 지지되어 작업에는 유리하다. 그러나 해저면이 불안정한 경우 지지작업(jack up) 과정에서 사고가 발생할 수 있고 설치 후 해수유동으로 지지도가 약화될 수 있다. 또한 자체추진력이 없고 해저면에 박힌 다리를 들어 올리는 데 시간이 필요하기 때문에 비상상황 시 리그의 이동이 어려운 단점이 있다. 또 견인되어 이동될 때 전복위험이 있다.

반잠수식 시추리그(〈그림 3.17〉(c))의 경우 천해에서는 여러 개의 앵커를 이용하고 수심이 깊어지면 DPS를 이용하여 위치를 유지한다. 또한 밸러스트 탱크에 해수를 채우는 양을 조절하여 잠수깊이를 조정한다. 반잠수식 시추리그는 처음에 설계된 수심이 있으며 최근에 건조되는 초심해용은 수심 12,000 ft에서도 작업할 수 있다. 비상시에는 앵커라인을 분리하거나 자체추진력을 이용하여 이동이 가능하다. 하지만 장거리를 이동할 경우는 견인선을 이용한다.

선박식 시추선(〈그림 3.17〉(d))은 시추목적으로 건조된 선박에 시추리그가 장착되어 자유롭게 장소를 옮길 수 있는 시추리그이다. 시추 시 컴퓨터와 결합된 GPS와 DPS를 이용해 해수면에서의 위치를 유지한다. 선박식은 적재용량이 커서 수심 12,000 ft 이상에서도 시추작업을 수행할 수 있으며 비상시 이동이 용이하다. 〈그림 3.17〉(d)는 시추시간을 절약하기 위하여 독립된 2개의 시추탑과 시추시스템을 갖춘 이중기능시추선(dual activity drillship)이다.

시추바지는 바지선 위에 시추장비를 탑재한 시추리그이다. 바지선은 보통 무겁거나 부피가 큰 화물을 실을 수 있도록 선상이 평평한 배이다. 운임단가가 싸고 수심이 낮은 천해와 내륙의 강으로도 운행할 수 있는 장점이 있다. 시추바지는 내륙의 호수, 강, 늪지나 천해에서 시추할 때 사용되며 앵커를 통해 고정된다.

보급바지(tender barge)는 시추기능은 없지만 공간이 부족한 시추리그 (특히 플랫폼) 주위에서 시추작업을 지원한다. 주로 작업자의 숙소, 보급품 저장, 장비의 저장 및 설치를 위한 공간을 제공한다. 전문적인 보급바지는 헬기의 이착륙을 위한 헬기덱과 현대식 시설을 갖추고 있다.

3.3 시추작업의 인력구성 및 관리

3.3.1 시추작업의 인력구성

시추는 다양한 작업항목으로 구성되며 이를 위해 많은 자금, 장비, 인력이 소요된다. 시추작업에 대한 운영권을 지닌 운영사, 시추작업을 담당하는 시추회사, 시추와 관련된 서비스를 제공하는 서비스회사가 협력하여 시추를 진행하며 그 협력은 모두 계약으로 이루어진다. 운영사는 계약에 따라 각 작업에서 발생하는 비용을 지불한다.

시추는 공학지식의 종합적인 응용과 계획의 관리에 의해 이루어지므로 체계적인 인력구조를 가지고 있다. 〈그림 3.18〉(a)는 운영사의 인력구조 예이다. E&P 사업을 진행하는 운영사는 그 규모나 작업지역에 따라 다른 인력구조와 인원을 가질 수 있다. 하지만 시추목적을 달성하기 위해서 본사의 인력이나 자문가 또는 서비스회사의 인력을 활용한다.

E&P 사업의 운영사도 회사이기 때문에 일반회사가 가지는 조직을 갖고 있다. 기술적인 부문에서 지질부서, 시추부서, 저류층부서, 생산부서 등이 필요하다. 지질부서에서 최종 목표층이 결정되면 시추부서에서 시추작업을 계획하고 작업을 수행한다. 규모가 작은 회사의 경우 한 부서로 통합되어 운영될 수 있다.

본사의 시추매니저는 특정한 지역의 시추뿐만 아니라 회사에서 진행되는 시추사업을 전반적으로 관리한다. 구체적으로 시추계획, 예산계획, 서비스회사 활용계획 등에 대한 관리업무를 총괄한다. 시추총감독(drilling superintendent)은 시추에 경험이 많은 전문가로 시추에 대한 운영계획을 총괄한다. 각종 기자재와 서비스회사의 활용에 대하여 계획을 수립하고 시추매니저를 보좌한다.

현장감독(drilling supervisor)은 시추현장에 파견되어 시추작업과 행정업무를 총괄한다(현장감독을 company man 또는 company representative라고도 함). 상황에 따라 주간(senior drilling supervisor)과 야간(drilling supervisor)으로 나누어 한 명씩 교대로 근무하기도 한다. 시추기술자(drilling engineer)는 시추와 관련된 공학적 기술지원을 담당하고 각종 보고서를 작성하거나 취합한다. 또한 각종 기자재를 점검하여 매일 진행되는 작업이 원활히 수행되도록 현장감독을 보좌한다.

시추현장에는 지질기사가 근무하며 지질 관련 업무를 담당한다. 본사에서 파견되는 경우도 있으나 제한된 본사인력과 업무의 전문성으로 인해 시추기간 동안 외부인력을 고용한다. 지질기사는 이수검층 서비스회사 전문가의 도움을 받아 현재 굴진 중인 지층에 대한 암상정보와 이수 중에 포함된 원유와 가스에 대한 정보를 제공한다.

성공적인 시추를 위해서는 지층을 굴진하는 작업 외에도 다양한 기술지원이 필요하며 이를 서비스회사가 담당한다. 〈그림 3.18〉(b)는 시추리그를 소유하고 실제적인 시추작업을 담당하는 시추회사의 인력구성도이다. OIM(offshore installation manager)은 시추리그의 운영과 시추작업을 총괄한다. 시추회사의 현장책임자(toolpusher)는 주로 2명으로 12시간씩 시추작업을 총괄하며 안전하고 경제적으로 시추작업을 마칠 책임이 있다.

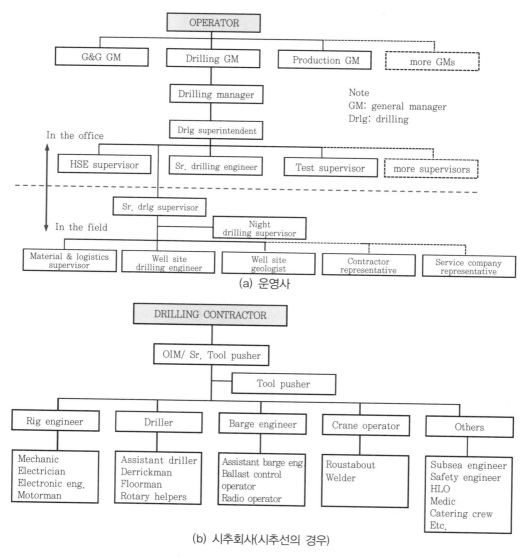

(a) 운영사

(b) 시추회사(시추선의 경우)

그림 3.18 운영사와 시추회사의 인력구성

시추작업은 24시간 이루어지므로 대개 8~12시간 주기로 작업교대가 이루어진다. 각 교대조의 시추책임자인 드릴러는 시추작업이 실제로 수행되도록 작업자들을 감독하며 작업자들에게 필요한 지시를 내린다. 드릴러는 드릴러콘솔에서 근무한다. 부드릴러(assistant driller)는 드릴러를 도와 작업지시가 잘 전달되어 수행되게 하고 시추과정을 모니터링한다. 작업자들은 정해진 임무에 따라 실제 작업을 담당한다.

해양 시추리그의 경우 굴진작업 외에도 선박의 운영과 관리에 대한 전문인력이 필요하다. ROV의 운전이나 헬기를 포함한 수송장비의 운영 그리고 리그에서 거주하는 수십에서 수백 명의 의식주를 해결하기 위한 인력과 보급이 필요하다.

육상시추의 경우 공간적 제약이 작기 때문에 모든 보급품을 창고에 갖추고 작업하거나 필요한 경우 쉽게 보급받을 수 있다. 하지만 해양시추의 경우 공간이 한정되어 있기 때문에 보급기지를 운영해야 한다. 작업인력은 보통 헬기로 수송하고 기자재는 보급선으로 운반한다. 소모적인 대기시간 없이 작업이 진행되도록 필요한 기자재의 반입과 반출이 잘 이루어져야 한다. 특히 국경을 통과해야 하는 경우 기자재의 수입과 수출에 대한 준비가 원활히 이루어지도록 계획해야 한다.

3.3.2 시추작업의 보고 및 관리

시추작업은 시추회사에 의해 이루어지지만 운영사는 광구권을 소유하고 있고 또 시추비용을 담당하기 때문에 시추와 관련하여 중요한 의사결정을 해야 한다. 따라서 멀리 떨어진 시추현장에서 정확한 정보가 신속하게 운영사의 해당 부서로 전달되어야 한다. 오지나 해양 또는 해당 국가의 규정에 의해 통신에 문제가 있으면 이를 해결하기 위한 서비스회사의 확보가 중요하다.

시추작업은 하루 24시간 진행되므로 작업이 교대되는 시간이나 정해진 시간(예: 오전 6시 또는 오후 5시)에 그 동안에 이루어진 작업을 요약한 일일시추보고서(DDR)를 본사로 보낸다. 과거에는 IADC 일일시추보고서 양식을 공식보고서로 채택하였으나 요즘은 회사의 선호도에 따라 정해진 양식을 사용한다. 또한 정보기술의 발달로 운영사가 DDR을 웹사이트에 업로드 하고 참여사는 원하는 시간에 언제든지 웹에서 해당 보고서를 확인할 수 있게 한다.

일일시추보고서는 작업과정에서 교환한 전자메일과 더불어 시추 관련 사고의 중요한 증빙자료가 되므로 이를 잘 관리하는 것도 필요하다. 일일시추보고서는 다음과 같은 내용을 포함하며 주어진 양식의 좁은 공간에 많은 정보를 간결하게 기술해야 하므로 시추분야에서는 약어를 많이 사용한다. 시추분야에서 사용되는 약어들을 부록 V에 정리하였다.

- Well information
- Safety and accident summary
- 24 hrs operation summary
- 24 hrs forecast (i.e., planned job)
- Survey data
- Test data
- Hole conditions
- BHA data
- Bit data
- Pump and hydraulic data
- Mud data
- Weather data
- Materials consumed
- Anchor data
- Rig personnel data
- Additional note

일일시추보고서를 본사로 송부한 후 시추현장 사무소와 본사 사이에 작업회의를 갖는다. 여기서는 지난 24시간 동안 이루어진 작업과 HSE(health, safety, & environment)에 대한 내용을 점검하고 당일에 이루어질 작업과 향후 계획에 대한 의견을 나눈다. 이와 같은 회의를 통해 정기적인 보고가 이루어지고 안전한 시추작업을 위해 간과한 요소를 재점검할 수 있다. 회의에는 작업실무자뿐만 아니라 서비스회사 기술자도 참여하여 각 작업에 대한 바른 기술적 이해를 바탕으로 의사결정이 이루어지도록 한다.

시추작업이 완료되면 최종시추보고서를 작성한다. 이 보고서에는 시추계획에 따른 작업과정, 발생한 문제와 해결과정, 시추공 시험과 결과 등이 포함된다. 지난 작업을 돌아보는 과정을 통해 많은 것을 배우게 되고 또 향후에 참고자료로 활용할 수 있으므로 시간을 투자할 충분한 가치가 있다.

연구문제

3.1 시추리그의 6대 시스템을 나열하고 각각을 한 문장으로 설명하라.

3.2 디젤엔진의 출력토크가 2,500 lbf-ft이고 회전수가 1,200 rpm일 때 이 엔진의 출력을 마력으로 계산하라. [힌트: 파워 출력 = 각속도 × 토크]

3.3 외경이 5 inch이고 단위무게가 19.50 lb/ft인 시추파이프가 8.75 inch 시추공 내에 있다고 가정하자. 시추파이프의 단위길이는 30 ft, 시추공의 깊이는 2,000 ft, 이수의 밀도는 9.2 ppg일 때 다음을 계산하라. 시추비트와 언급되지 않은 사항은 무시하라.

(1) 시추파이프 한 개의 무게를 kg으로 계산하라.

(2) 시추공에 이수가 없다고 가정할 때, 2,000 ft 시추파이프의 실제 무게를 계산하라.
    [힌트: 30 ft 시추파이프를 연결하기 위한 툴조인트(tool joint) 영향을 고려해야 함]

(3) 시추파이프 내부와 애눌러스를 채우기 위한 이수의 부피는 몇 배럴인가?

(4) 이수를 시추공에 완전히 채운 후의 시추파이프의 유효무게를 계산하라.

3.4 〈문제 3.3〉에서 다음과 같은 펌프를 사용할 때 시추공을 이수로 가득 채우기 위해 필요한 펌프의 행정수를 구하라. 효율은 95%로 가정하라.

(1) 행정길이가 16 inch, 피스톤 직경이 5 inch, 로드(rod) 직경이 2.5 inch인 이중식 펌프

(2) 행정길이가 12 inch, 피스톤 직경이 6.5 inch인 삼중식 펌프

3.5 외경이 7 inch이고 단위무게가 107 lb/ft인 시추칼라가 8.75 inch 시추공 내에 있다고 가정하자. 시추칼라의 단위길이는 30 ft, 시추공의 깊이는 2,000 ft, 이수의 밀도는 9.2 ppg일 때 다음을 계산하라. 시추비트와 언급되지 않은 사항은 무시하라.

(1) 시추칼라 한 개의 무게를 kg으로 계산하라.

(2) 시추공에 이수가 없다고 가정할 때, 2,000 ft 시추칼라의 무게는 얼마인가?

(3) 시추칼라 내부와 애눌러스를 채우기 위한 이수의 부피를 계산하라.

(4) 이수를 채운 후의 시추칼라의 유효무게를 계산하라.

3.6 보통의 시추작업 중에 지상으로 회수된 이수의 처리과정에 대하여 설명하라.

3.7 권동기 드럼의 직경이 36 inch, 폭이 62 inch, 시추라인의 직경이 1.5 inch라 하자. 시추라인이 권동기 드럼 전체를 한 번 감을 때(first one lap), 감긴 시추라인의 총 길이는 몇 ft인가?

3.8 행정길이가 12 inch, 피스톤 직경이 6.5 inch인 삼중식 펌프가 110 strokes/min으로 운전될 때 다음 물음에 답하여라. 펌프효율은 100%로 가정하라.

(1) 펌프유량을 gpm으로 계산하라.

(2) 내경이 4.276 inch인 시추파이프 속을 지날 때 이수의 평균속도(ft/sec)를 계산하라.

(3) 8.75 inch 시추공과 7 inch 외경의 시추칼라로 이루어진 애눌러스를 지날 때 이수의 평균속도(ft/sec)를 계산하라.

(4) 8.75 inch 시추공과 5 inch 외경의 시추파이프로 이루어진 애눌러스를 지날 때 이수의 평균속도(ft/sec)를 계산하라.

3.9 킥이 발생하였다는 4대 주요 징후에 대하여 나열하고 해당 현상이 왜 킥의 강한 징후인지 설명하라.

3.10 환형 BOP와 램 BOP가 시추공을 폐쇄하는 원리에 대하여 설명하라.

3.11 해양시추의 특징을 육상시추와의 차이점을 중심으로 설명하라.

3.12 실제 시추현장에서 사용된 일일시추보고서를 참고하여 특정한 날을 선택하고 그 당시 본사로 보고된 내용을 설명하라. 사용된 약어에 대해서도 그 내용을 일반인도 이해할 수 있게 기술하라. [대학원 수준]

3.13 다음의 약어들을 전체 단어와 함께 설명하라.
    (1) POOH
    (2) GIH, RIH, TIH
    (3) TOH
    (4) IEU
    (5) IF
    (6) CBU

3.14 다음의 용어들을 설명하라.

    (1) Elevator (in the hoisting system)

    (2) Crown saver (in the hoisting system)

    (3) Pulsation dampener (in the circulation system)

    (4) Drilling break

    (5) Buckling (of drill pipe)

    (6) Kelly cock

    (7) Set back area (of drill pipe)

3.15 식 (3.1)과 (3.2)를 구체적으로 유도하라.

3.16 부유식 시추선의 움직임에 대한 다음의 용어들을 설명하라.

    (1) Heave

    (2) Surge

    (3) Sway

    (4) Pitch

    (5) Roll

    (6) Yaw

3.17 인터넷 검색을 이용하여 다음의 시추장비들에 대한 이미지를 제시하라.

    (1) Drill pipe

    (2) Drill collar

    (3) HWDP

    (4) Mud pump (Duplex or Triplex)

    (5) HEX mud pump

시추액은 시추에 사용되는 유체로 암편의 제거와 시추공의 압력을 제어하는 핵심적인 역할을 담당한다. 시추액의 종류는 다양하며 각종 첨가물을 섞어 물성을 유지하고 시추공을 안정화시킨다. 잘 준비된 시추액은 시추과정에서 발생하는 문제를 최소화하여 안전하고 경제적인 시추를 가능하게 한다. 효과적으로 시추공의 압력을 예측하고 제어하기 위해서 주어진 조건에서 정수압과 압력손실을 계산할 수 있어야 한다. 따라서 4장은 다음과 같이 구성되어 있다.

04 시추액

제 **4** 장   시추액

4.1 시추액의 기능과 종류

4.1.1 시추액의 순환

시추액은 시추에 사용되는 유체를 통칭하며 그 종류는 시추액을 구성하는 유체에 따라 다양하다. 이수(mud)는 비중과 점도를 비롯하여 시추액이 갖추어야 할 물성을 위해 다양한 첨가제를 혼합한 액체상의 현탁액이다. 대부분의 시추에서 이수를 사용하여 시추액과 혼용된다. 본 교재에서는 시추액은 광역적 의미로 사용되었고 이수는 액체상의 현탁액을 지칭한다.

시추액은 굴진과정에서 생긴 암편을 제거하고 시추공의 압력을 제어하는 기능 외에도 많은 역할을 담당한다. 이와 같은 역할을 수행하기 위해서 시추액에는 많은 첨가물들이 사용되며 시추액 서비스업체나 이수공학자의 도움을 얻어 원하는 물성을 유지한다. 이들 첨가제의 화학적 조성과 역할을 모두 기술하는 것은 이 책의 범위를 벗어나므로 본 교재에서는 시추작업을 계획하고 이해하는 데 필요한 유동학적 측면과 이수를 중심으로 설명한다.

시추공을 굴진하는 과정에서 이수는 〈그림 4.1〉에서 볼 수 있는 것과 같이 시추스트링 내부를 거쳐 비트노즐을 통해 분사되고 애눌러스를 지나 지상으로 회수된다(자세한 순환은 〈그림 3.6〉참조). 회수된 이수를 재사용하기 위해 암편을 제거하고 본래 계획하였던 물성이 유지되고 있는지 점검하여 필요시 첨가물을 더해준다.

비록 물성측정 당시에는 적절한 값을 유지하고 있더라도 유동하지 않은 상태로 오래 있으면 중력에 의해 무거운 가중물질이 가라앉거나 첨가물 상호간 분리가 일어날 수 있으므로 이수를 계속해서 저어주는 장비도 사용된다. 펌프를 통해 이수를 순환하기 전에 모든 물성이 계획한 대로 잘 유지되고 있는지 측정하고 모니터링해야 한다.

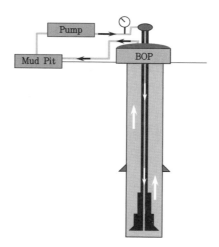

그림 4.1 시추작업 시 이수의 순환경로

〈그림 4.1〉과 같은 순환경로 외에도 필요에 따라 이수의 순환방향은 바뀔 수 있다. 시추스트링의 내경은 시추공의 내경보다 작기 때문에 시추스트링 내부가 차지하는 부피는 애눌러스의 부피에 비하여 매우 작다. 따라서 시추공 바닥에 존재하는 특정 유체를 시추스트링 내부로 유동시키면 지상으로 빠른 회수가 가능하다. 만일 애눌러스에서 이수속도가 너무 낮아 암편이 효율적으로 제거되지 않을 때에는 〈그림 4.2〉(a)와 같이 역순환으로 암편을 제거할 수 있다. 이 경우 암편과 혼합된 이수가 비트의 노즐을 통과해야 하므로 노즐이 막힐 수 있으며 시추공저압력이 과도하게 증가할 수 있다.

시추과정이나 시추스트링 이송 중에 킥이 발생하여 시추공이 폐쇄된 경우 BOP 스택 상부로 이수를 순환시키는 것이 불가능하다. 따라서 〈그림 4.2〉(b)와 같이 초크라인으로 순환시키며 여러 개의 파이프로 연결된 매니폴드를 거쳐 분리기로 유도된다. 가스킥인 경우 분리기에서 이수와 기체로 분리된 후 기체는 태워서 제거하고 이수는 암편제거 과정을 거쳐 재사용된다.

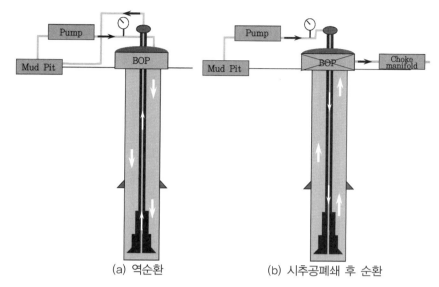

(a) 역순환   (b) 시추공폐쇄 후 순환

그림 4.2 특수상황에서의 이수순환

4.1.2 이수의 기능

이수는 시추작업 전반에서 중요한 역할을 수행하며 다음과 같은 많은 기능을 한다.

- 암편제거
- 시추공 압력유지
- 비트와 시추스트링의 윤활 및 냉각
- 이수막(mud cake) 형성
- 시추공 벽면 보호
- 이수손실방지
- 이수 정지 시 암편 침전방지
- 시추공 내에 내려진 장비에 부력 제공
- 정보전달 매개체
- 생산 예정 지층의 보호
- 전기검층에서 전기전도체 역할
- 이수펌프의 압력을 비트에 전달
- 시추문제 발생에 대한 징후 제공

이수는 계속하여 순환하면서 굴진과정에서 생성된 암편을 제거하여 연속적인 시추작업이 가능하게 한다. 지층은 포함하고 있는 지층유체로 인해 지층압을 가지는데 이를 공극압이라 한다. 만약 시추공의 압력이 공극압보다 낮으면 지층유체가 시추공으로 유입되는 킥(kick)이 발생한다. 따라서 이수밀도를 조절하여 시추공의 정수압을 지층의 공극압보다 높게 유지시 켜야 한다. 이수로 인한 정수압은 식 (4.1)로 계산된다.

$$P_{hy} = 0.052 \rho h \tag{4.1}$$

여기서, P_{hy}는 정수압(lb/square inch, psi), ρ는 이수밀도(lb/gal, ppg), h는 이수의 수직깊이(ft) 그리고 0.052는 단위변환 상수이다.

식 (4.1)은 시추공학에서 매우 중요하므로 반드시 이해해야 한다. 구체적으로 10 ppg의 이수가 수직깊이 10,000 ft 시추공에 채워져 있다면 시추공저압력(BHP)은 5,200 psi가 된다. 역으로 동일 시추공에서 BHP를 5,200 psi가 되도록 하려면 10 ppg 이수로 10,000 ft 시추공을 채워야 함을 의미한다. 만약 이수의 높이나 밀도가 달라지면 BHP도 변한다.

식 (4.1)로 계산된 값은 명확히 psi 단위를 가진 압력이지만 시추현장에서는 이수밀도 단위인 ppg 또는 압력구배인 psi/ft를 관례적으로 '압력'이라 부르기도 한다. 물론 공학적인 계산을 위해서 이들은 명확히 구분되어야 하지만 일상의 의사소통 과정에서는 혼용하여 사용하고 있다. 하지만 그 값들이 큰 차이가 나기 때문에 비록 압력이라 표현해도 그 의미와 단위를 서로가 알고 있다고 할 수 있다.

비트의 강한 압축과 회전에 의해 지층을 굴진하는 과정에서 많은 열과 마찰력이 발생한다. 이수는 순환하는 과정에서 비트와 항상 접촉하고 있기 때문에 비트를 효과적으로 냉각한다. 유성이수뿐만 아니라 수성이수도 윤활성을 높이기 위한 첨가제를 포함하고 있기 때문에 비트와 시추스트링의 마찰을 줄여준다. 또한 유체 속에 잠긴 물체는 부력을 받으므로 이수로 인해 시추스트링과 케이싱스트링의 유효하중은 감소한다.

특별히 계획되지 않은 경우 시추작업은 시추공의 압력이 지층의 공극압보다 높은 과압상태에 있다. 따라서 굴진하는 과정에서 투수성 지층을 만나면 압력이 높은 시추공에서 해당지층으로 이수유동이 발생하며 이를 침출이라 한다. 만약 이와 같은 현상이 방지되지 않으면 순환하는 이수의 지속적인 손실이 발생한다.

이수는 벤토나이트(bentonite)와 같은 다양한 점토광물을 가지고 있어 물과 같은 액체성분만 지층으로 침출되고 나머지 첨가물은 시추공 벽면에 접착되어 이수막을 형성한다. 이수막이 일정 두께 이상으로 형성되면 더 이상의 이수침출을 방지한다. 또한 이수막은 시추공 벽면을 코팅하여 시추공의 안정성을 높여 나공(open hole)을 시추하는 동안 시추공을 보호한다. 하지만 이수막이 너무 두껍거나 마찰계수가 큰 경우 시추스트링이 달라붙어 고착되는 현상이 발생할 수 있다.

지층의 압력이 거의 고갈되었거나 균열이 있어 이수막이 형성되지 않는 경우 이수가 지층으로 과도하게 유출되는 이수손실이 발생한다. 그 정도가 심하면 이수가 지상으로 전혀 회수되지 않는 완전한 손실이 일어난다. 시추과정에서는 작은 입자나 박편, 섬유질 또는 압력차이에 의해 작동하는 화학물질을 이수와 같이 순환시켜 이수손실층을 막는다. 이때 사용되는 물질을 이수손실방지물질(LCM)이라 한다.

암편은 중력에 의해 아래로 이동하지만 이수가 애눌러스를 따라 위로 유동할 때는 그 상대속도에 의해 대부분 위쪽으로 이동한다. 하지만 이수가 정지하면 암편이 침강하여 시추비트나 안정기 주위에 쌓이게 된다. 그러면 결국 시추비트를 더 이상 회전하거나 이동시킬 수 없는 고착상태가 발생한다. 이와 같은 문제를 방지하기 위하여 이수는 유동이 정지되면 시간에 따라 점성이 증가하고 젤화되는 물성(이를 thixotropic이라 함)을 가져야 한다.

이수는 MWD, LWD, PWD 측정값을 펄스로 전송할 때 그 매개체 역할을 하며 지상 이수펌프의 압력이나 초크의 백압력을 전달한다. 동일한 원리로 시추공에서 일어나는 현상이 이수를 매개로 하여 지상에서 관측되는 여러 현상으로 나타나므로 이수의 유동양상은 시추문제에 대한 사전 징조를 제공한다. 킥 감지를 위한 징후들은 그 대표적인 예이다.

위에서 언급한 대로 시추액은 많은 기능을 수행하면서도 자연환경이나 인체에 해를 주지 않아야 한다. 또한 관리와 사용 후 처리가 쉬워야 하고 비용도 사용 가능한 범위에 있어야 한다. 시추하는 지층과의 부정적인 반응이 없어야 하며 저류층을 손상시키지 않아야 한다. 무엇보다도 사용하는 장비를 부식시키거나 측정장비에 부정적인 영향을 미쳐서는 안 된다.

〈그림 4.3〉은 시추작업에서 나타난 다양한 문제와 그 상대적 비율을 보여준다. 이들 문제 중에서 이수와 직접적인 관계가 있는 문제점을 나열하면 다음과 같고 상대적 비율은 총 43.4%가 된다. 따라서 시추액의 중요성은 아무리 강조해도 지나치지 않다. 마지막으로 언급한 기능들을 수행하여 시추문제가 생기지 않도록 이수를 잘 준비하고 또 활용하는 것이 무엇보다 중요하다.

- Lost circulation (12.7%)
- Stuck pipe (11.6%)

- kick (8.2%)

- Sloughing shale (3.6%)

- Shallow water (3.5%)

- Chemical problem (2.9%)

- Wellbore instability (0.7%)

- Gas flow (0.2%)

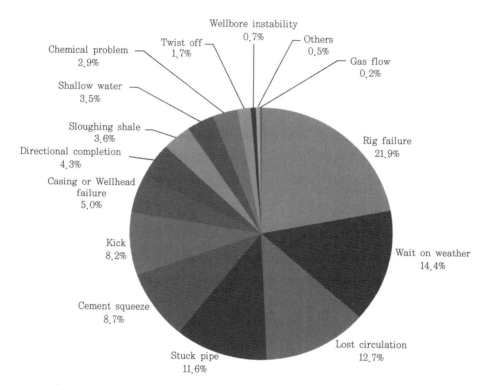

그림 4.3 시추깊이 15,000 ft 이하일 때의 시추문제(J.K. Dodson Company, 2003)
(멕시코만(Gulf of Mexico)의 수심 600 ft 이하 지역에서 1993~2002년 기간 동안 작업한 경우)

4.1.3 시추액의 종류

시추액의 종류는 연속상으로 존재하는 유체에 따라 다음과 같이 나눌 수 있다.

- 수성이수(water based mud, WBM)
- 유성이수(oil based mud, OBM)
- 합성이수(synthetic based mud, SBM)
- 저비중 시추액(low density drilling fluid)

석유의 탐사와 개발을 위한 시추에서 전통적으로 가장 많이 사용하고 있는 시추액이 수성이수이다. 연속상인 물을 확보하는 방법은 시추지역에 따라 다르며 지표수, 지하수, 해수 등을 사용한다. 주위에 물의 공급원이 없다면 물탱크 차량을 이용하여 공급하여야 하며 이는 비용을 증가시킨다. 확보된 물을 직접 사용하기도 하나 지층과의 반응이나 장비의 부식방지를 위해 화학적으로 처리한다. 담수의 경우 밀도가 8.33 ppg이고 점성은 1 cp이다. 해수의 경우 염분의 함량에 따라 밀도가 달라지나 8.6 ppg 내외의 값을 갖는다.

수성이수에 첨가되는 중정석(barite) 같은 가중물질은 이수밀도를 증가시킨다. 가중물질은 대부분 화학적으로 안정된 불활성 고체이며 순도가 높은 원광석이 아니라 서비스회사에서 공급하는 제품을 사용한다. 벤토나이트 같은 점토광물은 물과 반응하여 팽창하고 표면적이 급격히 증가하므로 이수의 점도와 항복응력을 증가시킨다. 〈그림 4.4〉(a)는 11 ppg 밀도를 갖는 수성이수의 구성을 보여준다. 비록 수성이수라 할지라도 이수의 윤활성과 관련 장비의 부식방지를 위해 디젤유나 인화성이 높은 물질을 제거한 원유가 사용되기도 하였지만 최근에는 사용하지 않는다. 가중물질은 이수의 밀도에 따라 5~10% 정도를 차지한다.

단위부피당 비용이 저렴한 수성이수가 여전히 많이 사용되지만 때로는 정상적인 시추를 진행하기 어려울 정도로 시추 관련 문제가 유발되기도 한다. 이와 같은 경우에 유성이수를 사용하며 그 구체적 이유는 다음과 같다.

- 수성이수와 셰일층과의 과도한 반응
- 수성이수에 지층이 용해되어 함몰하는 경우
- 고압고온 환경
- 시추공의 마찰 감소

- 시추장비의 부식문제 완화
- 저류층의 생산성 유지

셰일층은 수성이수와 만나면 반응이 일어나 팽창하거나 분리되어 시추공의 함몰이 일어날 수 있다. 따라서 셰일층의 수화(hydration)나 분산 같은 반응을 최소화하는 것이 필요하다. 하지만 계속적인 시추작업에 방해가 될 정도의 과도한 반응이 일어나는 경우, 수성이수를 처리하는 것만으로는 한계가 있다. 탄산염이나 석고 지층과 같이 수성이수에 지층성분이 용해되는 경우에도 시추공의 크기가 확대되거나 이수손실이 발생할 수 있다.

최근에는 동일 광구권 내에 존재하는 심부 저류층이나 새로운 지역에서 목표심도가 증가하고 있다. 지층의 심도가 깊어지면 이에 비례하여 온도와 압력이 증가한다. 보통 10,000 psi, 300 °F 이상이면 고압고온(HPHT) 환경이라 한다. HPHT 환경에서는 수성이수가 증발하거나 사용된 각종 첨가제가 물과 분리되어 이수의 기능을 수행하지 못한다. 이 경우에는 어쩔 수 없이 유성이수를 사용하여야 한다.

〈그림 4.4〉(b)는 유성이수의 구성을 보여준다. 연속상으로 존재하는 디젤유가 반 이상을 차지한다. 동일한 밀도의 수성이수〈그림 4.4〉(a)와 비교해보면 밀도증가를 위해 가중물질이 더 많이 사용된다. 유성이수에 사용된 물은 연속상이 아니라 작은 물방울로 오일상 속에 분산된 에멀전 형태이다. 효과적인 에멀전 형성을 위해 두 액체의 혼합을 돕는 유화제와 첨가물이 사용된다.

유성이수는 수성이수에 비하여 윤활성이 좋아 시추공 벽면과의 마찰을 줄인다. 그 결과 시추스트링이 이수막에 고착되는 현상이 감소하고 장비의 부식문제도 줄일 수 있다. 시추공의 압력이 지층압보다 높아 유성이수를 구성하는 액체가 저류층으로 침출되어도 같은 석유류이므로 저류층을 손상시키지 않는다.

유성이수는 수성이수에 비하여 장점이 많지만 단위부피당 비용이 보통 4~6배 비싸고 사용과 처리에 따른 환경문제가 있다. 유성이수와 동일한 기능을 수행하지만 독성과 환경문제를 개선한 것이 합성이수이며 일반적으로 비용이 비싸지만 규정준수나 환경영향을 최소화하기 위하여 대부분의 해양시추에서 사용된다. 유성이수의 종류에 따라 유성성분의 함량은 50~80%이다.

저비중 시추액은 특수목적으로 사용되는 경우가 대부분으로 공기, 분무, 거품, 희석된 이수 등이 있다. 공기는 주로 지층수가 전혀 유입되지 않는 단단한 지층을 굴착할 때 사용된다. 지층이 단단하므로 암편들의 크기도 작아 압축된 공기를 이용하여 쉽게 제거할 수 있다. 지

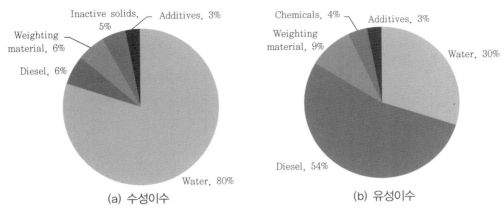

(a) 수성이수　　　　　　　　(b) 유성이수

그림 4.4 수성이수와 유성이수의 구성성분 비교(11 ppg 경우)

층수의 유입이 없으므로 시추공의 압력을 제어할 필요도 없고 BHP가 낮아 굴진율이 높은 장점이 있다. 액체 시추액을 순환시키는 펌프 대신 압축공기를 보낼 수 있는 압축기가 필요하다.

공기를 사용하는 경우 매우 경제적이지만 지층수가 유입되면 문제가 발생한다. 먼저 작은 암편들이 지층수의 영향으로 서로 뭉쳐져 수송을 어렵게 하거나 애눌러스에 남아 시추스트 링의 고착을 유발한다. 또한 밀도가 낮아 정수압으로 지층유체의 유입을 제어하는 것이 현실 적으로 불가능하다.

분무는 액체를 작은 방울로 만들어 공기와 혼합시킨 것이다. 주로 물과 거품을 생성하는 물질을 같이 주입하여 애눌러스에서 분무를 만들고 암편수송을 용이하게 한다. 만약 암편제 거에 계속적인 문제가 있으면 거품시추액을 사용할 수 있다. 거품은 애눌러스의 단면적을 모두 점유한 상태에서 유동하므로 암편의 제거효율이 높다. 거품을 강하게 만들거나 점성을 증가시킬 경우 낮은 유속으로도 암편을 효과적으로 제거할 수 있다.

아무것도 첨가하지 않은 담수의 밀도가 8.33 ppg이므로 이 값은 수성이수가 나타낼 수 있는 이론적인 최소밀도이다. 유성이수를 사용하면 좀 더 낮은 밀도값을 얻을 수 있지만 이 역시 이론적인 최소값이 있다. 지층압이 고갈되어 공극압이 매우 낮거나 파쇄압이 낮은 지층 을 시추하는 경우 이수밀도를 언급한 이론적 최소값보다 더 작게 감소시킬 필요가 있다. 가 장 직감적인 방법 중의 하나는 이수와 같이 공기를 주입하는 것(이를 aerated mud라 함)이다.

공기를 주입하는 것은 쉬운 방법이긴 하나 공기의 압축성이 높아 압력조절에 어려움이 있다. 즉 주입된 공기가 지표면 부근에서 급격히 팽창하여 정수압을 크게 낮출 수 있고 킥과 같은 이차적인 문제가 발생할 수 있다. 이와 같은 한계를 극복하기 위하여 속이 빈 유리구슬 (HGB)이나 가벼운 비압축성 물질을 사용한다. 이와 같은 물질을 사용할 경우에는 이수처리 과정에서 회수하여 재사용하는 것이 중요하므로 입자의 크기, 회수율, 비용 등을 고려해야 한다.

4.2 시추액의 물성

4.2.1 유체모델

시추액의 물성에 대하여 알기 위해서는 유체의 특징과 유체모델에 대하여 먼저 알아야 한다. 고체는 일정한 외형을 갖추고 있고 재질도 단단하여 한 부분에서 힘을 받으면 전체가 같이 움직인다. 또한 움직이는 거리나 변형은 가해진 힘에 비례하는 특징이 있다. 하지만 액체는 특정 외형을 유지하는 것이 아니라 액체를 담는 그릇의 모양에 따라 외형이 달라진다. 무엇보다 유체가 움직일 수 있는 최소한의 힘을 가하면 계속하여 변형이 일어나므로 변형의 정도를 가지고는 가해진 힘의 크기를 알 수 없다. 따라서 시간에 따라 변형이 일어난 정도인 변형률을 사용하여야 한다.

고체와 달리 유체의 거동은 단위면적당 옆으로 미는 힘인 전단응력과 전단변형률의 관계에서 다음과 같이 네 가지 모델이 사용된다.

- 뉴턴모델(Newtonian model)
- 빙햄소성모델(Bingham plastic model)
- 멱급수모델(Power law model)
- 허셸-벌크레이 모델(Herschel-Bulkley model)

(1) 뉴턴모델

뉴턴모델을 따라 거동하는 유체를 뉴턴유체라 하며 식 (4.2)의 관계식을 따른다. 식 (4.2)를 따르지 않는 유체를 비뉴턴유체라 한다. 물은 대표적인 뉴턴유체이다.

$$\tau = \mu \dot{\gamma} \qquad (4.2)$$

여기서, τ는 전단응력(lb/100 ft^2), $\dot{\gamma}$는 전단변형률(s^{-1}) 그리고 μ는 점도(cp)이다.

뉴턴모델은 가장 단순한 모델로서 전단응력과 전단변형률이 〈그림 4.5〉(a)와 같이 선형관계에 있으며 그 비례상수가 점도이다. 즉 점도만 알면 뉴턴유체의 거동을 기술할 수 있다.

(2) 빙햄소성모델

식 (4.3)의 관계식을 따르면 빙햄소성모델이라 한다. 〈그림 4.5〉(a)와 같이 전단응력이 항복전단응력 보다 작을 때는 아무런 변형이 일어나지 않다가 그 값을 초과하면 전단응력에 비례하여 전단변형률이 발생한다. 빙햄소성모델을 정의하기 위해서는 두 개의 변수가 필요하며 대부분의 이수는 항복전단응력을 갖는다.

$$\tau = \tau_y + \mu_p \dot{\gamma} \tag{4.3}$$

여기서, τ_y는 항복전단응력(lb/100 ft²)이고 μ_p는 소성점도(cp)이다.

(3) 멱급수모델

물을 제외한 대부분의 유체는 전단응력과 전단변형률의 관계가 선형적이지 않다. 이와 같은 비선형관계를 나타내는 모델 중의 하나가 식 (4.4)로 표현되는 멱급수모델이다(〈그림 4.5〉(b)). 유동지수 n은 양수로 1보다 큰 값을 가질 수도 있으나 대부분의 이수는 0과 1 사이의 값을 갖는다. 유동지수 n이 1이면 뉴턴모델이 되며 이때 점성지수 K는 뉴턴유체의 점도와 같은 값을 갖는다.

$$\tau = K \dot{\gamma}^n \tag{4.4}$$

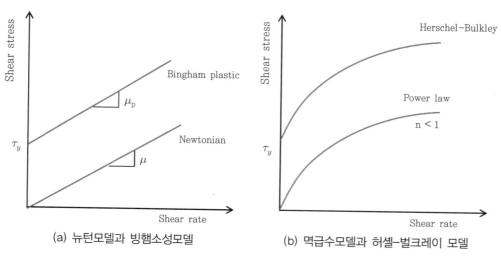

(a) 뉴턴모델과 빙햄소성모델   (b) 멱급수모델과 허셸−벌크레이 모델

그림 4.5 유체모델: 전단응력과 전단변형률의 관계

(4) 허셸-벌크레이 모델

이수는 가중물질과 다양한 첨가제를 포함하고 있어 비선형성을 보이며 상대적으로 높은 점성으로 인하여 항복전단응력을 갖는다. 따라서 멱급수모델과 빙햄소성모델을 통합한 형태의 모델이 필요하다. 그 대표적인 모델 중의 하나가 식 (4.5)의 허셸-벌크레이 모델이며 〈그림 4.5〉(b)와 같이 멱급수모델 형태로 항복전단응력을 갖고 있다. 이 모델은 일반 교과서에서는 많이 소개되지 않지만 이수의 유동거동을 가장 잘 표현하는 모델로 알려져 있다.

$$\tau = \tau_y + K\dot{\gamma}^n \tag{4.5}$$

여기서, τ_y는 항복전단응력(lb/100 ft^2), K는 점성지수, n은 유동지수이다.

4.2.2 시추액의 물성 및 물성측정

시추액이 시추과정에서 계획된 모든 기능을 잘 수행하기 위해서는 필요한 물성을 가져야 한다. 이수공학자는 요구된 물성을 모두 만족하는 시추액을 준비하고 그 물성이 지속적으로 유지되도록 관리해야 한다. 시추액은 다양한 첨가물의 혼합체로 모든 첨가물은 밀도증가와 같은 고유한 기능을 수행하면서도 다른 첨가물과 부정적인 반응이 없어야 한다. 시추액의 대표적인 물성은 다음과 같다.

- 밀도
- 점성
- 항복응력
- 교질강도(gel strength)
- pH 또는 알칼리도(alkalinity)
- 여과(filtration)
- 모래 함양
- 양이온 교환능력(cation exchange capacity)
- 전기전도도

121

기체나 분무성 시추액의 경우에는 시추공의 압력제어가 주목적이 아니므로 밀도는 큰 의미가 없고 암편제거효율이 주요 관심사이다. 하지만 이수의 경우 밀도는 시추공의 압력을 적절한 범위로 유지하기 위한 가장 중요한 물성이다.

이수밀도를 측정하는 대표적인 장비는 〈그림 4.6〉의 이수저울이다. 이수저울을 이용한 밀도측정은 매우 간단하다. 왼쪽에 있는 컵에 이수를 가득 채우고 뚜껑을 닫은 상태에서 오른쪽 저울막대를 움직여 양쪽이 균형을 이루는 눈금을 읽으면 ppg 단위로 밀도를 바로 얻는다. 보다 정확한 측정을 위해서는 수평인 평면에 이수저울을 설치하고 뚜껑을 닫을 때 넘친 이수와 이수저울 외부에 묻어 있는 모든 이물질을 깨끗이 제거해야 한다. 만약 서로 다른 두 수직 깊이에서 정수압을 측정하면 시추액의 평균밀도를 식 (4.1)에서 계산할 수 있다.

점성은 유체의 끈끈함을 의미하며 유체의 흐름에 대한 저항의 정도를 나타낸다. 점성에 의해 유체는 속도분포를 가지며 유동하는 유체의 내부에 나타나므로 내부마찰이라고도 한다. 액체와 마찬가지로 기체도 점성을 가지지만 액체에 비하여 그 값이 매우 작다. 이수의 점성은 연속상인 유체와 첨가물의 양에 따라 달라지며 온도가 증가하면 점성은 일반적으로 감소한다. 기체의 경우 온도가 증가하면 기체분자의 운동량이 증가하고 이는 분자 사이의 마찰을 증가시켜 액체와는 반대로 점성이 증가한다.

점도(또는 점성도)는 점성의 정도를 표시한 것으로 식 (4.2)와 같이 전단변형률에 대한 전단응력의 비이며 뉴턴유체의 경우 일정한 값을 가진다. 점도는 이수순환에 따른 압력손실과 암편의 제거효율에 큰 영향을 미치므로 적절한 값을 가져야 한다. 점도가 낮은 경우 압력손실은 작아 이수순환에는 용이하지만 암편의 제거효율은 낮아져 굴진율이 감소한다. 특히 이수순환이 정지되었을 때 암편이 시추비트 주위로 침전하여 비트를 더 이상 움직일 수 없는 고착상태가 발생할 수 있다.

점도의 단위로는 포이즈(poise)가 사용되고 1 poise는 1 g/cm-sec이며, 국제단위로 0.1 Pa-sec에 해당된다. 이수의 점도는 대개 poise의 0.01배인 centi-poise로 나타내며 간단히 cp로 표기한다.

그림 4.6 이수저울(mud balance)

이수점도를 측정하는 장비 중의 하나는 깔때기형 마쉬점도계이다. 마쉬점도계는 〈그림 4.7〉(a)와 같은 깔때기에 이수를 채워 그 이수가 모두 배출되는 데 필요한 시간으로 점도를 나타낸다. 사용되는 이수의 부피는 보통 1 quart(= 1/4 gallon ≈ 946 cc)이며 담수의 경우 26초가 소요된다. 즉 이수가 배출되는 데 26초 이상 소요되면 이는 물보다 점성이 높은 것이며 소요시간이 길수록 점성이 더 큰 것을 의미한다.

깔때기의 용량은 제조회사에 따라 다를 수 있으나 사용하는 유체의 부피와 담수일 경우 예상되는 시간을 제공한다. 때로는 마쉬점도값을 cp로 전환하는 식을 제공하지만 잘 사용되지 않는다. 마쉬점도계는 점성을 정성적으로 나타내므로 직접적인 계산에는 사용되지 않는다.

이수점도를 측정하기 위해 주로 사용하는 것은 〈그림 4.7〉(b)의 회전점도계이다. 회전점도계에서 액체를 담는 용기의 형태는 원형, 원뿔, 평행판 등 제품에 따라 다르다. 시추분야에서 주로 사용되는 회전점도계를 이용한 점도 측정방법은 다음과 같다. 뉴턴유체의 경우 점도는 식 (4.6)으로 표현된다. 빙햄소성유체의 경우 식 (4.7a)로 점도를 계산할 수 있으며 식 (4.7b)로 항복전단응력을 얻는다.

① 점도측정을 위한 이수를 담아 회전용 로터(rotor)가 잠기도록 〈그림 4.7〉(b)와 같이 놓는다.
② 회전점도계를 300 rpm으로 회전시킨 후 게이지 값을 읽는다.
③ 필요시 회전점도계를 600 rpm으로 회전시킨 후 게이지 값을 읽는다.
④ 유체모델의 관계식을 이용하여 점도를 계산한다.

(a) 마쉬점도계(Marsh funnel viscometer)   (b) 회전점도계(rotational viscometer)

그림 4.7 이수점도계

$$\mu \;\; = \theta_{300} \tag{4.6}$$

$$\mu_p = \theta_{600} - \theta_{300} \tag{4.7a}$$

$$\tau_y = \theta_{300} - \mu_p \tag{4.7b}$$

여기서, θ_{600}, θ_{300}는 각각 회전점성계의 회전속도 600, 300 rpm에서 읽은 측정값이다. μ는 뉴턴유체의 점도(cp), μ_p는 빙햄소성유체의 점도(cp)이다. τ_y는 빙햄소성유체의 항복응력(lb/100 ft²)으로 유체의 변형을 유발하는 최소 전단응력이다.

참고로 멱급수모델의 두 인자도 식 (4.8)로 계산할 수 있다.

$$n = 3.32 \log\left(\frac{\theta_{600}}{\theta_{300}}\right) \tag{4.8a}$$

$$K = \frac{510\,\theta_{300}}{511^n} \tag{4.8b}$$

여기서, n은 유동지수이고 K는 점성지수(dynes·s^n/100 cm², 등가의 cp)이다(log는 상용로그를 의미함).

젤강도라고도 불리는 교질강도는 이수에 포함된 점토입자간의 인력에 의하여 젤을 유지하려고 하는 정도이다. 이수를 충분히 저어준 후에 10초, 10분 후에 측정되는 전단응력으로 표시하며 이를 각각 10초 젤강도, 10분 젤강도라 하고 단위는 lb/100 ft²이다. 교질강도는 유동이 없을 때 유체의 전단응력이 증가하는 현상을 보여주며 벤토나이트와 같은 점토광물을 첨가하여 그 값을 제어한다. 이는 이수가 정지한 상태에서 암편의 침강을 방지하는 데 중요하다.

교질강도가 너무 작은 경우, 이수가 정지하면 암편의 침강이 과도하게 일어나 다양한 문제가 야기된다. 하지만 너무 높으면 이수가 정지하였다가 다시 순환을 시작할 때 큰 압력손실을 야기하여 공극압과 파쇄압의 차이가 작은 경우 시추공의 압력이 파쇄압보다 높아질 수 있다. 또한 시추스트링을 꺼낼 때 흡입현상으로 킥이 유발되거나 시추공으로 다시 집어넣을 때 과도한 서지현상으로 시추공의 압력이 증가할 수 있다.

pH는 수용액 속에 존재하는 수소이온의 농도를 의미하며 그 값이 매우 작기 때문에 식 (4.9)로 정의한다. 물은 이온화과정을 통해 1.0E-7 몰농도의 수소이온(H^+)과 수산화이온(OH) 을 만든다. 따라서 순수한 물은 pH가 7인 중성을 나타낸다. 식 (4.9)에서 알 수 있듯이 용액 속에 수소이온이 많을수록 pH는 작아진다.

이수의 pH로 가장 이상적인 값은 중성인 7이다. 하지만 시추과정에서 만나는 지층수나 지층의 영향으로 이수가 산성으로 변화되면 금속장비를 부식시키는 결과를 초래한다. 이와 같은 영향을 최소화하기 위하여 이수의 pH를 9 내외로 유지한다. 이수의 pH는 pH 시험지 를 이수에 담가 변화되는 색깔을 표준색깔표와 비교하거나 pH 값을 바로 제공하는 pH 측정 기를 이용하여 측정한다. pH가 적정한 범위를 벗어나면 이수를 화학적으로 처리해야 한다.

$$pH = -\log_{10}[H^+] \tag{4.9}$$

시추액의 여과특성은 일반인들에게 익숙하지 않지만 안전하고 효율적인 시추작업을 위해 매우 중요한 요소이다. 시추공이 과압조건에 있을 때 압력이 낮은 지층 쪽으로 이수침출이 발생한다. 이것은 자연스러운 현상이지만 드릴러의 입장에서는 이수의 일부가 유실되는 것 이고 생산자의 입장에서는 외부물질의 유입으로 지층의 유동능력이 손상되는 것이다.

〈그림 4.8〉은 석유를 포함하고 있는 투과성 지층을 시추할 때 시추공과 해당 지층에서 일어나는 일반적인 현상을 보여준다. 이수가 지층으로 이동하면서 공극 내에 존재하던 석유

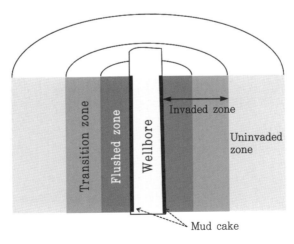

그림 4.8 이수의 여과에 따른 시추공 및 주위 환경

를 밀어낸다. 시추공벽에서 가까운 지역에서는 유동이 가능한 모든 석유를 밀어내고 거리가 멀어질수록 그 영향이 감소하여 결국 일정거리 이상에서는 본래의 석유포화도를 가진다.

이수의 여과특성은 〈그림 4.9〉(a)와 같은 장비를 이용하여 시험한다. 장비 속에 이수를 넣고 상부에 압력을 가하여 시간에 따라 하부로 유출되는 이수부피를 측정한다(API 기준으로 100 psi 압력차, 45 cm² 단면적). 이수를 담는 용기의 바닥에는 필터종이가 있어 투과성 지층역할을 대신한다. 즉 필터종이는 아주 미세한 구멍을 가지고 있어 이수가 아래로 유출되면서 이수막이 형성된다.

이와 같은 여과시험에서 가장 중요한 사실은 식 (4.10)과 〈그림 4.9〉(b)와 같이 여과되는 이수부피는 시간의 제곱근($\sqrt{t}$)에 비례한다는 것이다. API 유체손실은 30분 동안 유출된 부피로 정의된다. 따라서 30분 동안 얻은 실제값을 사용하거나 시간이 짧은 경우 식 (4.10)의 외삽값을 사용한다. 이수침출시험에서 침출된 액체를 침출수라 하고 알칼리도, pH, 이온농도(Cl^-, K^+ 등) 등을 분석한다.

$$V_L = a + b\sqrt{t} \tag{4.10}$$

여기서, V_L는 이수침출부피(cm³)이고 a와 b는 상수이다. 식 (4.10)에서 y 절편인 a를 초기손실(spurt loss)이라 한다.

시추액에서 모래는 밀도를 증가시키고 장비를 마모시키는 부정적인 역할을 한다. 따라서

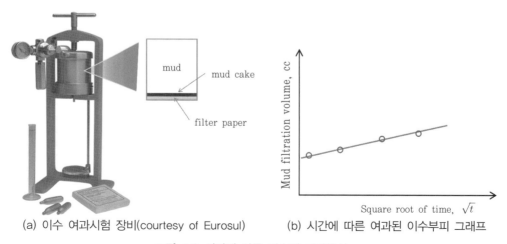

(a) 이수 여과시험 장비(courtesy of Eurosul) (b) 시간에 따른 여과된 이수부피 그래프

그림 4.9 시간에 따른 이수의 여과특성

모래를 일정한 함량 이하로 유지하는 것이 필요하며 이를 위해 주기적으로 그 양을 측정한다. 모래 함량 측정시험은 200 메시 체를 통과하지 못하는 모래(입자직경 0.074 mm)의 양을 메시 체와 측정용 실린더를 이용하여 부피비로 측정한다.

양이온 교환능력은 이수가 양이온을 흡착하거나 교환하는 능력을 나타낸 것으로 사용된 점토광물의 종류와 양에 따라 달라지며 메틸렌블루 시험(methylene blue test)으로 측정한다. 메틸렌블루($C_{16}H_{18}N_3SCl \cdot 3H_2O$)는 짙은 청색의 색소이다. 양이온 교환능력은 이수막의 형성에도 영향을 미치므로 이수공학자와 서비스회사의 도움을 받아 시추되는 각 지층의 특성에 맞게 유지되어야 한다.

지금까지 언급한 물성시험은 모든 이수에 대하여 적용된다. 유성이수의 경우 추가적인 시험이 이루어진다. 유성이수의 각 상이 분리되면 정상적인 이수기능을 수행하기 어렵기 때문에 에멀전의 안정성을 확인해야 한다. 이를 위해 유성이수의 전기전도도를 측정한다. 또한 유성이수가 시추장비 중 고무로 된 부분을 손상시키는 정도를 시험한다. 유성이수의 중요한 적용 중의 하나인 고압고온 환경에서 사용될 경우 주어진 조건에서 이수의 안정성을 확인해야 한다.

4.2.3 시추액의 물성제어

시추액이 시추과정에서 계획된 모든 기능을 잘 수행하기 위해서는 적절한 물성이 유지되어야 한다. 만약 물성이 사용 가능한 범위를 벗어나면 물성을 재조절해야 한다. 다양한 시추액의 물성이 있지만 시추공의 압력제어 측면에서 가장 중요한 것은 이수의 밀도이다. 이수밀도를 증가시키기 위하여 사용하는 첨가제를 가중물질이라고 한다.

이수에 첨가할 가중물질의 양은 식 (4.11)과 (4.12)를 이용하여 계산한다. 식 (4.12)는 혼합되는 두 물질에 대한 질량보존방정식이므로 논리상 문제가 없다. 하지만 식 (4.11)은 현재의 이수부피와 가중물질의 부피의 합이 최종이수의 부피가 된다는 부피보존방정식으로 고체와 액체를 혼합할 때 성립되지 않는 것처럼 보인다. 하지만 무게단위로 계산된 첨가물의 순수부피를 의미하므로 수학적으론 타당하다. 하지만 시추액에 혼합될 때 점토광물 같이 건조 상태일 때보다 부피가 팽창하는 첨가물도 있어 식 (4.11)을 근사식으로 사용한다.

$$V_1 + V_s = V_2 \tag{4.11}$$

$$\rho_1 V_1 + \rho_s V_s = \rho_2 V_2 \tag{4.12}$$

여기서, V는 부피(bbls)이고 ρ는 밀도(ppg)이다. 하첨자 1, 2, s는 각각 현재상태, 최종상태 그리고 가중물질을 의미한다.

식 (4.11)과 (4.12)는 주어진 조건에 따라 활용된다. 현재의 이수부피와 밀도를 알고 있고 새로운 이수밀도를 얻기 위해 필요한 가중물질의 부피는 두 식을 연립하여 계산하면 식 (4.13)과 같다. 초기 이수부피가 많을수록, 증가시켜야 할 밀도차가 클수록, 가중물질의 밀도가 낮을수록 더 많은 가중물질의 부피가 필요함을 알 수 있다. 식 (4.13)에서 밀도의 단위는 ppg이지만 분자와 분모에 모두 사용되었으므로 동일한 단위를 일관되게 사용하면 된다.

$$V_s = V_1 \frac{\rho_2 - \rho_1}{\rho_s - \rho_2} \tag{4.13}$$

필요한 가중물질의 부피가 계산되었으므로 그 무게는 식 (4.14)와 같이 간단히 계산된다. 가중물질은 100 lb/sack 같이 부대당 일정한 무게단위로 포장되어 공급되므로 식 (4.14)의 총무게에 의해 필요한 부대의 수를 알 수 있다. 최종 이수부피는 식 (4.11)에 의해 계산되며 시추리그의 이수탱크가 이 부피를 모두 담을 수 있는지 점검해야 한다.

$$W_s = 42\rho_s V_s = 42\rho_s V_1 \frac{\rho_2 - \rho_1}{\rho_s - \rho_2} \tag{4.14}$$

여기서, W_s는 가중물질의 무게(lb)이다.

시추리그에서 새로운 이수부피를 모두 담을 수 없거나 특수한 목적으로 일정한 양의 새로운 이수가 필요할 때는 최종부피가 제어변수가 된다. 구체적으로 주어진 최종부피를 얻기 위해 필요한 가중물질의 부피는 식 (4.11)과 (4.12)를 연립해서 풀면 식 (4.15)가 된다. 가중물질의 부피를 계산하였으므로 그 무게는 밀도를 곱하여 얻는다(식 (4.16)). 최종부피 V_2가 결정되었으므로 필요한 초기 이수부피는 식 (4.17)이 된다.

$$V_s = V_2 \frac{\rho_2 - \rho_1}{\rho_s - \rho_1} \tag{4.15}$$

$$W_s = 42\rho_s V_s = 42\rho_s V_2 \frac{\rho_2 - \rho_1}{\rho_s - \rho_1} \tag{4.16}$$

$$V_1 = V_2 - V_s \tag{4.17}$$

〈표 4.1〉은 석유시추에서 사용되는 대표적인 가중물질의 목록을 보여준다. 각 가중물질에 따라 순수한 물질의 비중과 현장에서 사용되는 제품의 비중이 다르고 해당 제품을 사용하여 만들 수 있는 이수의 최대 밀도가 있음에 유의하여야 한다.

이수밀도를 증가시키는 데 필요한 가중물질의 양을 정하는 데 유의하여야 할 사항이 있다. 참고문헌에 따라 각 가중물질별로 필요한 양에 대한 수식을 제공하기도 한다. 이들은 대부분 식 (4.14)에 각 물질의 밀도값을 대입하고 100 lb로 나누어 결과적으로 필요한 부대의 수를 계산하는 식이다. 하지만 이들 수식은 계산기를 사용하여 간단히 계산할 수 있도록 반올림한 계수를 많이 사용하므로 오차의 가능성이 있다. 각 수식의 출처와 계수에 대한 확신이 없다면 사용하지 않는 것이 좋다.

이수와 관련하여 각 용어들의 단위가 다르므로 계산과정에서 단위를 일관되게 사용해야 한다. 현장단위로 변환된 수식을 사용하는 경우에도 그 변환상수를 맞게 사용해야 한다. 학생들이 시추공학 시험에서 가장 많이 하는 실수 중의 하나는 단위변환 오류이다. 부피의 단위도 bbl, ft³, gallon, cm³ 등 매우 다양하게 사용되고 있어 주의해야 한다. 단위에 대한 오류는 일부 참고문헌에 주어진 최종식이 잘못된 것도 포함한다.

표 4.1 이수밀도 조절을 위한 가중물질

Name	Specific gravity	Max. mud density, ppg	Note
Clay	2.4	12	Clay mainly increases mud viscosity
Barite($BaSO_4$)	4.2~4.3	21	Typically 18.5 ppg max. Pure barite S.G. = 4.5
Hematite(Fe_2O_3)	4.9~5.02	25	Typically 22 ppg max. Pure hematite S.G. = 5.26
Calcium carbonate($CaCO_3$)	2.7	12	11.5 for oil based mud
Potassium chloride(KCl)	1.98	9.7	
Sodium chloride(NaCl)	2.165	10	
Calcium chloride($CaCl_2$)	2.15	12	
Potassium bromide(KBr)	2.75	11.6	
Zinc bromide($ZnBr_2$)	4.22	21.5	

〈예제 4.1〉

현재 10.5 ppg 밀도를 가진 2,000 bbl의 이수가 있다. 향후 시추할 지층의 압력을 제어하기 위하여 밀도를 1 ppg 증가시키고자 할 때, 필요한 중정석의 부피와 무게를 계산하라.

〈풀이〉

〈표 4.1〉에서 가중물질로 이용되는 중정석의 비중은 4.25이므로 밀도는 35.4 ppg이다. 식 (4.13)을 이용하여 중정석의 부피를 계산하면 다음과 같이 83.7 bbl이 필요하다. 식 (4.14)에 의해 필요한 무게는 약 124,400 lb이며, 100 lb로 포장된 1,244개의 부대가 필요하다.

$$V_s = V_1 \frac{\rho_2 - \rho_1}{\rho_s - \rho_2} = 2000 \frac{11.5 - 10.5}{35.4 - 11.5} = 83.7 \text{ bbls}$$

$$W_s = 42 \times 35.4 \times 83.7 = 124{,}414 \text{ lb}$$

〈예제 4.2〉

예제 4.1에서 2,000 bbl의 11.5 ppg 이수를 얻기 위해 필요한 중정석의 부피와 무게를 계산하라.

〈풀이〉

새로운 이수의 최종부피가 주어졌으므로 식 (4.15)에 의해 중정석의 부피는 80.3 bbl이고 무게는 약 119,400 lb이다. 중정석을 추가하기 전에 필요한 10.5 ppg 이수부피는 약 1,920 bbl 이다.

$$V_s = V_2 \frac{\rho_2 - \rho_1}{\rho_s - \rho_1} = 2000 \frac{11.5 - 10.5}{35.4 - 10.5} = 80.3 \ \text{bbls}$$

$$W_s = 42 \times 35.4 \times 80.3 = 119,418 \ \text{lb}$$

일부 독자들은 위의 두 예제가 별로 차이가 크지 않다고 생각할 수 있다. 하지만 필요한 중정석의 무게 차이가 4,996 lb이며 100 lb 부대로 약 50개에 해당된다. 대구경의 해양라이저를 사용하는 경우나 총 이수부피가 큰 경우 그 차이는 더 증가할 수 있어 두 경우를 구분하여야 한다.

4.3 압력손실 계산식

4.3.1 시추공 압력

안전하고 효율적인 시추작업을 위해서는 시추공 압력에 대한 이해가 필수적이다. 시추공 압력은 시추액의 밀도로 인한 정수압과 유동으로 인한 압력손실로 결정된다. 〈그림 4.10〉은 애눌러스에 다양한 유체가 채워져 있는 상황을 단순화하여 표현한 것이다. 정지한 유체의 정수압은 식 (4.1)로 간단히 계산할 수 있으며 〈그림 4.10〉(a)의 경우 시추공 바닥에서의 압력 (BHP)은 5,200 psi이다. 〈그림 4.10〉(b)와 같이 서로 다른 밀도를 가진 유체가 있는 경우 각각의 정수압을 합하면 BHP는 4,576 psi이다. 즉 밀도가 더 작은 유체가 시추공의 일부를 채우고 있어 BHP가 〈그림 4.10〉(a)의 경우보다 낮다.

〈그림 4.10〉(c)의 경우는 10 ppg보다 작은 밀도와 큰 밀도를 가진 유체가 시추공의 일부를 채우고 있다. 동일한 원리로 BHP를 계산하면 4,056 psi를 얻는다. BHP의 증감은 밀도의 상대적인 값과 이수의 수직높이에 의해 결정되며 3 ppg의 이수로 인하여 〈그림 4.10〉(b)보다 BHP가 더 낮아졌다. 만약 〈그림 4.10〉(d)와 같이 지표면에서 1,144 psi의 압력을 가해주면 BHP는 이수의 정수압과 지표면의 압력을 합한 5,200 psi가 된다. 즉 시추공에서 유체의 유동이 없을 경우 BHP는 각 유체의 정수압과 지표면에서 가한 백압력의 합이다. 백압력은 주로

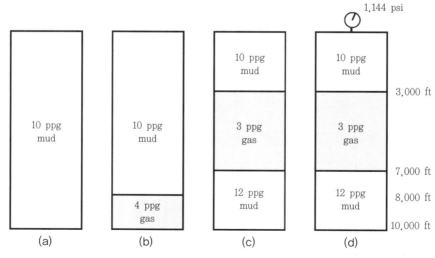

그림 4.10 시추공에서 이수분포 예

초크압력으로 주어진다.

〈그림 4.10〉의 각 경우에 깊이에 따른 압력을 그리면 〈그림 4.11〉과 같다. 〈그림 4.10〉(a) 와 〈그림 4.10〉(b)의 경우 수직깊이 8,000 ft까지는 이수밀도가 동일하므로 같은 압력값을 가지지만 그 이후는 서로 다른 값을 가진다. 즉 이수밀도가 달라지면 깊이에 따른 압력구배 가 달라진다. 〈그림 4.10〉(c)와 〈그림 4.10〉(d)의 경우는 그 경향은 완전히 같지만 지표면에 서 가해진 백압력만큼 값의 차이가 난다.

시추공의 압력을 압력구배인 psi/ft로도 표현하는데 시추공에 있는 이수밀도가 달라지면 각 구간별로 압력을 계산해야 하는 번거로움이 있다(〈그림 4.11〉). 만약에 여러 요소에 의한 결과적인 압력을 그 수직심도에서 등가의 정수압을 제공하는 단일 밀도값으로 표현하면 압 력계산이 간단해진다. 이와 같은 개념의 밀도가 식 (4.18)로 정의되는 등가이수밀도(EMD)이 다. 식 (4.18)에서 압력은 이수가 유동하거나 초크압력이 주어졌을 때 이 모든 것을 고려한 최종값이다.

$$\rho_{eq} = \frac{P}{0.052\,h} \tag{4.18}$$

여기서, P는 관심 있는 위치에서 시추공의 압력(psi), h는 해당 위치의 수직깊이(ft), 그리 고 ρ_{eq}는 등가이수밀도(ppg)를 나타낸다.

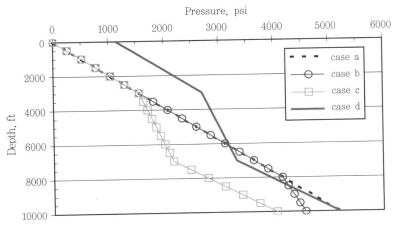

그림 4.11 시추공에서 깊이에 따른 압력분포

〈표 4.2〉는 〈그림 4.10〉에 주어진 각 경우에 대하여 여러 수직깊이에서 계산한 압력과 EMD를 보여준다. 〈그림 4.10〉(a)의 경우 이수밀도가 일정하고 지상에서 가한 백압력이 없기 때문에 수직깊이에 따라 압력값은 달라도 동일한 등가이수밀도를 보여준다. 〈그림 4.10〉(b)의 경우 시추공저에서 EMD가 8.8 ppg이므로 이 밀도값을 가진 이수로 시추공을 가득 채우면 BHP 4,576 psi를 얻는다. 동일한 개념으로 〈그림 4.10〉(d)의 경우, 깊이 2,000 ft에서 압력이 2,184 psi이므로 오직 이수의 정수압으로 이 값을 유지하고자 할 때 21 ppg의 이수밀도가 필요하다.

시추이수가 정지해 있을 때의 상황은 〈그림 4.10〉과 같이 여러 경우가 있을 수 있지만 시추공의 압력계산은 비교적 간단하다. 〈그림 4.12〉(a)의 시추공을 〈그림 4.12〉(b)의 U-튜브로 개념화하면 시추공 내 압력과 펌프압력의 상관관계를 보다 쉽게 이해할 수 있다. 개념적 이해를 위해 시추공은 10,000 ft로 시추스트링과 시추공의 기하는 일정하다고 가정하자. 현재 사용되고 있는 이수의 밀도는 10 ppg 이고, 시추스트링 내부를 지날 때 0.1 psi/ft, 애눌러스를 지날 때 0.02 psi/ft, 비트를 지날 때 1,300 psi 압력손실이 발생한다고 가정하자.

〈그림 4.12〉(a)의 경우 이수가 정지해 있을 때 BHP는 이미 계산한 대로 5,200 psi이다. 만약 주어진 조건대로 이수가 유동하면 애눌러스에서는 총 200 psi의 압력손실이 발생한다. 즉 해당 유량을 순환시키기 위해서는 BHP가 애눌러스에서 발생하는 압력손실만큼 증가하여야 한다. 따라서 BHP는 5,400 psi가 된다. 만약 (이수펌프의 한계로) BHP가 그 만큼 증가하지 못하면 계획한 유량으로 순환시키지 못하고 더 낮은 유량으로 순환됨을 의미한다. 이수가 순환하는 동안의 BHP를 정수압으로 인한 BHP와 구분하여 유동 BHP(FBHP)라 한다.

FBHP를 일반식으로 표현하면 식 (4.19)와 같고 이는 정수압, 마찰손실, 가속손실, 백압력의 영향을 모두 포함한다. 만약 이수가 보통 순환하는 방향과 반대로 애눌러스에서 시추스트링 안쪽으로 역순환 한다면 시추공 바닥에서 지상까지 이수가 이동하는 과정에서 발생한 압력손실이 모두 시추공저압력에 추가된다. 따라서 이 경우의 FBHP는 7,500 psi가 된다. 지

표 4.2 수직깊이에 따른 등가이수밀도

Depth, ft	case (a)		case (b)		case (c)		case (d)	
	P, psi	EMD, ppg	P, psi	EMD, ppg	P, psi	EMD, ppg	P, psi	EMD, ppg
2,000	1,040	10.0	1,040	10.0	1,040	10.0	2,184	21.0
5,000	2,600	10.0	2,600	10.0	1,872	7.2	3,016	11.6
8,000	4,160	10.0	4,160	10.0	2,808	6.8	3,952	9.5
10,000	5,200	10.0	4,576	8.8	4,056	7.8	5,200	10.0

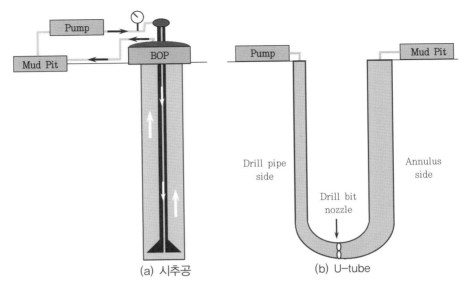

(a) 시추공   (b) U-tube

그림 4.12 시추공의 U-튜브(tube) 개념도

상 이수펌프의 압력은 이수를 순환시키는 데 필요한 총압력이므로 정순환과 역순환에 상관 없이 시추스트링, 비트, 애눌러스를 지나면서 발생하는 압력손실의 합인 2,500 psi이다.

$$\text{FBHP} = \Delta P_{hy} + \Delta P_f + \Delta P_{acc} + \Delta P_b \tag{4.19}$$

여기서, FBHP는 유동으로 인한 BHP, ΔP_{hy}는 이수의 무게로 인한 정수압, ΔP_f는 이수유 동으로 인한 마찰손실, ΔP_{acc}는 이수의 속도변화로 인한 가속손실 그리고 ΔP_b는 유동을 제한하는 초크 등에 의한 백압력이다.

4.3.2 층류유동

유동하는 유체의 점도가 높으면 유동하는 데 저항이 많아 더 큰 압력손실이 있다는 것을 쉽게 알 수 있지만 그 구체적인 값을 예상하긴 어렵다. 따라서 이수유동에 따른 구체적인 압력손실을 계산하기 위해서는 다음의 세 요소를 고려해야 한다. 각 유체의 거동을 가장 잘 나타내는 모델을 바탕으로 파이프 또는 애눌러스 유동인지 파악하고 유동형태가 층류인지 난류인지 판단하여 사용할 수식을 선택해야 한다.

- 유체모델(fluid model)
- 유동기하(flow geometry)
- 유동형태(flow pattern)

여기서부터 4장 끝까지는 압력을 계산하기 위한 많은 수식이 소개된다. 각 수식의 유도에 관심이 적거나 어려움이 있는 독자는 최종식을 바로 사용할 수 있다. 또한 시추에 대한 전반적인 내용을 이해하길 원하는 일반인은 전체내용을 건너뛰어도 된다.

(1) 파이프유동

원형의 단면을 가진 파이프 내에서 유체가 흐르는 것을 파이프유동이라 한다. 층류는 점성유동이라고도 하며 유체의 각 층들이 다른 층에 미끄러지듯이 흐르는 형태를 말한다. 이때 유체입자는 한 방향으로만 흐르고 〈그림 4.13〉(a)와 같이 파이프의 중심에서 속도가 최대이고 벽면에서는 속도가 0인 포물선 형태의 속도분포를 보인다.

압력손실식을 유도하기 위해 〈그림 4.13〉(b)와 같이 반경방향으로 폭 Δr과 유동방향으로 길이 ΔL을 갖는 미소체적을 가정하자. 〈그림 4.13〉(b)에서 ΔL의 변화로 인한 영향은 마찰손실로 인한 압력값의 변화이고 Δr의 변화로 인한 영향은 속도차이로 인한 전단응력의 변화이다. 따라서 미소체적에 작용하는 힘을 모두 표시하면 다음과 같다.

$$F_1 = P(2\pi r \Delta r)$$

$$F_2 = P_2(2\pi r \Delta r) = \left(P - \frac{dP_f}{dL}\Delta L\right)(2\pi r \Delta r)$$

$$F_3 = \tau(2\pi r \Delta L)$$

$$F_4 = \tau_{r+\Delta r}[2\pi(r+\Delta r)\Delta L] = \left(\tau + \frac{d\tau}{dr}\Delta r\right)[2\pi(r+\Delta r)\Delta L]$$

여기서, P는 압력, τ는 전단응력, $\frac{dP_f}{dL}$는 유동방향으로 마찰로 인한 압력손실구배, $\frac{d\tau}{dr}$는 반경방향 전단응력구배이다.

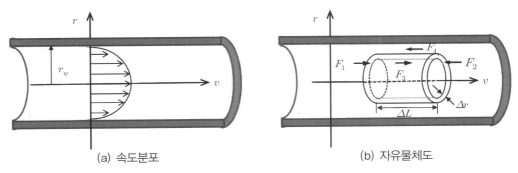

(a) 속도분포　　　　　　　　(b) 자유물체도

그림 4.13 층류 파이프유동

정상상태로 유동하는 유체의 경우 미소체적에 작용하는 힘은 평형을 이루고 있으므로 뉴턴의 제2법칙을 적용하면, 매우 작은 Δr, ΔL에 대하여 식 (4.20)의 미분방정식을 얻는다.

$$\frac{dP_f}{dL} = \frac{1}{r}\frac{d(\tau r)}{dr} \tag{4.20}$$

변수분리법을 이용하여 식 (4.20)을 적분하면 전단응력에 대한 식 (4.21a)를 얻는다. 파이프의 중심에서 전단응력값은 유한한 값을 가지므로 식 (4.21a)에 나타난 적분상수 C는 0이 되어야 한다. 따라서 식 (4.21b)와 같이 간단히 정리된다.

$$\tau = \frac{r}{2}\frac{dP_f}{dL} + \frac{C}{r} \tag{4.21a}$$

$$\tau = \frac{r}{2}\frac{dP_f}{dL} \tag{4.21b}$$

식 (4.21)은 유체모델에 상관없이 정상상태로 파이프 내를 층류로 유동하는 경우에 성립한다. 따라서 각 유체모델에 따라 정의되는 전단응력과 전단변형률의 관계에서 유체의 속도식을 구할 수 있다. 얻은 속도식을 평균속도로 나타내어 압력구배에 대하여 정리하면 압력손실식을 구할 수 있다.

(가) 뉴턴모델

뉴턴유체는 식 (4.2)로 정의되고 전단변형률은 식 (4.22a)로 표현되므로 뉴턴유체는 식 (4.22b)의 관계가 성립한다. 식 (4.22a)에서 마이너스 부호는 반경이 증가할수록 속도가 감소하기 때문에 붙여준 것이다(〈그림 4.13〉(a)).

$$\dot{\gamma} = -\frac{dv}{dr} \tag{4.22a}$$

$$\tau = -\mu\frac{dv}{dr} \tag{4.22b}$$

뉴턴유체의 속도분포를 구하기 위해 식 (4.21b)와 식 (4.22b)를 연립하고 변수분리법으로 적분한다. 반경 $r = r_w$일 때 속도가 0인 경계조건을 적용하여 정리하면 식 (4.23)과 같다.

$$v(r) = \frac{1}{4\mu}\frac{dP_f}{dL}(r_w^2 - r^2) \tag{4.23}$$

여기서 r은 파이프 중심에서 반경방향으로 거리이고 r_w는 파이프의 반경이다.

식 (4.23)은 수평인 파이프유동에서 압력손실구배에 대한 속도를 표현한 것으로 유체역학에서 잘 알려진 하겐포아쥬(Hagen-Poiseuille) 방정식과 일치한다. 식 (4.23)에서 압력손실구배를 얻기 위해서 면적을 이용한 평균속도를 계산하고 파이프직경을 이용하여 정리하면 식 (4.24a)를 얻는다.

$$\frac{dP_f}{dL} = \frac{32\mu\bar{v}}{d^2} \tag{4.24a}$$

식 (4.24a)를 현장에서 주로 사용되는 단위로 변환하면, 뉴턴유체의 층류 파이프유동에 대한 압력손실식 (4.24b)를 얻는다. 이수의 유량이 주어지면 식 (4.25)를 이용하여 유체모델에 상관없이 평균속도를 계산할 수 있다.

$$\frac{dP_f}{dL} = \frac{\mu \bar{v}}{1500 d^2} \tag{4.24b}$$

$$\bar{v} = \frac{q}{2.448 d^2} \tag{4.25}$$

여기서, $\bar{v}$는 유체의 평균유동속도(ft/s), μ는 점도(cp), $\dfrac{dP_f}{dL}$은 마찰에 의한 압력손실구배 (psi/ft), d는 파이프의 내경(inch), q는 이수의 유량(gpm)이다.

(나) 빙햄소성모델

뉴턴유체와 달리 빙햄소성유체는 〈그림 4.14〉와 같은 속도분포를 나타낸다. 즉 전단응력이 전단항복응력보다 작은 파이프의 중앙부근에서 유체의 속도가 일정하고(이를 plug flow라 함) 벽면으로 갈수록 속도가 감소한다. 빙햄소성유체는 식 (4.3)과 같이 정의되고 전단응력과 마찰손실구배와의 관계는 식 (4.21b)로 주어지므로 압력손실구배를 계산하기 위한 관계식은 식 (4.26)으로 표현된다.

$$\tau = \tau_y - \mu_p \frac{dv}{dr} = \frac{r}{2} \frac{dP_f}{dL} \tag{4.26}$$

식 (4.26)을 〈그림 4.14〉와 같은 속도분포에 따라 적분하고 파이프벽면에서의 속도가 0이 라는 경계조건을 적용하면 식 (4.27a)와 (4.27b)를 얻는다.

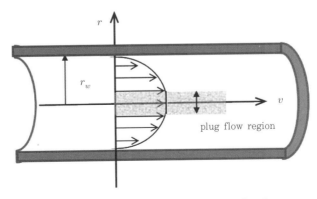

그림 4.14 파이프에서 빙햄소성유체의 층류유동

139

$$v(r) = \frac{1}{4\mu_p} \frac{dP_f}{dL} (r_w^2 - r^2) - \frac{\tau_y}{\mu_p} (r_w - r), \text{ if } r \geq r_p \tag{4.27a}$$

$$v_p = \frac{1}{4\mu_p} \frac{dP_f}{dL} (r_w - r_p)^2, \text{ if } r \leq r_p \tag{4.27b}$$

여기서, r_p는 항복전단응력 τ_y로 인하여 같은 유속 v_p로 움직이는 반경이다.

식 (4.27)의 속도를 이용하여 면적을 평균한 평균속도를 구하고 압력손실구배로 정리하면 식 (4.28a)를 얻는다. 식 (4.28a)를 현장단위로 변환하면 식 (4.28b)를 얻는다. 식 (4.28b)에서 항복전단응력이 0이고 빙햄소성점도를 뉴턴점도로 치환하면 뉴턴유체와 같은 수식이 된다.

$$\frac{dP_f}{dL} = \frac{32\mu_p \bar{v}}{d^2} + \frac{16\tau_y}{3d} \tag{4.28a}$$

$$\frac{dP_f}{dL} = \frac{\mu_p \bar{v}}{1500 d^2} + \frac{\tau_y}{225 d} \tag{4.28b}$$

(다) 멱급수모델

다른 유체모델에 적용하였던 동일한 원리로 전단응력과 압력손실구배와의 관계는 식 (4.21b)로 표현되고 멱급수모델은 식 (4.4)로 정의되므로 식 (4.29)의 관계가 성립한다. 벽면에서의 속도가 0이라는 경계조건을 적용하여 반경에 따른 속도를 구하면 식 (4.30)이 된다. 멱급수모델의 경우 속도장의 형태가 뉴턴모델과 같이 연속적으로 변화하므로, 수식이 조금 복잡하다는 것을 제외하고는 적분하는 데 큰 어려움이 없다. 면적을 평균한 평균속도를 구하고 압력손실구배에 대하여 정리한 후 현장단위로 변환하면 식 (4.31)이 된다.

$$\tau = K \left(-\frac{dv}{dr} \right)^n = \frac{r}{2} \frac{dP_f}{dL} \tag{4.29}$$

$$v(r) = \frac{1}{1 + 1/n} \left(\frac{1}{2K} \frac{dP_f}{dL} \right)^{1/n} \left(r_w^{1+1/n} - r^{1+1/n} \right) \tag{4.30}$$

$$\frac{dP_f}{dL} = \frac{K\bar{v}^{\,n}}{144000\,d^{\,n+1}}\left(\frac{3+1/n}{0.0416}\right)^{n} \tag{4.31}$$

여기서, n은 유동지수, K는 점성지수(dynes·s^{n}/100 cm^{2})로 등가의 점도단위(cp)를 가진다.

(2) 애눌러스유동

두 개의 동심원 파이프에 의해 형성된 환형의 공간이 애눌러스이며 이 속을 유동하는 것이 애눌러스유동이며 이를 묘사하는 방법에는 여러 가지가 있다. 직관적인 방법 중의 하나는 동심원 기하를 가정하는 것이다. 이 경우 식 (4.21a)로 주어진 전단응력의 일반식에서 적분상수가 0이 되지 않아 수식이 복잡해지는 단점이 있다.

따라서 시추공학에서는 〈그림 4.15〉와 같이 애눌러스를, 두 개의 동심원 파이프를 잘라서 편, 두 평행판으로 근사한다. 파이프유동에서는 반경방향으로 속도가 변화하지만(〈그림 4.13〉) 두 평행판 사이의 유동(이를 slot flow라 하며 $r_1/r_2 > 0.3$ 조건에서 유효함)에서는 y축 높이방향으로 속도가 변화한다(〈그림 4.15〉(b)). 〈그림 4.15〉(b)의 자유물체도를 이용하

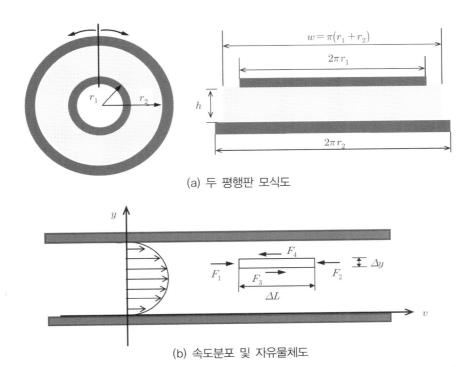

(a) 두 평행판 모식도

(b) 속도분포 및 자유물체도

그림 4.15 평행판 사이의 유동으로 근사한 층류 애눌러스유동($h = r_2 - r_1,\ w = \pi(r_2 + r_1)$)

141

여 미소체적에 가해지는 힘을 계산하면 다음과 같다.

$$F_1 = Pw\Delta y$$

$$F_2 = P_2 w\Delta y = \left(P - \frac{dP_f}{dL}\Delta L\right)w\Delta y$$

$$F_3 = \tau w\Delta L$$

$$F_4 = \tau_{y+\Delta y} w\Delta L = \left(\tau + \frac{d\tau}{dy}\Delta y\right)w\Delta L$$

유속이 일정하므로 가해지는 힘은 평형을 이루게 되고 미소체적에 대하여 뉴턴의 제2법칙을 적용하면 식 (4.32a)로 정리되며 적분하면 식 (4.32b)를 얻는다. 식 (4.32b)에서 적분상수는 두 평행판사이의 중간에서 전단응력이 0이 되어야 한다는 조건에서 결정된다. 식 (4.32)는 유체모델과 무관한 일반적인 관계식이며 각 모델의 정의에서 주어지는 전단응력의 관계식에 따라 속도분포를 구할 수 있다.

$$\frac{d\tau}{dy} = \frac{dP_f}{dL} \tag{4.32a}$$

$$\tau = \frac{dP_f}{dL}\left(y - \frac{h}{2}\right) \tag{4.32b}$$

(가) 뉴턴모델

뉴턴유체의 관계식을 식 (4.32b)에 대입하면 식 (4.33)을 얻는다.

$$\tau = -\mu\frac{dv}{dy} = \frac{dP_f}{dL}\left(y - \frac{h}{2}\right) \tag{4.33}$$

〈그림 4.15〉(b)에서 $y = 0$일 때 속도가 0이므로 이를 적용하여 적분하면 식 (4.34)를 얻는다.

$$v(y) = \frac{1}{2\mu} \frac{dP_f}{dL} \left(hy - y^2 \right) \tag{4.34}$$

〈그림 4.15〉에서 평행판 사이의 거리 h와 폭 w의 정보를 이용하여 식 (4.34)로 주어진 속도의 면적을 평균한 속도를 계산할 수 있다. 이를 압력손실구배로 정리하면 식 (4.35a)가 되고 현장단위로 전환하면 식 (4.35b)가 된다. 애눌러스에서 평균속도는 식 (4.36)으로 구한다.

$$\frac{dP_f}{dL} = \frac{48\mu\bar{v}}{(d_2 - d_1)^2} \tag{4.35a}$$

$$\frac{dP_f}{dL} = \frac{\mu\bar{v}}{1000(d_2 - d_1)^2} \tag{4.35b}$$

$$\bar{v} = \frac{q}{2.448(d_2^2 - d_1^2)} \tag{4.36}$$

여기서, $\bar{v}$는 유체의 평균유동속도(ft/s), μ는 점도(cp), $\frac{dP_f}{dL}$은 마찰에 의한 압력손실구배 (psi/ft), d_2와 d_1은 각각 애눌러스의 외경(inch)과 내경(inch)이다.

(나) 빙햄소성모델

빙햄소성유체의 속도분포는 〈그림 4.16〉과 같이 나타난다. 파이프유동에서와 마찬가지로 항복전단응력에 의해 동일한 속도로 움직이는 구간이 나타나며 두 평행판의 중간을 중심으로 대칭적인 속도분포를 보인다.

식 (4.32b)를 식 (4.3)과 연립하고 〈그림 4.16〉의 속도분포를 이용하여 속도 $v(y)$를 계산한다. 면적을 평균한 평균속도를 구하고 압력손실구배를 기준으로 재정리하면 식 (4.37a)를 얻는다. 이를 현장에서 사용하는 단위로 변환하면 식 (4.37b)가 된다.

$$\frac{dP_f}{dL} = \frac{48\mu_p\bar{v}}{(d_2 - d_1)^2} + \frac{6\tau_y}{d_2 - d_1} \tag{4.37a}$$

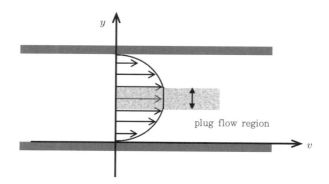

그림 4.16 평행판에서 빙햄소성모델의 층류유동

$$\frac{dP_f}{dL} = \frac{\mu_p \overline{v}}{1000(d_2 - d_1)^2} + \frac{\tau_y}{200(d_2 - d_1)} \tag{4.37b}$$

(다) 멱급수모델

멱급수모델의 경우에도 동일하게 전단응력과 마찰손실구배의 관계는 식 (4.38)로 정의된다. 변수분리법을 사용하여 적분하고 평행판의 벽면에서는 속도가 0이라는 경계조건을 적용하면 식 (4.39)와 같은 속도분포를 얻는다. 동일한 원리로 면적을 평균한 평균속도를 구하고 압력손실구배로 정리하면 식 (4.40a)가 되고 현장단위로 전환하면 식 (4.40b)이다. 이로서 층류유동에 대하여 관내와 애눌러스를 유동하는 유체모델에 대한 압력손실을 계산할 수 있다.

$$\tau = K\left(-\frac{dv}{dy}\right)^n = \frac{dP_f}{dL}\left(y - \frac{h}{2}\right) \tag{4.38}$$

$$v(y) = \frac{1}{1+1/n}\left(\frac{1}{K}\frac{dP_f}{dL}\right)^{1/n}\left[\left(\frac{h}{2}\right)^{1+1/n} - \left(\frac{h}{2} - y\right)^{1+1/n}\right], \ \ 0 \le y \le h/2 \tag{4.39}$$

$$\frac{dP_f}{dL} = \frac{2K(4+2/n)^n \cdot \overline{v}^{\,n}}{(r_2 - r_1)^{n+1}} \tag{4.40a}$$

$$\frac{dP_f}{dL} = \frac{K\overline{v}^{\,n}}{144000(d_2 - d_1)^{1+n}}\left(\frac{2+1/n}{0.0208}\right)^n \tag{4.40b}$$

여기서, K는 점성지수, n은 유동지수 그리고 d_2, d_1은 애눌러스의 외경(inch)과 내경(inch)이다.

4.3.3 난류유동

(1) 파이프유동

(가) 뉴턴모델

이수가 시추스트링의 좁은 내부를 통과할 때 대부분은 난류로 유동한다. 난류는 수학적으로 기술하기 어려우며 실험적인 접근법이 많이 사용된다. 하지만 뉴턴유체의 파이프유동을 제외하고는 난류유동에 대한 연구가 제한적이다.

원형파이프 내를 난류로 유동하는 뉴턴유체의 경우 식 (4.41)로 표현되는 페닝(Fanning)식으로 압력손실을 계산할 수 있다. 식 (4.41)에서 알 수 있듯이 난류의 경우 압력손실구배는 속도의 제곱과 밀도에 비례하고 파이프의 직경에 반비례하며 그 비례상수가 마찰계수이다. 한편 점성은 압력손실방정식에 직접적으로 나타나지 않는다.

$$\frac{dP_f}{dL} = f\frac{\rho\bar{v}^2}{25.8d} \tag{4.41}$$

$$\frac{1}{\sqrt{f}} = -4\log\left(0.269\frac{\epsilon}{d} + \frac{1.255}{N_{Re}\sqrt{f}}\right) \tag{4.42}$$

$$N_{Re} = 928\frac{\rho\bar{v}d}{\mu}$$

여기서, f는 콜브록 마찰계수, d는 파이프내경(inch), ϵ/d는 상대거칠기, N_{Re}는 레이놀즈 수이다.

콜브록 마찰계수식 (4.42)는 비선형으로 반복법을 이용하여 계산할 수 있으며 그래프로 나타낸 것이 〈그림 4.17〉의 스탠톤(Stanton) 차트이다. 마찰계수는 식 (4.42)에 포함된 여러 인자들의 함수이지만 그 값을 구체적으로 나타낸 〈그림 4.17〉을 보면 다음과 같은 특징이 있다. 층류인 경우 마찰계수는 레이놀즈 수에 반비례하고 상대거칠기의 영향을 받지 않는다. 마찰계수는 레이놀즈 수가 증가할수록 감소하지만 일정한 값 이상으로 증가하면 마찰계수는

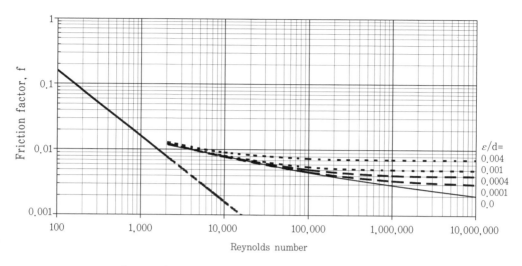

그림 4.17 파이프의 유동에서의 마찰계수(콜브록(Colebrook) 식)

상대거칠기에만 영향을 받는다.

　한 가지 유의하여야 할 것은 식 (4.42)에서 얻은 마찰계수는 유체역학에서 많이 사용되는 무디(Moody) 마찰계수와 값이 다르다는 것이다. 무디 마찰계수는 콜브록 마찰계수값을 4배한 값을 가진다.

　상대거칠기가 0인 매끄러운 파이프의 경우 마찰계수는 식 (4.43)과 같은 블라시우스(Blasius) 수식으로 단순화된다. 블라시우스 식은 레이놀즈 수가 2,100에서 100,000 사이에 있을 때 성립한다. 이 관계식을 식 (4.41)에 대입하면, 반복법으로 마찰계수를 계산할 필요가 없는, 간단한 압력손실식 (4.44)를 얻는다. 식 (4.44)로부터 난류유동에서 압력손실은 속도의 1.75승에 비례함을 알 수 있다.

　시추에 관한 역사가 길고 또 간단한 계산기를 이용하여 압력손실을 계산하여야 하는 필요성으로 인하여 참고문헌에는 다양한 압력손실 계산식들이 있다. 이들 중 많은 부분은 기존의 식을 단순화하였거나 경험적으로 사용하는 식일 수 있어 시추분야를 전공하는 공학자는 이들 수식의 가정과 한계를 알고 있어야 한다. 식 (4.44)도 이들 근사식 중에 하나일 것이며 상대거칠기가 0인 파이프 내를 뉴턴유체가 난류로 흐를 때만 적용할 수 있다. 또한 단위를 변환하는 과정에서 상수계수를 반올림하여 근사적으로 표현된 것도 많음을 알아야 한다.

$$f = \frac{0.0791}{N_{Re}^{0.25}}, \ 2,100 \leq N_{Re} \leq 100,000 \tag{4.43}$$

$$\frac{dP_f}{dL} = \frac{\rho^{0.75}\overline{v}^{1.75}\mu^{0.25}}{1800d^{1.25}} = \frac{\rho^{0.75}q^{1.75}\mu^{0.25}}{8624d^{4.75}} \tag{4.44}$$

(나) 빙햄소성모델

난류는 유동양상이 복잡하여 빙햄소성유체에 대한 마찰계수가 잘 정립되어 있지 않다. 따라서 쉬운 수학적 접근법 중의 하나가 식 (4.24b)가 식 (4.28b)와 동일한 결과를 나타내도록 겉보기 뉴턴점도를 계산하는 것이다. 즉, 식 (4.45)의 겉보기 점도값을 이용한 등가의 뉴턴모델로 빙햄소성모델의 압력손실을 근사적으로 계산한다.

$$\mu_a = \mu_p + \frac{6.66d\tau_y}{\overline{v}} \tag{4.45}$$

구체적인 계산과정은 다음과 같다.

① 식 (4.45)의 겉보기 점도값을 이용하여 레이놀즈 수를 계산한다.
② 스탠톤 차트나 식 (4.42)로부터 마찰계수를 얻는다.
③ 식 (4.41)을 이용하여 압력손실을 계산한다.

(다) 멱급수모델

동일한 이유에 의해 멱급수유체에 대하여도 식 (4.24b)가 식 (4.31)과 동일한 결과를 나타내도록 겉보기 뉴턴점도를 계산하면 식 (4.46)이 된다. 멱급수모델의 경우 식 (4.42)보다 식 (4.47)의 다지-메쩌너 식이 더 적절한 것으로 알려져 있다. 식 (4.47)은 상대거칠기가 없는 매끄러운 파이프유동에 적용된다. 〈그림 4.18〉은 서로 다른 유동지수 n에 대하여 마찰계수를 나타낸 그래프이다.

$$\mu_a = \frac{K}{96}\left(\frac{d}{\overline{v}}\right)^{1-n}\left(\frac{3+1/n}{0.0416}\right)^n \tag{4.46}$$

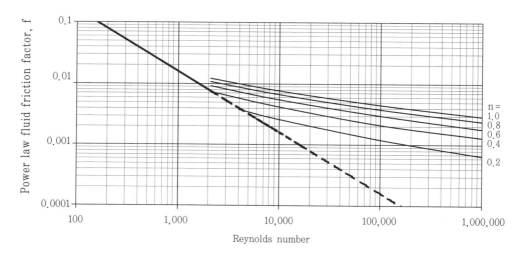

그림 4.18 멱급수모델에서의 마찰계수 다지-메쩌너(Dodge-Metzner) 식

$$\frac{1}{\sqrt{f}} = \frac{4.0}{n^{0.75}} log\left(N_{Re}f^{1-n/2}\right) - \frac{0.395}{n^{1.2}} \tag{4.47}$$

$$N_{Re} = 928\frac{\rho\overline{v}d}{\mu_a}$$

(2) 애눌러스유동

이미 언급한 대로 식 (4.41)은 유동이 이루어지고 있는 파이프의 단면이 원형일 때만 적용된다. 만약 파이프단면이 달라지거나 애눌러스유동이 되면 수식의 계수가 조정되어야 한다. 애눌러스유동에 대한 쉬운 근사법 중의 하나가 동일한 압력손실구배를 주는 등가직경을 사용하는 것이다. 뉴턴유체의 경우 압력손실구배가 파이프와 애눌러스에서 각각 식 (4.24b)와 (4.35b)로 주어지므로 이를 연립하여 두 평행판 사이의 유동으로 근사했을 때 에눌러스에서의 등가직경은 식 (4.48)이 된다.

$$d_e = 0.816\left(d_2 - d_1\right) \tag{4.48}$$

애눌러스에서 난류유동은 파이프 내의 난류유동식에 식 (4.48)의 등가직경을 사용하여 계산할 수 있고 구체적 수식은 식 (4.49)이다. 뉴턴유체의 경우 등가직경을 이용하여 파이프유동에 사용된 수식으로, 레이놀즈 수와 마찰계수를 계산하면 된다.

빙햄소성모델의 경우, 등가직경과 겉보기 점도를 사용하여 레이놀즈 수를 얻고 마찰계수는 식 (4.42)의 콜브룩 식에서 얻는다. 멱급수모델의 경우 등가직경과 겉보기 뉴턴점도를 이용하여 필요한 계산을 수행한다. 이로써 대표적인 세 가지 유체모델에 대하여 유동기하와 유동패턴에 따른 압력손실을 구할 수 있다.

$$\frac{dP_f}{dL} = f\frac{\rho \bar{v}^2}{25.8 d_e} = f\frac{\rho \bar{v}^2}{21.1(d_2 - d_1)} \tag{4.49}$$

4.3.4 층류와 난류의 판단

지금까지 각 유체모델에 따라 층류와 난류의 경우에 적용할 수 있는 압력손실구배식을 유도하였다. 유체의 유동형태에 따라 마찰손실이 달라지므로 정확한 마찰손실의 예측을 위해서 유동형태를 파악할 수 있어야 한다. 즉, 유동형태가 층류인지 난류인지 판별하는 것이 필요하다.

주어진 유동조건에 따라 층류와 난류를 실험적으로 판단하기 어렵기 때문에 레이놀즈 수를 활용한다. 레이놀즈 수는 점성력에 대한 관성력의 비로 유체가 흘러가는 기하나 형태에 따라 다르게 정의된다. 파이프유동의 경우 레이놀즈 수가 식 (4.50a)로 정의되며 모든 단위를 일관되게 사용하여 무차원이 되도록 해야 한다.

$$N_{Re} = \frac{\rho \bar{v} d}{\mu} \tag{4.50a}$$

여기서, N_{Re}는 레이놀즈 수, ρ는 밀도(g/cc), $\bar{v}$는 평균속도(cm/s), d는 파이프의 내경 (cm), μ는 유체의 점도(g/cm s)이다.

식 (4.50a)를 시추분야에서 사용하는 현장단위로 전환하면 식 (4.50b)가 된다.

$$N_{Re} = \frac{928 \rho \bar{v} d}{\mu} \tag{4.50b}$$

여기서, N_{Re}는 레이놀즈 수, ρ는 밀도(ppg), $\bar{v}$는 평균속도(ft/s), d는 파이프의 내경(inch),

μ는 유체의 점도(cp)이다.

(1) 파이프유동

(가) 뉴턴모델

파이프유동에서 유체의 유동양상은 초기 유동의 교란, 관의 입구의 형상, 관의 거칠기 등에 영향을 받는다. 하지만 입구의 영향이 상쇄된 안정화된 유동을 기준으로 하면 레이놀즈 수 2,000 이하에서는 층류로 4,000 이상에서는 난류로 판정한다. 레이놀즈 수가 그 사이에 있는 경우에는 천이구간으로 층류에서 난류로 또는 난류에서 층류로 전환되는지에 따라 달라진다.

시추공학에서는 특별히 더 정확한 정보가 없을 경우에는 2,300을 층류와 난류를 구분하는 임계 레이놀즈 수로 사용한다. 즉, 뉴턴모델의 경우 레이놀즈 수는 식 (4.50b)로 계산하고 그 값이 2,300보다 작으면 층류로 판정한다. 임계 레이놀즈 수로 2,100과 같은 다른 값을 사용할 수도 있으며 단지 모든 계산에서 일관성 있게 사용하는 것이 필요하다.

(나) 빙햄소성모델

빙햄소성모델의 경우에는 소성점도를 이용하여 레이놀즈 수를 정의한다. 하지만 항복전단응력을 갖는 유체의 특징으로 인해 임계 레이놀즈 수가 주어진 유체의 특성에 따라 변화한다. 이를 정량화한 것이 헤드스트롬 수이며 식 (4.51)과 같이 정의된다. 유체의 특징에 따라 헤드스트롬 수가 계산되면 〈그림 4.19〉에서 임계 레이놀즈 수를 얻고 빙햄소성모델을 따르는 유체의 유동패턴을 결정할 수 있다.

$$N_{He} = \frac{37100\rho\tau_y d^2}{{\mu_p}^2} \tag{4.51}$$

여기서, ρ는 유체의 밀도(ppg), τ_y는 항복전단응력(lb/100 ft^2), d는 파이프의 내경(inch), μ_p는 빙햄소성점도(cp)이다.

〈그림 4.19〉에서 임계 레이놀즈 수는 식 (4.52)로 주어진다.

$$N_{Rec} = \begin{cases} 2100(1 + N_{He}/3600)^{0.35}, & 1 \le N_{He} \le 10^8 \\ 161 N_{He}^{0.334}, & 10^8 \le N_{He} \le 10^{12} \end{cases} \tag{4.52}$$

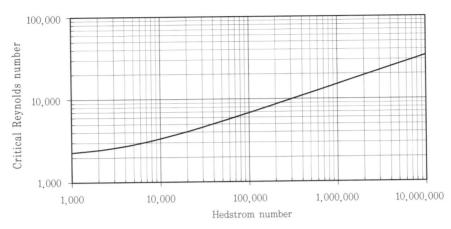

그림 4.19 헤드스트롬 수에 따른 임계 레이놀즈 수

여기서, N_{Rec}은 임계 레이놀즈 수, N_{He}는 헤드스트롬 수이다.

(다) 멱급수모델

〈그림 4.18〉에서 볼 수 있듯이 멱급수모델의 경우 유동지수 n에 따라 임계 레이놀즈 수가 달라진다. 식 (4.46)의 겉보기 점도를 이용하여 식 (4.50b)로 레이놀즈 수를 계산하고 유동지수 n에 따른 임계 레이놀즈 수와 비교하여 층류와 난류를 판단한다.

(2) 애눌러스유동

애눌러스유동에서 유동패턴을 파악하기 위해서는 수학적으로 등가의 모델을 사용한다. 구체적으로 식 (4.48)로 주어진 등가직경을 사용하여 애눌러스유동을 근사한다. 뉴턴모델에 유효한 식을 이용하기 위하여 각 유체모델에 따라 겉보기 점도를 계산한다. 〈표 4.3〉은 각 유체모델과 유동기하에 따른 등가직경과 겉보기 점도이다. 〈표 4.3〉은 이미 설명한 비뉴턴모델의 파이프 내 난류유동에 대한 설명도 포함하고 있다.

〈표 4.3〉에서 볼 수 있듯이 뉴턴유체의 원형파이프 내 유동을 제외하고는 등가직경과 겉보기 점도를 이용하여 레이놀즈 수를 계산한다. 이렇게 계산된 값들은 수학적 근거를 제공하지만 그 결과가 현상을 잘 설명한다는 보장이 없다. 또한 임계 레이놀즈 값을 하나로 선정하여 계산하는 것도 천이지역이 존재하는 실제 현상을 잘 모사하지 못하는 한계가 있다.

이와 같은 어려움을 극복하는 방법 중의 하나는 층류와 난류의 두 경우에 압력손실을 계산하고 그중에서 더 큰 값을 참값으로 선택하는 것이다. 이 방법은 논리적인 것 같고 더 큰

표 4.3 각 유체모델과 유동기하에 따른 레이놀즈 수 계산식 (등가직경과 겉보기 점도)

기본식		$N_{Re} = \dfrac{928\rho\bar{v}d_e}{\mu_a}$		
구분		뉴턴모델	빙햄소성모델	멱급수모델
파이프 유동	등가직경 d_e	d	d	d
	겉보기 점도 μ_a	μ	$\mu_p + \dfrac{6.66\tau_y d}{\bar{v}}$	$\dfrac{K}{96}\left(\dfrac{d}{\bar{v}}\right)^{1-n}\left(\dfrac{3+1/n}{0.0416}\right)^n$
애눌러스 유동	등가직경 d_e	$0.816(d_2-d_1)$	$0.816(d_2-d_1)$	$0.816(d_2-d_1)$
	겉보기 점도 μ_a	μ	$\mu_p + \dfrac{5\tau_y(d_2-d_1)}{\bar{v}}$	$\dfrac{K}{144}\left(\dfrac{d_2-d_1}{\bar{v}}\right)^{1-n}\left(\dfrac{2+1/n}{0.0208}\right)^n$
Units		$\rho(\text{ppg})$, $\bar{v}(\text{ft/s})$, d_e (inch), $\mu_a(\text{cp})$, $K(\text{equi. cp})$		

값을 기준으로 계산하므로 시추작업의 운영측면에서도 문제가 없어 보인다. 하지만 여기에 간과하기 쉬운 오류가 있다.

식 (4.41)은 난류인 경우에 적용되지만 실제로 층류와 난류에 대하여 모두 적용할 수 있는 일반식이다. 오직 유동형태에 따라 마찰계수를 정의하는 수식만 달라진다. 〈그림 4.17〉에서 층류유동일 때 마찰계수는 식 (4.53)과 같이 레이놀즈 수에 반비례한다. 뉴턴유체의 경우 레이놀즈 수 정의를 식 (4.53)에 대입한 후 식 (4.41)에 대입하면 층류일 때 압력손실식 (4.24b) 와 완전히 일치한다.

따라서 층류와 난류로 각각 가정한 후에 구한 압력손실 중 더 큰 값을 단순히 선택하면 이는 임계 레이놀즈 수를 1,000 내외로 가정한 것이 되어(〈그림 4.17〉 참조) 부정확한 결과를 얻는다. 만약 식 (4.51)의 헤드스트롬 수에 따른 임계 레이놀즈 수를 계산하는 경우에는 소성 점도와 등가직경을 사용해야 한다.

$$f = 16/N_{Re} \tag{4.53}$$

임계 레이놀즈 수가 변화하는 빙햄소성모델이나 〈그림 4.18〉 같이 유동지수 n에 따라 다른 마찰계수를 갖는 경우에 마찰계수를 구할 수 있는 현실적인 방법은 다음과 같다.

① 먼저 임계 레이놀즈 수를 2,300으로 가정한다.
② 〈표 4.3〉에 주어진 등가직경과 겉보기 점도를 이용하여 레이놀즈 수를 계산한다.

③ 만약 계산된 레이놀즈 수가 가정한 임계 레이놀즈 수보다 작으면 층류로 가정한다.

④ 만약 계산된 레이놀즈 수가 임계 레이놀즈 수보다 더 크다면 층류와 난류로 가정하여 각각 마찰계수를 계산하고 둘 중 더 큰 값을 선택한다.

4.3.5 비트노즐유동

순환하는 이수는 시추비트를 통과하게 되고 그 압력손실값을 알아야 전체 순환시스템에 대한 압력손실을 계산할 수 있다. 시추비트에서 발생하는 압력손실은 마찰손실이 아니라 이수가 비트의 좁은 노즐을 통해 고속으로 분사되면서 발생하는 압력손실이다. 비트에서의 압력손실은 보통 전체 압력손실의 45~65%를 차지하므로 이수유량과 비트노즐을 잘 계획하여야 한다. 비트노즐을 통한 이수의 분사는 비트의 굴진단면에서 암편을 제거하는 데 중요한 역할을 하므로 굴진율에도 직접적인 영향을 미친다.

이수가 비트노즐을 통과할 때 발생하는 압력손실은 운동에너지의 변화에 의해서 일어나므로 베르누이(Bernoulli) 방정식에서 유도되며 아래 세 가지를 가정한다.

- 노즐에서 고도변화에 의한 압력손실 무시
- 노즐 상단에서의 속도는 하단에서의 속도에 비해 상대적으로 작음
- 노즐 내에서 마찰에 의한 압력손실 무시

비트를 통과할 때 발생하는 압력손실 방정식을 현장단위로 나타내면 식 (4.54)와 같다. 식 (4.54)는 유동패턴에 따른 수식이 아니고 마찰을 무시하고 유도된 식이므로 본 교재에서 사용한 모든 유체모델에 대하여 적용할 수 있다.

$$\Delta P_{bit} = \frac{8.311 \times 10^{-5} \rho q^2}{C_d^{\,2} A_t^{\,2}} \tag{4.54}$$

여기서, ΔP_{bit}는 비트노즐을 지날 때 압력손실(psi), q는 유량(gpm), ρ는 밀도(ppg), A_t는 비트노즐의 총면적(in^2)이다. C_d는 분사계수로 식의 유도과정에서 무시되었던 요소들을 보정해준다.

분사계수는 시추칼라와 비트노즐의 내경이 달라서 발생하는 추가적인 압력손실도 고려해

준 것으로 시추비트의 디자인에 따라 달라지며 각 비트에 따라 추천된 값을 사용하면 된다. 특별한 정보가 없을 경우 $C_d = 0.95$를 사용한다. 시추비트의 노즐직경은 작기 때문에 보통 1/32 inch 단위로 나타낸다. 즉 노즐크기 12인 경우, 실제 직경은 12/32 inch(= 0.375 inch)이 므로 이수가 통과하는 비트노즐의 총면적을 계산할 때 실수하지 않도록 유의하여야 한다.

이수가 비트노즐을 통해 분사되므로 굴진이 이루어지고 있는 접촉면에서 암편을 쉽게 제 거할 수 있다. 만약 암편이 굴진면에서 효과적으로 제거되지 않는다면 암편이 시추비트에 의해 다시 갈리고 굴진율은 낮아진다. 작은 크기로 분쇄된 암편은 암편제거를 어렵게 할 뿐 만 아니라 이수의 밀도와 점도를 증가시킨다. 비트노즐에 의해 굴진면에 가해지는 수력충격 력은 식 (4.55)와 같다.

$$F_{jet} = 0.01823\,C_d q\,\sqrt{\rho\Delta P_{bit}} \qquad (4.55)$$

여기서, F_{jet}는 수력충격력(lbf), q는 유량(gpm), ρ는 밀도(ppg), ΔP_{bit}는 비트에서의 압 력손실(psi)이다.

4.3.6 기타 고려사항

(1) 암편수송

이수의 물성과 더불어 시추문제를 야기하는 주요요소가 시추공 내 암편의 누적이다. 따라서 암편은 굴진속도에 따라 적절히 제거되어야 한다. 식 (4.56)은 애눌러스에서 암편의 침강속도 를 이용하여 표현한 암편수송비로 시추공의 경사가 수평에 가깝고 시추파이프가 회전하지 않는 경우 그 값이 매우 낮을 수 있다.

$$T_R = \frac{\bar{v} - v_s}{\bar{v}} = 1 - \frac{v_s}{\bar{v}} \qquad (4.56)$$

여기서, T_R은 암편의 수송비, $\bar{v}$는 애눌러스에서 평균유속, v_s는 암편의 침전속도이다.

암편의 침전속도는 암편의 모양과 밀도, 이수의 물성과 유량, 시추공의 경사각, 애눌러스 에서 속도분포 등에 영향을 받기 때문에 이론적으로 예측하는 것이 어렵다. 따라서 효율적인 암편제거를 위한 작업조건을 유지하고 또 주기적으로 암편을 제거하는 것이 중요하다.

154

　수직시추공인 경우 애눌러스에서 이수의 유동방향과 암편의 침전방향이 반대이기 때문에 이수의 유량을 증가시키면 큰 어려움 없이 암편을 제거할 수 있다. 시추공의 경사가 높거나 수평인 경우, 암편이 시추공의 아랫부분에 누적되기 때문에 단순히 이수유량만 증가시킨다고 암편제거효율이 높아지지 않는다. 따라서 시추파이프 회전, 굴진율 조절, 점도가 높은 이수의 주기적 순환, 비트를 조금 들어 올린 상태에서 시추파이프의 회전 등을 조합하여 사용할 수 있다.

(2) 펌프마력

지금까지 설명한 압력손실식을 이용하면 이수가 펌프에서 출발하여 전체 순환시스템을 통과하여 지상으로 회수될 때까지 압력손실을 계산할 수 있다. 이와 같은 전체 압력손실은 그 손실을 극복하고 이수가 순환되어야 하므로 실제 값은 펌프의 압력으로 나타난다. 즉 펌프의 압력게이지에 나타나는 값이 순환시스템의 전체 압력손실이 된다. 만약 초크를 통한 이수의 순환이 있다면 초크에서 가해준 백압력만큼 펌프압력이 높아지므로 펌프압력에서 초크압력을 뺀 값이 이수순환에서 발생하는 총압력손실이다.

　식 (4.57)을 이용하면 주어진 유량을 순환시키는 데 필요한 펌프의 마력을 계산할 수 있다.

$$HP_p = \frac{q \Delta P_p}{1714} \tag{4.57}$$

여기서, HP_p는 펌프의 마력, q는 유량(gpm), ΔP_p는 펌프의 압력(psi)이다.

(3) 스왑 및 서지 압력

시추파이프나 케이싱이 시추공에서 이동하면 이수 속에 잠긴 부분의 부피가 변화되고 이를 보상해주기 위해 이수는 유동한다. 이수유동은 항상 압력손실을 동반하기 때문에 시추공의 압력을 변화시키고 그 값이 시추문제를 야기할 정도로 심각할 수 있다.

　〈그림 4.20〉(a)는 시추스트링이나 케이싱을 시추공에서 꺼내는 경우로 이전에 파이프가 있었던 위치로 이수가 아래로 유동한다. 이로 인하여 시추공 압력은 그 압력손실에 해당하는 값만큼 감소하는데 이를 스왑(swab)압력이라 한다. 스왑압력이 과도하거나 꺼낸 부피에 해당하는 이수를 보충하지 않으면 정수압이 낮아지므로 킥의 발생으로 이어질 수 있다. 파이프의 속도가 너무 빠르면 이수가 하부로 유동하기 전에 피스톤 흡입효과로 지층유체를 흡입할

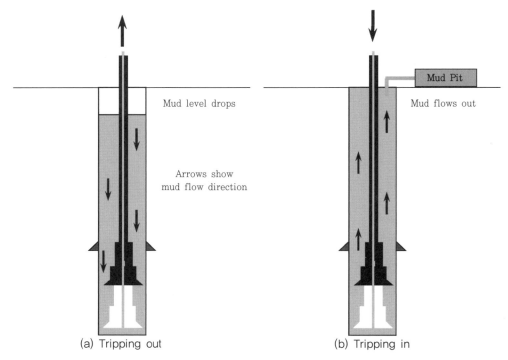

그림 4.20 파이프의 이동으로 인한 이수유동

수 있다.

〈그림 4.20〉(b)는 시추파이프나 케이싱을 시추공으로 주입하는 경우로 주입된 부피에 해당하는 이수가 흘러나오게 된다. 이 경우 이수는 위쪽으로 유동하므로 유동하는 과정에서 발생한 압력손실의 영향으로 시추공의 압력이 증가하는데 이를 서지(surge)압력이라 한다.

서지압력은 소구경 시추공 같이 애눌러스의 간극이 작을 때 또는 끝이 막힌 케이싱스트링을 너무 빠른 속도로 하강할 때 시추공을 파쇄할 수 있을 정도로 심각할 수 있다. 특히 플로트밸브를 사용하여 케이싱 내부로 이수가 역류할 수 없는 상황에서 케이싱을 하강시키면 좁은 애눌러스에서 과도한 서지압력이 발생할 수 있다.

스왑 및 서지 압력을 계산하는 여러 식들이 있지만 서로 다른 값들을 제공한다. 하지만 이들 압력을 계산할 수 있는 이론은 생각보다 간단하다. 먼저 파이프의 이동으로 발생할 이수의 유량을 계산한다. 이 유량으로 인해 유발된 압력손실이 해당 스왑 또는 서지 압력이 된다.

실제 계산은 이보다 좀 더 복잡하다. 〈그림 4.20〉에서 파이프의 끝이 막혀 있다면 모든 이수는 애눌러스로 유동한다. 하지만 파이프의 끝이 열려 있다면 안쪽과 바깥쪽으로 이수가 유동한다. 따라서 양쪽에서 압력손실이 같은 값이 되도록 하는 유량을 반복법으로 계산하고 그때의 압력손실이 스왑이나 서지 압력이 된다. 압력손실을 예측하기 위해서는 유체모델을 선정하고 각각의 유동조건에서 유동양상을 파악해야 한다. 시추공과 파이프의 기하가 일정하지 않으면 유동단면이 변화되는 각 부분에서 계산하여야 하므로 그 만큼 계산량이 많아진다.

보다 정확한 모델링을 위해서는 추가적인 고려가 필요하다. 시추스트링 이송을 위해서는 파이프의 분리나 연결작업이 필요하므로 대상 파이프는 정지, 가속, 등속, 감속, 정지와 같은 과정을 반복하게 되며 속도변화로 인한 추가적인 가속압력손실이 있다.

■ **연구문제** ▌

4.1 부록 II의 리그구성도에 주어진 용어나 장비를 이용하여 이수가 순환하는 경로를 설명하라.

4.2 이수의 기능을 나열하고 각각을 한 문장으로 설명하라.

4.3 식 (4.1)에 주어진 정수압을 압력 = 이수의 무게/면적이라는 정의에서 유도하라. 필요한 경우 다음 그림을 이용하라. [힌트: $1 \text{ lbf} = 1 \text{ slug} \times 1 \text{ ft/s}^2$, $1 \text{ slug} = 32.17 \text{ lbm}$]

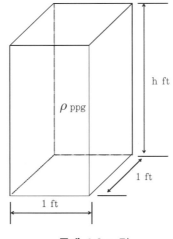

문제 4.3 그림

4.4 다음 각 조건에 대하여 정수압을 계산하라. 유체는 시추공의 상단에서부터 주어진 순서대로 위치하고 높이는 각 유체의 수직높이이다.

(1) 10,000 ft의 10 ppg 이수

(2) 8,000 ft의 10 ppg 이수, 2,000 ft의 3.5 ppg 가스

(3) 2,000 ft의 10 ppg 이수, 3,000 ft의 2.5 ppg 가스, 1,000 ft의 10 ppg 이수, 4,000 ft의 11.5 ppg 이수

4.5 〈문제 4.4〉에서 깊이에 따른 압력, 압력구배, 등가이수밀도(EMD)를 그려라. 깊이방향을 양의 y축으로 하라.

4.6 다음에 주어진 각 경우에 BHP를 psi와 MPa(Mega-Pascal) 단위로 계산하라. 수직깊이는 10,000 ft이고 이수밀도는 10 ppg이다. 경사진 시추공의 각도는 수직에서 30도이다.

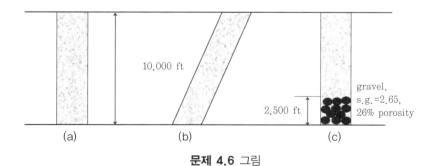

문제 4.6 그림

4.7 시추액에 사용되는 다양한 첨가물들의 입자크기에 대하여 조사하라. [대학원 수준]

4.8 이수손실층을 막기 위해 사용되는 LCM에 대하여 조사하고 본인의 기준에 따라 분류하여 정리하라.

4.9 식 (4.50a)에 주어진 레이놀즈 수의 각 변수의 단위를 명시하고 무차원화가 됨을 보여라. 이를 식 (4.50b)의 현장단위로 변환할 때 단위변환상수를 계산하라.

4.10 회전점도계의 300, 600 rpm에서 계측값이 각각 45, 60일 때, 다음을 계산하고 단위를 명시하라.
  (1) 뉴턴 점도
  (2) 빙햄소성 점도
  (3) 빙햄소성 항복전단응력
  (4) 멱급수유체 유동지수
  (5) 멱급수유체 점성지수

4.11 다음과 같은 이수침출시험 자료를 얻었을 때 초기손실과 API 유체손실을 계산하라.

Time, min	Volume, cc
1	6.0
3	8.5
6	10.3

4.12 현재 9.5 ppg의 밀도를 가진 이수의 부피가 500 bbl이다. 이를 11 ppg의 이수로 만들고자 할 때 필요한 중정석의 부피와 100 lb 부대의 수를 계산하라.

4.13 〈문제 4.12〉에서 이수밀도를 13 ppg에서 14.5 ppg로 증가시키고자 할 때 필요한 중정석의 부피를 계산하라. 만약 두 결과가 같거나 다르다면 그 이유는 무엇인가?

4.14 〈문제 4.12〉에서 11 ppg 이수의 총부피를 500 bbl로 하고자 할 때 필요한 중정석의 부피와 100 lb 부대의 수를 계산하라. 가중물질을 혼합하기 전에 버려야 할 9.5 ppg 이수부피는 얼마인가?

4.15 시추 관련 참고문헌에서 ρ_1의 이수밀도를 ρ_2로 증가시키기 위해 필요한 100 lb 중정석의 부대 개수를 구하는 다음과 같은 수식을 찾았다고 가정하자. V는 이수부피이다.
(1) 아래에 주어진 수식을 유도하라.
(2) 수식을 이용하여 중정석의 부대 개수를 계산하라.
(3) 아래 수식의 한계에 대하여 설명하라.

$$100 \, lb \, sacks \, of \, Barite = 14.7 \, V \frac{(\rho_2 - \rho_1)}{35 - \rho_2}$$

4.16 현재 10.5 ppg의 밀도를 가진 이수의 부피가 2,500 bbl이다. 이를 14 ppg의 이수로 만들고자 할 때 필요한 방연석(galena, 제품비중 6.8)의 부피와 100 lb 부대의 수를 계산하라.

4.17 〈문제 4.16〉에서 14 ppg 이수의 총부피를 2,600 bbl로 하고자 할 때 필요한 방연석의 부피와 100 lb 부대의 수를 계산하라. 가중물질을 혼합하기 전에 버려야 할 10.5 ppg 이수부피는 얼마인가?

4.18 시추공에서 이수가 손실되어 후크하중이 3,000 lb 증가하였다. 시추공의 크기는 8.75 inch로 일정하고 시추파이프도 5 × 4.276 inch로 일정하다고 할 때, 다음 물음에 답하여라. 시추공은 초기에 12 ppg 이수로 가득 채워져 있었다고 가정하라.

(1) 손실된 이수의 부피를 계산하라.

(2) 이수손실로 인한 BHP의 감소를 예측하라.

(3) 초기에 시추공의 압력이 공극압보다 400 psi 높은 상태였을 때, 해당 이수손실로 킥이 발생할 수 있는가?

4.19 뉴턴유체의 층류유동에서,

(1) 파이프유동에 대한 압력구배식 (4.24a)를 구체적으로 유도하고 식 (4.24b)로의 단위변환을 보여라.

(2) 애눌러스유동에 대한 압력구배식 (4.35a)를 구체적으로 유도하고 식 (4.35b)로의 단위변환을 보여라.

4.20 빙햄소성유체의 유동에서 층류와 난류를 판별하는 방법을 설명하라.

4.21 다음에 주어진 질문을 완성하여 빙햄소성유체에 대하여 파이프유동 압력손실식을 유도하라. [대학원 수준]

(1) 미소체적 Δr, ΔL을 이용하여 미소체적에 작용하는 힘을 모두 표현하라.

(2) 매우 작은 Δr에 대하여 전단응력과 압력손실구배에 대한 관계식을 유도하라.

(3) 문제 (2)의 결과와 빙햄소성유체의 정의를 연립하여 반경에 따른 속도, $v(r)$을 유도하라. 전단응력이 전단항복응력과 같아지는 반경을 r_p라 하고 반경이 이보다 큰 값에서 r_w까지 적분하라. 미끄러짐이 없기(no slip) 때문에 벽면에서의 속도가 0인 경계조건을 적용하라.

(4) 반경이 r_p보다 작은 구간에서 동일한 속도로 유동하는 속도를 계산하라. 문제 (3)에서 구한 속도를 이용하여 $v(r_p)$를 구하고 식 (4.21)에서 τ_y와 r_p의 관계를 이용하라.

(5) 문제 (3)과 (4)에서 계산된 속도를 이용하여 유체의 평균속도를 계산하라. 항복전단응력은 파이프벽면에서의 전단응력보다 매우 작다고 가정하라.

(6) 문제 (5)의 평균속도식을 압력손실구배식으로 재정리하고 이를 현장에서 사용되는 단위로 전환하여 최종식 (4.28b)와 같음을 보여라.

4.22 층류일 때 마찰계수가 $f = 16/N_{Re}$임을 이용하면 마찰손실의 일반식 (4.41)이 식 (4.24b)와 동일함을 보여라. 뉴턴유체의 파이프유동을 가정하라.

4.23 식 (4.42)로 주어진 Colebrook 마찰계수에 대하여 유체유동을 각각 층류와 난류로 가정하여 마찰계수를 구하고 그래프로 그려라. N_{Re}를 1.0E02에서 1.0E06까지 변화시키고 상대거칠기를 0으로 가정하라.

4.24 내경이 4.276 inch인 파이프 내로 300 gpm의 유량으로 9 ppg 이수가 유동할 때, 다음의 각 유체모델에 대하여 단위길이당 마찰압력손실을 계산하라. 회전점도계의 300, 600 rpm에서 계측값이 각각 20, 34이다.
(1) 뉴턴유체
(2) 빙햄소성유체
(3) 멱급수유체

4.25 〈문제 4.24〉에서 파이프의 길이는 2,000 ft일 때, 다음의 각 경우에 필요한 펌프압력을 계산하라. 뉴턴유체일 경우만 계산하라.
(1) 파이프가 수평으로 놓여 있을 때
(2) 파이프가 수직으로 놓여 있고 아래에서 위쪽으로 이수를 순환시키고자 할 때
(3) 문제 (2)에서 위에서 아래쪽으로 이수를 순환시킬 때

4.26 외경이 8.75 inch, 내경이 5 inch인 애눌러스로 이수가 유동할 때, 다음의 각 모델에 대하여 단위길이당 마찰로 인한 압력손실을 계산하라. 나머지 자료는 〈문제 4.24〉와 동일하다.

    (1) 뉴턴유체

    (2) 빙햄소성유체

    (3) 멱급수유체

4.27 〈문제 4.26〉에서 파이프의 길이는 2,000 ft일 때, 다음의 각 경우에 필요한 펌프압력을 계산하라. 뉴턴유체일 경우만 계산하라.

    (1) 파이프가 수평으로 놓여 있을 때

    (2) 파이프가 수직으로 놓여 있고 아래에서 위쪽으로 이수를 순환시키고자 할 때

    (3) 문제 (2)에서 위에서 아래쪽으로 이수를 순환시킬 때

4.28 시추비트의 노즐이 10/32, 2×12/32 inch 크기로 3개가 있을 때, 이수가 비트노즐을 통과하면서 발생하는 압력손실을 계산하라. 유량은 300 gpm, 밀도는 10 ppg이고 분사계수는 0.95를 사용하라.

4.29 다음에 주어진 자료와 유체모델을 이용하여 유동기하가 달라지는 각 부분에서 압력 손실을 계산하고 예상되는 펌프압력을 구하라. 이수밀도는 10 ppg, 유량은 600 gpm 이고, 시추칼라의 길이는 2,000 ft, 회전점도계의 300, 600 rpm에서 계측값은 각각 20, 32이다. 지상의 초크에서 백압력은 없다고 가정하라.

(1) 뉴턴유체

(2) 빙햄소성유체

(3) 멱급수유체

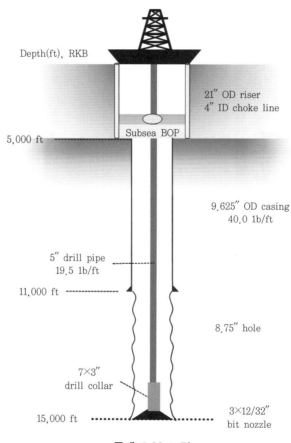

문제 4.29 그림

4.30 〈문제 4.29〉에서 각 유체모델에 따라 이수순환에 필요한 펌프마력을 계산하라.

4.31 〈문제 4.29〉에서 이수순환이 정지하였을 때와 순환할 때 애눌러스에서 시추공의 압력을 깊이에 따라 그려라.

4.32 〈문제 4.29〉에서 이수를 역순환할 때 FBHP를 계산하라.

4.33 〈문제 4.29〉에 주어진 시추스트링을 60 ft/min으로 끄집어낼 때 스왑압력을 계산하라. 초기에 시추비트는 시추공 바닥에 있었다고 가정하라. [대학원 수준]

4.34 Herschel-Bulkley 모델의 압력손실식을 찾아 〈문제 4.29〉의 자료를 이용하여 전체 압력손실을 계산하고 예상되는 펌프마력을 구하라. [대학원 수준]

4.35 〈문제 4.29〉에서 유량을 현재의 2배인 1,200 gpm으로 순환시킬 때 예상되는 펌프압력의 증가는 몇 배인지 설명하고 그 근거를 제시하라(단, 각 구간별로 구체적인 계산을 하지 말라).

4.36 아래의 자료를 이용하여 다음 질문에 답하라. **[2016년 시추공학 중간고사 문제]**

　시추파이프 5×4.276 inch, 시추칼라 7×2 inch & 1,000 ft

　시추공 측정깊이 10,000 ft, 수심 3,000 ft

　해양라이저 ID 19.5 inch, 초크라인 ID 4.5 inch

　케이싱 설치심도 7,000 ft, LOT 결과 14.8 ppg

　이수밀도 10 ppg, 이수유량 400 gpm, 비트노즐 압력손실 1,500 psi

　케이싱 내경과 시추공은 8.5 inch로 같다고 가정

　이수유동으로 인한 압력손실: 시추파이프 내 0.12 psi/ft, 시추칼라 내 0.25 psi/ft, 시추공과 시추칼라 애눌러스 0.05 psi/ft, 시추공과 시추파이프 애눌러스 0.015 psi/ft, 해양라이저 눌러스 0.004 psi/ft, 초크라인 내 0.1 psi/ft

(1) 방폭장치를 닫은 상태에서 초크라인과 애눌러스를 통해 이수를 역순환시킬 때 시추공 바닥에서 EMD를 계산하라.

(2) 위 문제 (1) 조건에서 시추컬러 상단 내부에서의 압력을 계산하라.

(3) 주어진 한 개 초크라인을 포함하여, 시추공과 해양라이저에 있는 모든 이수를 교체하는 데 필요한 시간을 분(min)으로 평가하라.

(4) 시추과정에서 킥이 유입되어 후크하중이 2,000 lb 증가하였다. 3 ppg 킥밀도를 가정하고 킥의 부피(bbls)를 예측하라.

(5) 이수펌프의 고장으로 정상적인 시추작업이 어려워 방폭장치를 닫고 작업을 중지하였다. 일정 시간이 지난 후부터, 지상 초크압력이 계속하여 증가하고 있다. 당신은 그 압력이 증가하는 이유를 아직 파악하지 못하였지만, 케이싱 하부의 시추공이 파쇄되는 것을 방지하고 한다. 이를 위해 용인되는 지상 초크압력의 최댓값을 결정하라.

4.37 수업에서 배운 내용과 논리를 지혜롭게 사용하여 다음 질문에 답하라. 단순한 본인의 가정이 아니라, 모든 문제들이 서로 연관된 실제 시추작업을 고려하여야 한다. 또한 압력조건은 각 문제마다 다를 수 있으니 각 문제에서 주어진 조건을 우선적으로 사용하라. [2016년 시추공학 중간고사 문제]

시추파이프 5×4.276 inch, 시추칼라 7×2 inch & 1,000 ft

시추공 수직깊이 10,000 ft, 시추공 크기 8.5 inch

케이싱 설치심도 5,000 ft, 내경 8.835 inch

시추공 편향 시작점(KOP) 7,000 ft, 2.5 deg/100 ft 경사증가율(BUR), 시추궤도 최종 경사 30 deg. (Build-Hold trajectory)

비트노즐 3개, 크기 13/32 inch, 이수밀도 12 ppg

삼중식 펌프: 행정거리 10 inch, 라이너 ID 4.5 inch, 90% 효율, 행정수 120 spm

이수유동으로 인한 압력손실: 시추파이프 내 0.10 psi/ft, 시추칼라 내 0.20 psi/ft, 시추공과 시추칼라 애눌러스 0.05 psi/ft, 그 외 애눌러스 0.015 psi/ft

(1) 시추공 궤도의 총 측정길이와 목표지점의 수평거리를 계산하라.
(2) 역순환 시 필요한 이수펌프의 마력(HP)을 평가하라.
(3) 시추칼라를 시추공에서 빼어내면 시추공 내 이수의 높이가 감소하며 정수압이 낮아진다. 만일 BHP가 공극압보다 낮아지면 킥이 발생할 수 있다. 시추칼라를 빼어내기 전, 이수는 시추공을 가득 채우고 있다고 가정할 때 킥을 유발하지 않고 빼어낼 수 있는 시추칼라 스탠드의 개수를 계산하라. 시추공 정수압은 500 psi 과압상태이고 스탠드의 길이는 90 ft이며 비트노즐은 정상상태이다.
(4) 새로운 지층을 시추하는 과정에서 15분 동안 20 bbls의 지층수 킥이 발생하였다. 지층압이 FBHP보다 0.6 ppg 과압상태 이였다. 시추를 멈추고 더 이상의 킥을 방지하기 위해 지상 초크에서 가해주어야 할 백압력의 크기를 계산하라. 지층수의 밀도는 8.6 ppg로 가정하라. 시추과정에서 발생한 지층수 킥은 순환하는 이수와 섞여 2상으로 존재한다고 가정하라.
(5) 안전한 시추를 위해 시추공의 정수압이 공극압보다 0.5 ppg 과압이 되도록 이수의 밀도를 증가시키고자 한다. 이를 위한 이수밀도를 계산하라.
(6) 새로운 시추액을 펌핑 후, 그 시추액이 순환되어 시추파이프 내에서 시추공 궤도의 각도 증가가 최대가 되는 위치(EOB)에 도달하였을 때 펌프의 압력을 예상하라.

4.38 아래에 주어진 수평 시추공을 시추 후 임시폐정을 위하여 시멘트 플러그를 (측정깊이) 8,000~8,600 ft 구간에 설치하였다. 그 후 시멘트 플러그를 재시추하기 위한 분석 과정에서 그 하부 시추공이, 저류층을 관통한 긴 수평구간으로 인하여, 가스로 가득 채워져 있을 가능성이 제기되었다. 폐정작업 당시 10 ppg 이수의 정수압은 지층압과 같았다고 가정하라. 수업에서 배운 내용과 논리를 지혜롭게 사용하여 다음 질문에 답하라. 단순한 본인의 가정이 아니라, 모든 문제들이 서로 연관된 실제 시추작업을 고려하여야 한다. [2017년 시추공학 중간고사 문제]

시추파이프 5×4.276 inch, 시추칼라 7×2 inch & 1,000 ft

시추공 수직깊이 10,000 ft

시추공 크기 8.5 inch

케이싱 설치심도 5,000 ft, 내경 8.835 inch

시추공은 5,000 ft에서 목표심도까지 30 deg.로 일정하고 그 후 2,500 ft 수평구간이 있다고 가정함(즉, build section 없이 주어진 각도를 바로 이용함).

6개 실린더 펌프(HEX pump): 행정거리 11.6 inch, 라이너 ID 4.5 inch, 95% 효율, 행정수 120 spm

(1) 시추작업에서 안전이 가장 중요한 요소 중의 하나이므로 시멘트 플러그를 굴진하기 전에 이수밀도를 증가시키고자 한다. 시멘트 플러그 하부의 시추공에 가스가 존재할지라도 안전하게 시멘트 플러그를 시추할 수 있는 이수의 최소 밀도를 계산하라.

(2) 문제 (1)의 조건에서 시멘트 플러그 상부에 존재하는 시추공 내 모든 이수의 밀도를 높일 수 있는 중정석(비중 4.25 가정)의 100 lb 부대 수를 예상하라.

(3) 시추비트를 시멘트 플러그 상부에 위치시킨 상태에서, 시멘트 플러그 상부 시추공을 새로 준비한 이수로 주어진 펌프를 이용하여 교체하고자 할 때 소요시간(min)을 평가하라.

(4) 시멘트 플러그를 굴진 후 시추공의 압력을 평가한 결과 가스는 존재하지 않았고 기존 10 ppg 이수가 충분한 것으로 판명되었다. 따라서 문제 (2)의 새로운 이수에 물을 첨가하여 다시 밀도를 10 ppg로 낮추고자 할 때 필요한 물부피(bbls)를 계산하라.

케이싱은 원통형의 파이프로 시추파이프보다 상대적으로 큰 직경을 가진다. 시멘팅은 케이싱을 원하는 설치심도에 내리고 시멘트 반죽을 이용하여 지층에 단단히 고정하는 작업이다. 케이싱은 시추공에 가해지는 내압과 외압을 지탱하여 시추공의 크기와 상태를 유지한다.

케이싱의 견실성을 위해서는 지층조건에 맞는 케이싱 설계와 확실한 시멘팅이 필요하다. 잘 계획되고 실행된 케이싱과 시멘팅은 시추문제를 최소화하며 다양한 상황에서 시추공을 제어할 수 있게 도와준다. 5장은 다음과 같이 구성되어 있다.

05 케이싱과 시멘팅

제 5 장   케이싱과 시멘팅

5.1 케이싱의 종류

5.1.1 케이싱의 역할

케이싱은 원통형의 파이프로 시추파이프보다 상대적으로 큰 직경을 가지며 크기와 길이가 다양하다. 케이싱을 보호관이라고도 하며 본 교재에서는 케이싱으로 통일하였다. 시추공을 보호하는 것이 주목적인 케이싱의 역할은 다음과 같다.

- 시추공의 직경 및 깊이 유지
- 시추공벽의 압력 지탱
- 시추공과 지층의 격리
- 지표수 및 지하수의 오염방지
- 지상장비의 연결고리
- 저류층 유체의 생산통로

케이싱의 대표적인 기능 중의 하나는 시추공의 직경과 깊이를 유지하는 것이다. 이는 목표 심도에 원하는 시추공 크기로 시추하기 위해서 필요하다. 시추공벽이 무너져 직경이 넓어지거나 다른 문제가 발생하지 않도록 케이싱은 시추공을 둘러싸서 보호한다. 특히 연약지층이나 균열이 있는 지층의 경우 유용하다.

케이싱은 시추공벽에 가해지는 내압과 외압을 지탱한다. 내압은 시추액의 정수압이나 시추공폐쇄로 인한 압력이고 외압은 지층유체로 인한 공극압이다. 시추공에 케이싱을 설치하지 않은 경우, 시추심도가 깊어지면 밀도가 높은 이수의 정수압이나 시추공이 폐쇄되었을 때 압력을 버티지 못하고 시추공이 파쇄된다.

케이싱을 내리고 시멘팅을 실시하면 시추공 내부와 지층이 완전히 격리되어 상호간 유체의 유동이 차단된다. 따라서 시추액으로 인한 지하수나 생산층의 오염을 방지하고 비록 시추공의 압력이 공극압보다 낮을지라도 지층수가 유입되지 못한다. 반응성 셰일층이 존재하더라도 이수와 접촉이 없으므로 문제가 더 악화되지 않는다. 또한 시추공을 통해 압력이 서로 다른 지층 간에 발생하는 유체유동을 차단한다.

케이싱은 상부에 케이싱헤드를 가지고 있어 방폭장치(BOP)를 설치할 수 있게 한다. 해양시추의 경우 해양라이저가 해저면 BOP 위에 설치되어 해상의 시추선과 연결된다. 끝으로 본격적인 생산을 위해 유정이 완결되면 케이싱은 석유가 생산될 수 있는 통로나 튜빙을 설치할 공간을 제공한다.

5.1.2 케이싱의 설치과정

〈그림 5.1〉은 케이싱이 지층에 설치되는 전형적인 과정을 보여준다. 시추작업을 위한 준비가 완료되면 케이싱을 설치할 심도까지 굴진한다(〈그림 5.1〉(a)). 굴진 후 케이싱을 시추공으로 내리고(〈그림 5.1〉(b)) 시추공벽과 케이싱 사이의 틈을 시멘팅하여 케이싱을 지층에 고정시킨다(〈그림 5.1〉(c)). 케이싱의 가장 아랫부분인 케이싱슈(casing shoe)에서 시멘팅이 잘 되도록 케이싱슈의 안쪽부분도 시멘팅한다. 계획된 다음 심도에 도달하기 위해 이미 시멘팅된 바닥을 뚫고 다시 굴진한 후(〈그림 5.1〉(d)) 케이싱을 내리고(〈그림 5.1〉(e)) 시멘팅을 한다(〈그림 5.1〉(f)). 이러한 일련의 과정을 원하는 목표심도에 도달할 때까지 반복하여 실시한다.

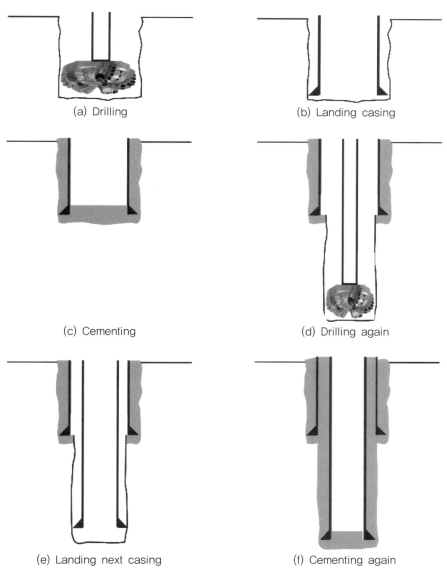

(a) Drilling

(b) Landing casing

(c) Cementing

(d) Drilling again

(e) Landing next casing

(f) Cementing again

그림 5.1 케이싱의 설치과정

5.1.3 케이싱의 종류

목표지점에 도달하는 과정에서 다양한 지층을 지나므로 크기와 설치깊이가 다른 여러 케이싱이 사용된다. 일반적으로 새로운 케이싱을 설치할 때마다 굴진길이의 증가에 따라 케이싱의 길이도 길어진다. 또한 케이싱의 내경보다 작은 시추공을 굴진하므로 그 직경은 감소한다.

〈그림 5.2〉(a)는 실제로 설치된 케이싱의 예로 〈그림 1.15〉와 같은 전형적인 모습을 보여준다. 〈그림 5.2〉(b)는 심해 시추공의 케이싱 설치계획으로 제팅시추와 시추공 확공계획까지 요약하여 보여준다. 시추작업에서 사용되는 케이싱은 그 사용목적에 따라 다음과 같은 종류가 있다.

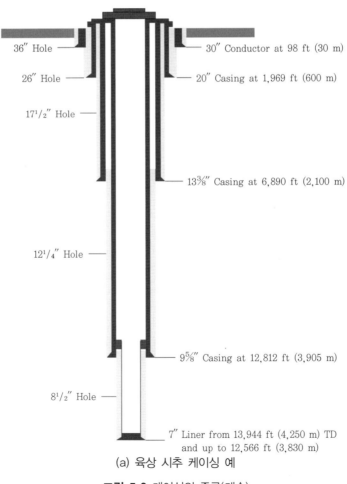

(a) 육상 시추 케이싱 예

그림 5.2 케이싱의 종류(계속)

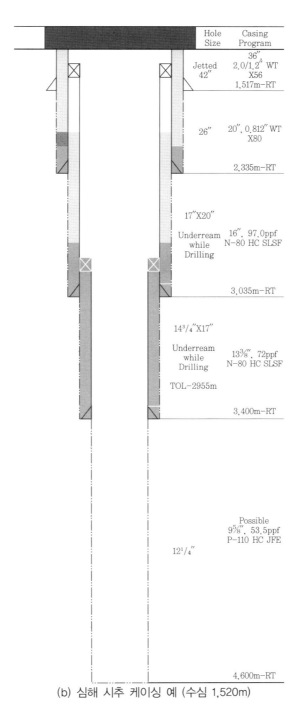

Hole Size	Casing Program
Jetted 42″	36″ 2.0/1.2″ WT X56 1,517m−RT
26″	20″, 0.812″ WT X80 2,335m−RT
17″X20″ Underream while Drilling	16″, 97.0ppf N−80 HC SLSF 3,035m−RT
14³/₄″X17″ Underream while Drilling TOL−2955m	13³/₈″, 72ppf N−80 HC SLSF 3,400m−RT
12¹/₄″	Possible 9⁵/₈″, 53.5ppf P−110 HC JFE 4,600m−RT

(b) 심해 시추 케이싱 예 (수심 1,520m)

그림 5.2 케이싱의 종류

177

- 구조케이싱(structural casing)
- 전도케이싱(conductor casing)
- 지표케이싱(surface casing)
- 중개케이싱(intermediate casing)
- 라이너(liner)

구조케이싱은 매우 얕은 심도에 설치되는 파이프로 시추작업을 위해 지표면과 천부지층을 안정화하는 역할을 한다. 다른 케이싱처럼 시추공의 압력을 지탱하는 것이 아니라 전도케이싱이 설치될 때까지 연약 지층의 변형이나 이동을 방지한다. 구조케이싱을 설치하는 대신 직경이 다른 전도케이싱을 두 개 설치할 수도 있으며 이는 지표면과 천부지층의 안정성에 큰 영향을 받는다. 구조케이싱은 〈그림 5.1〉과 같은 굴진과정을 거치지 않고 해머의 타격으로 지층에 바로 박을 수도 있다.

전도케이싱은 지표 근처의 연약층을 보호하기 위해 설치되는 케이싱으로 지표면부터 얕은 깊이에 설치되며 약 16~30 inch 정도의 직경을 가진다. 구조케이싱 대신에 사용되기도 하는 전도케이싱은 대기 중에 노출된 지표면의 침식과 변형을 막는다. 또한 시추가 진행됨에 따라 차례로 설치될 다음 케이싱을 위한 기초를 제공하며 깊게 설치될 경우 지하수층을 보호한다.

지표케이싱은 전도케이싱 다음으로 설치되며 지하수층으로 이수가 흘러 들어가거나 시추공으로 지하수가 유입되는 것을 방지한다. 만약 지층이 단단하다면 전도케이싱 없이 바로 지표케이싱을 설치할 수 있다. 지표케이싱 위에 BOP가 설치되고 지층유체가 시추공으로 유입되는 킥(kick)이 발생하면 BOP를 닫아 시추공을 폐쇄한다. 따라서 지표케이싱은 다음 시추깊이까지 안전하게 시추하기 위하여 예상된 킥 크기나 지층압을 제어할 수 있도록 충분한 깊이의 단단한 지층에 설치되어야 한다. 지표케이싱의 직경은 약 9 5/8~20 inch이다.

중개케이싱은 지표케이싱 다음으로 설치되고 지층조건에 따라 설치심도가 결정된다. 중개케이싱은 저압지층, 과압지층, 이수유실층, 반응성 셰일층 등 문제가 되는 지층을 격리시켜 시추문제를 최소화한다. 목표심도가 깊은 경우 여러 개가 사용되며, 언급한 잠재적 문제지층을 격리시키기 위한 케이싱과 시멘팅이 중요하다. 중개케이싱의 직경은 약 7 3/4~9 5/8 inch이다.

라이너는 지표까지 연장되지 않고 바로 직전 케이싱의 끝에 연결되어 목표지점까지 설치되는 케이싱이다. 이 둘을 연결하기 위해 라이너 걸이와 패커가 사용되며 시추공이 내외적으로 예상되는 압력에 대하여 안전하다고 판단될 때 이용한다. 즉 라이너는 시추공의 안정성 확보를 위해 케이싱을 지표까지 설치할 필요가 없을 때 사용된다. 라이너는 지표까지 연결되지 않으므로 설치 비용과 시간이 절약된다.

케이싱을 기술적으로 분류할 때는 다음과 같은 기준을 사용하며 각 케이싱별로 구체적인 자료가 표로 제시되어 케이싱 설계에 활용된다.

- 외경(outer diameter)
- 재질등급(grade of material)
- 단위무게(unit weight)
- 연결타입(type of threads and couplings)

구체적으로 9 5/8 inch, N-80 케이싱은 외경이 9.625 inch이고 등급은 N-80으로 최소 항복 응력이 80 kips임을 의미한다. 제작된 케이싱의 단위무게에 의해 두께가 결정되며 결과적으로 그 강도를 결정한다. 단위무게가 47.0 lb/ft이면, 내경은 8.681 inch이고 붕괴압력은 4,760 psi, 파열압력은 6,870 psi가 된다(〈표 5.2〉 자료 참조). 케이싱을 연결하기 위해 파여진 홈과 연결방법에 의해 견딜 수 있는 장력이 결정된다.

5.2 케이싱 설계

5.2.1 공극압과 파쇄압

케이싱의 설치심도는 지층의 공극압과 파쇄압의 크기에 의해 결정된다. 공극압은 지층유체의 압력으로 관심 지점의 수직깊이에 의해 계산된 정수압과 비교하여 정상압력, 과압, 저압으로 분류된다. 정상압력은 공극 내의 물이 지표와 연결되어 있어 공극압이 정수압과 같은 경우이다. 만약 불투수층이 지하와 지표의 연결을 차단하거나 압력변화를 유발하는 지질적 변화가 발생하면 과압이나 저압이 될 수 있다.

파쇄압은 지층에 균열을 일으키는 최소압력으로 케이싱 설치 후 LOT를 통해 가장 정확하게 얻을 수 있다. LOT는 시추공의 상부에서 인위적으로 압력을 가하여 지층이 파쇄될 때 그 압력을 직접 측정한다.

지층의 파쇄압을 직접 측정하지 않고 이론적으로 예측하는 다양한 기법이 있다. 이들 중에는 전형적인 지층변수를 사용하는 일반식도 있고 관심 지역의 실제 측정자료를 필요로 하는 방법도 있다. 일반식은 간단하지만 특정 지역에 적용하기 어려운 한계가 있다. 비교적 쉽게 사용할 수 있는 방법은 다음과 같다.

- 허버트-윌리스(Hubbert and Willis) 기법
- 바크-우드(Barker and Wood) 기법
- 이튼(Eaton) 기법
- 차세대 이튼 기법

허버트-윌리스 기법은 식 (5.1)로 표현된다. 식 (5.1a)는 주어진 공극압을 이용하여 파쇄압 구배를 최소로 예측한 것이고 식 (5.1b)는 최대로 예측한 것이다.

$$\frac{F}{D}\bigg|_{\min} = \frac{1}{3}\left(\frac{S}{D} + 2\frac{P}{D}\right) \tag{5.1a}$$

$$\frac{F}{D}\bigg|_{\max} = \frac{1}{2}\left(\frac{S}{D} + 2\frac{P}{D}\right) \tag{5.1b}$$

180

여기서, F는 파쇄압(psi), D는 깊이(ft), S는 깊이 D에서의 지층하중압(overburden pressure) (psi), P는 공극압(psi)이다. 허버트-윌리스 법은 파쇄압의 범위를 제공하므로 유익하고 간단하지만 특정지역에 적용하기에는 한계가 있다.

바크와 우드(1997)는 미국 멕시코만에서 얻은 현장자료를 이용하여 공극압과 파쇄압을 예측할 수 있는 경험식을 제시하였다. 그들은 지층의 공극압과 파쇄압이 지층의 전체 무게로 대표되는 지층하중압의 일정비율로 나타남을 확인하였다. 바크-우드 기법은 식 (5.2a)로 표시되는 지층의 평균밀도를 얻고 식 (5.2b)로 표시되는 지층상부압을 계산하여 그 값의 90%를 파쇄압으로, 80%를 공극압으로 예측한다. 이들은 현장자료의 추세선으로 얻은 것이다. 주어진 지층에서 전체 상부하중을 계산하기 위해서는 바다물의 무게와 지층의 무게를 합하여 계산하여야 한다.

$$\overline{\rho}_{bulk} = 5.3 D_{BML}^{0.1356} \tag{5.2a}$$

$$P_{ob} = \Delta P_{sw} + 0.052 \overline{\rho}_{bulk} D_{BML} \tag{5.2b}$$

여기서, $\overline{\rho}_{bulk}$는 지층의 평균밀도(ppg), D_{BML}는 해저면으로부터 수직깊이(ft), P_{ob}는 지층상부압(psi), ΔP_{sw}는 해수의 정수압(psi)이다. 바크-우드 법은 수심이 2,000~7,000 ft인 멕시코만 지역의 해저지층에 적용될 수 있으며, 해저 8,000 ft 이내의 지층에서 정확도가 높은 예측결과를 보여준다.

이튼 기법(1997)은 지층하중압과 포아송비(Poisson ratio)가 깊이에 따라 변화한다는 점을 반영한 방법으로, 식 (5.3)과 같이 표현된다. 해당지역의 지층하중압과 포아송비를 알고 있는 경우, 이튼 법을 이용하면 정확하고 간단하게 파쇄압을 예측할 수 있어 널리 사용된다.

바크-우드 기법을 이튼 기법에 적용하면 미국 멕시코만에서 파쇄압을 예측할 수 있다. 구체적으로 공극압은 식 (5.2b)로 표시되는 지층하중압의 80%로 간단히 계산된다. 포아송비는 식 (5.4)로 표시되므로 식 (5.3)을 이용하여 파쇄압을 얻는다. 이를 차세대 이튼 기법이라 한다.

$$\frac{F}{D} = \frac{(S-P)}{D}\left(\frac{v}{1-v}\right) + \frac{P}{D} \tag{5.3}$$

$$v = 0.31246 + 5.7875 \times 10^{-5} D_{BML} - 6.0893 \times 10^{-9} D_{BML}^2 \text{ , if } D_{BML} < 5,000\,\text{ft}$$

$$\text{(5.4a)}$$

$$v = 0.42603 + 7.2947 \times 10^{-6} D_{BML} - 1.8820 \times 10^{-10} D_{BML}^2 \text{ , if } D_{BML} \geq 5,000\,\text{ft}$$

$$\text{(5.4b)}$$

여기서, F는 파쇄압(psi), D는 수직깊이(ft), S는 지층하중압(psi), P는 공극압(psi), v는 포아송비이다.

5.2.2 케이싱 설치깊이

일반적으로 케이싱을 설치한 깊이보다 더 깊이 굴진하지 않는 경우 시추공의 안전성에는 아무런 문제가 없다. 하지만 계속하여 나공을 굴진하는 과정에서 높아진 지층압을 제어하기 위하여 이수밀도를 높이거나 킥으로 인해 시추공을 폐쇄하기도 한다. 따라서 케이싱의 설치 심도를 결정할 때 이를 고려하여야 한다.

케이싱의 설치심도는 공극압과 파쇄압 그리고 목표심도에 의해 결정된다. 설명을 위해 〈그림 5.3〉의 시추깊이 D_1에 마지막 케이싱이 설치되었다고 가정하자. 케이싱 설치 후에 나공을 굴진하면 시추심도의 증가에 따라 지층압도 증가하고 이를 제어하기 위한 이수의 밀도도 증가하여야 한다.

만약 밀도 ρ_1을 가진 이수를 이용하여 시추하면 D_1 지점을 지나면서 시추공 압력이 공극 압보다 낮아져 킥이 발생한다. 따라서 굴진작업을 계속하기 위해서는 이수밀도를 증가시켜야 한다. 이수밀도를 ρ_2로 증가시키면 D_2 지점까지는 시추가 가능하지만, 그 후에는 킥이 발생한다. 이수밀도를 다시 ρ_3로 증가시키면 D_3 지점까지 시추할 수 있다. 더 깊이 시추하기 위하여 이수밀도를 ρ_3보다 크게 하면 D_3 하부에서의 킥은 방지되지만 마지막 케이싱이 설치된 D_1 지점에서 지층의 파쇄가 일어나게 된다.

결론적으로 D_1에 케이싱이 설치되었을 때, 케이싱슈에서 파쇄가 일어나기 직전까지 이수 밀도를 점차 높여 킥을 방지하며 시추할 수 있는 최대 깊이는 D_3이다. 따라서 D_3까지 시추하면 이 지점까지 케이싱을 새로 설치해야 더 하부로 시추를 계속할 수 있다.

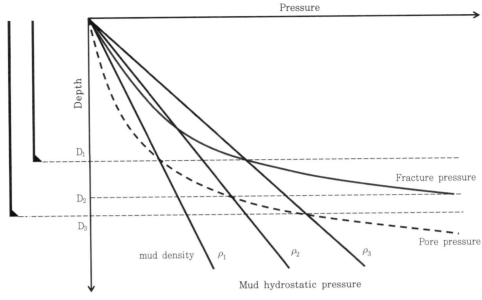

그림 5.3 케이싱 설치심도 결정(깊이는 수직깊이)

〈그림 5.3〉에서 시추공의 압력은 이수의 정수압으로 표현되므로 심도에 따라 증가하는 형태를 보인다. 만약 정수압 대신 이수밀도나 압력구배 단위를 이용한다면 시추심도에 관계 없이 동일한 이수에 대하여 상수로 표현되므로 그래프를 이용한 케이싱의 설치심도 결정이 간단해진다.

〈그림 5.4〉는 깊이에 따른 공극압과 파쇄압을 이수밀도로 나타낸 그래프이다. 실제 계산에 서는 케이싱 설치개수를 최적화하기 위해서 최종 목표심도에서부터 설치심도를 계산한다. 즉 목표심도에 도달하기 위하여 마지막으로 케이싱을 설치할 심도를 결정하고 또 그 심도까 지 시추하기 위해 필요한 이전 케이싱의 설치심도를 계산한다. 이와 같은 과정을 반복하여 케이싱의 설치심도와 개수를 결정한다.

파이프나 케이싱을 이송할 때 흡입효과로 인한 압력손실을 고려하여 시추공 압력을 공극 압보다 크게 유지하는데 그 정도를 트립마진이라 한다. 동일한 이유로 지층의 파쇄를 방지하 기 위해서 시추공 압력을 파쇄압보다 작게 유지하며 그 정도를 킥마진이라 한다. 이들을 안 전마진이라고도 하며 보통 0.5 ppg를 사용한다. 하지만 그 값은 시추공의 깊이에 따라 너무 크거나 작지 않도록 압력값을 기준으로 점검되어야 한다. 결과적으로 시추공의 정수압은 〈그림 5.4〉에서 안전마진이 고려된 두 점선 사이에 유지되어야 한다.

〈그림 5.4〉에서 최종 목표심도에서 사용되는 이수밀도를 나타낸 지점을 a라 하자. 그림의

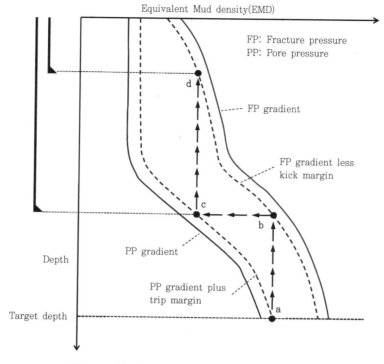

그림 5.4 이수의 밀도를 이용한 케이싱 설치심도 결정

a지점에서 수직선을 그어 안전마진을 고려한 파쇄압 점선과 만나는 b지점의 심도가 마지막 케이싱을 설치해야 할 깊이이다. 즉 b지점 깊이에 케이싱을 설치하면 주어진 공극압과 파쇄압 조건에서 a지점 깊이까지 시추할 수 있다.

또한 b지점의 심도까지 시추하기 위하여 필요한 최소 이수밀도는 b지점에서 수평으로 그은 선이 안전마진을 고려한 공극압 점선과 만나는 c지점의 밀도이다. 동일한 원리로 c지점 깊이까지 시추하기 위해 d지점에 케이싱을 설치하여야 한다. 이러한 일련의 과정으로 케이싱의 설치심도를 결정하므로 공극압과 파쇄압의 정보가 케이싱 설계에 반드시 필요하다.

5.2.3 케이싱 설계의 역학적 요소

케이싱의 설치심도가 결정되면 시추과정에서 예상되는 내외압과 케이싱을 설치하기 위해 하강시키는 과정 중에 예상되는 장력에 맞게 케이싱을 설계하여야 한다. 케이싱 설계 시 고려해야 할 역학적 요소는 다음과 같다.

- 파열압력(burst pressure)
- 붕괴압력(collapse pressure)
- 축장력하중(axial tension load)

파열압력은 외압과 축하중이 없을 때 케이싱의 내부에서 케이싱을 파열시킬 수 있는 최소 압력이다. 시추공이 폐쇄되면 지층의 공극압이 케이싱의 내압으로 작용하므로 케이싱은 추가적으로 시추하는 과정에서 예상되는 공극압을 견딜 수 있어야 한다. 각 외력에 대한 API 설계기준은 〈표 5.1〉과 같으며 파열압력의 경우 안전율은 1.1이다.

붕괴압력은 내압과 축하중이 없을 때 케이싱의 외부에서 케이싱을 붕괴시킬 수 있는 최소 압력이다. 케이싱의 붕괴를 유발하는 압력은 지층의 공극압이므로 케이싱은 설치깊이에서 최대 공극압을 견딜 수 있어야 한다. 붕괴압력에 대한 API 안전율은 1.125이다.

축장력하중은 관심지점 아래에 매달려 있는 케이싱의 무게에 의한 하중을 지탱할 수 있는 최대 장력이며 식 (5.5)로 계산된다.

$$F_{ten} = \frac{\pi}{4}\sigma_y(d_o^2 - d_i^2) \tag{5.5}$$

여기서, F_{ten}은 축장력하중(lbf), σ_y는 최소항복응력(psi), d_o은 케이싱의 외경(inch), d_i는 케이싱의 내경(inch)이다. 축장력하중에 대한 API 안전율은 1.8이나 경우에 따라 이보다 더 낮은 값을 사용하기도 한다. 하지만 케이싱이 고착되었을 때 적용할 수 있는 최대 장력을 추가로 고려하는 경우가 많다.

위에서 언급한 세 가지 요소에 대하여 예상되는 최악의 조건을 기준으로 케이싱을 설계한다. 구체적으로 파열압력과 붕괴압력의 경우 각각 케이싱이 외부와 내부에 아무런 유체가 없어 가해진 압력을 완화하는 정수압이 없다고 가정한다. 축장력하중의 경우에도 케이싱을 시추공으로 내릴 때 이수로 인한 부력을 받지 않는다고 가정한다.

표 5.1 케이싱 설계를 위한 API 안전율

Type	Design safety factor
Burst	1.1
Collapse	1.125
Tension	1.8

　〈그림 5.5〉는 케이싱 설계에서 고려하여야 할 압력을 깊이에 따라 나타낸 그래프이다. 케이싱 설계에서 가장 먼저 고려하여야 할 것은 파열압력이다. 즉 해당 케이싱 설치 후 다음 섹션을 시추하는 과정에서 지층압력이 케이싱에 내압으로 작용하더라도 케이싱이 안전해야 한다. 케이싱 설계는 최악의 상황을 기초로 하므로 예상되는 지층의 최대 압력이 깊이에 상관없이 케이싱 내부에 작용한다고 가정한다. 이는 가스가 시추공에 가득 찬 상태에서 시추공을 폐쇄한 경우에 타당하다고 할 수 있다. 따라서 예상되는 최대 공극압보다 낮은 파열압력을 가진 케이싱은 시추공의 어느 구간에도 사용할 수 없다.

　케이싱스트링의 상부로 올라갈수록 그 하부에 매달린 케이싱의 길이가 길어지므로 무게로 인한 하중은 증가한다. 반면 케이싱을 하강시킬 때 그 깊이가 깊어질수록 케이싱의 외부에 작용하는 지층압이 증가하므로 필요한 붕괴압력도 증가하여 〈그림 5.5〉와 같은 관계를 가진다. 그래프를 통해 케이싱의 상부에서는 장력, 중간에서는 파열압력, 가장 하부에서는 붕괴압력이 주요 설계요소임을 알 수 있다.

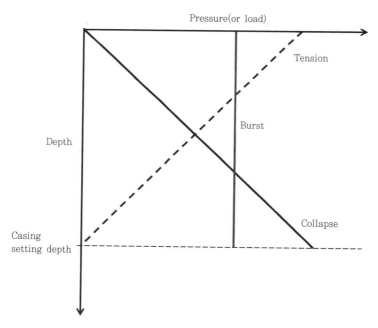

그림 5.5 깊이에 따른 케이싱 설계요소의 변화

5.2.4 케이싱 설계 예

다음 목표심도까지 시추하는 데 예상되는 최대 공극압이 5,500 psi이고 현재 사용 중인 이수의 밀도가 12.2 ppg, 설계심도가 8,000 ft라 가정하자. 〈표 5.2〉에 주어진 외경 9 5/8 inch, N-80 등급의 케이싱을 사용하여 케이싱을 설계하자. 참고로 〈표 5.2〉 자료는 케이싱 제작회사나 서비스회사의 핸드북에 자세히 나와 있다. 엑셀 워크시트로 계산하였으며 교재에 제시된 중간 계산결과는 단순히 4자리 유효숫자로 표기된 것이다. 또한 반복된 기호의 설명을 생략하였다.

표 5.2 N-80 9 5/8 inch 케이싱의 기술자료

No.	Grade	Unit wt, lb/ft	ID, inch	Burst, psi	Collapse, psi	Joint strength*, 1,000 lb
1	N-80	40.0	8.835	5,750	3,090	737
2	N-80	43.5	8.755	6,330	3,810	825
3	N-80	47.0	8.681	6,870	4,760	905
4	N-80	53.5	8.535	7,930	6,620	1,062

* joint strength는 joint coupling with long thread를 의미한다.

표 5.3 인장압력에 따른 붕괴압력의 변화 (N-80 케이싱)

Diameter, inch	Unit weight, lb/ft	Collapse pressure, psi				
		Tension stress, psi	0	5,000	10,000	15,000
9.625	40.0		3,090	3,030	2,980	2,910
	43.5		3,810	3,770	3,720	3,660
	47.0		4,760	4,680	4,600	4,500
	53.5		6,620	6,480	6,320	6,150

(1) 파열압력 점검

먼저 사용할 케이싱이 예상되는 압력을 견디는지 확인하기 위해 안전율을 고려하여 최대 내압을 계산하면 다음과 같이 6,050 psi이다.

$$P_B = 공극압 \times S_F = 5500 \times 1.1 = 6,050 \text{ psi}$$

여기서, P_B는 요구되는 최소 파열압력이고 S_F는 안전율이다.

〈표 5.2〉에서 1번 케이싱은 파열압력이 6,050 psi보다 낮아 설계심도의 어느 구간에도 사용할 수 없다.

(2) 최하부 케이싱의 결정

케이싱 설계에 사용할 후보 중에서 최대 외압을 만족하는 가장 경제적인 등급을 최하부에 사용한다. 케이싱의 붕괴를 유발하는 외압은 깊이에 따라 증가하므로 설계심도에서 케이싱의 붕괴압력이 최대 외압을 지탱할 수 있는지 점검해야 한다. 설계심도에서 안전율을 고려한 최대 외압은 다음과 같이 5,710 psi이다. 〈표 5.2〉에서 최대 외압을 견딜 수 있는 것은 4번 케이싱(53.5 lb/ft)뿐이다.

$$P_C = 0.052 \times 이수밀도 \times 깊이 \times S_F = 0.052 \times 12.2 \times 8000 \times 1.125 = 5,710 \text{ psi}$$

여기서, P_C는 요구되는 최소 붕괴압력이다.

(3) 최하부 케이싱의 사용구간 결정

만일 4번 케이싱을 지표면까지 설치한다면 주어진 설계조건은 만족하지만 경제적인 설계는 되지 못한다. 따라서 다음 등급인 3번 케이싱을 설치할 수 있는 최대 깊이를 결정하고 그 하부에만 4번 케이싱을 설치한다. 이수밀도 12.2 ppg에 해당하는 외압에 대하여 3번 케이싱이 설치될 수 있는 최대 깊이는 안전율을 고려하면 다음과 같이 6,669 ft이다.

$$h = \frac{P_C}{0.052 \times 이수밀도 \times S_F} = \frac{4760}{0.052 \times 12.2 \times 1.125} = 6,669 \text{ ft}$$

여기서 h는 붕괴압력에 따른 케이싱의 설치심도 이다.

〈표 5.2〉에 주어진 붕괴압력은 축하중이 없을 때 값이다. 일반적으로 파이프의 붕괴압력은 축 방향의 압축력이 작용하면 증가하고 인장력이 작용하면 감소한다. 따라서 파이프에 작용하는 무게로 인한 인장력을 고려해주어야 한다. 앞서 계산된 3번 케이싱 설치심도의 하부 (6,669~8,000 ft)에 설치될 4번 케이싱의 무게는 다음과 같이 71,180 lb이고, 단면적으로 나누면 응력이 5,245 psi이다.

$$F_t = 53.5 \times (8000 - 6669) = 71{,}180 \text{ lb}$$

$$\sigma = \frac{\text{무게}}{\text{단면적}} = \frac{71180}{13.57} = 5{,}245 \text{ psi}$$

여기서, F_t는 케이싱하부에 매달린 무게이고 σ는 케이싱에 발생하는 응력이다.

축방향 인장응력 5,245 psi에 의해 감소된 붕괴압력을 〈표 5.3〉 자료를 이용하여 선형보간법으로 구하면 다음과 같이 4,676 psi이다.

$$P_{Cc} = 4680 + \frac{(4600 - 4680)}{5000} \times (5245 - 5000) = 4{,}676 \text{ psi}$$

여기서, P_{Cc}는 교정된 붕괴압력이다.

장력을 고려하여 교정된 붕괴압력과 안전율로 3번 케이싱이 설치될 수 있는 최대 깊이를 다시 계산하면 다음과 같이 6,552 ft이다.

$$h_c = \frac{P_{Cc}}{0.052 \times \text{이수밀도} \times S_F} = \frac{4676}{0.052 \times 12.2 \times 1.125} = 6{,}552 \text{ ft}$$

여기서, h_c는 3번 케이싱의 교정된 설치심도이다.

장력을 고려하기 전과 후의 계산오차가 117.6 ft이므로 반복계산이 필요하다. 동일한 과정으로 다음과 같이 장력을 계산하면 77,470 lb이고 이로 인한 응력은 5,708 psi이다. 〈표 5.3〉자료를 이용하여 교정된 붕괴압력은 4,669 psi이고 새로운 설치심도는 6,542 ft이다.

$$F_t = 53.5 \times (8000 - 6552) = 77{,}470 \text{ lb}$$

$$\sigma = \frac{\text{무게}}{\text{단면적}} = \frac{77470}{13.57} = 5{,}708 \text{ psi}$$

$$P_{Cc} = 4680 + \frac{(4600 - 4680)}{5000} \times (5708 - 5000) = 4{,}669 \text{ psi}$$

$$h_C = \frac{P_{Cc}}{0.052 \times 이수밀도 \times S_F} = \frac{4669}{0.052 \times 12.2 \times 1.125} = 6,542 \text{ ft}$$

이전 계산과의 오차가 10.39 ft이므로 보통의 케이싱 설계에서 허용 가능한 오차범위이다. 보다 더 정확한 계산을 위하여 추가로 반복계산을 할 수 있지만 케이싱의 단위길이가 30 ft 내외이므로 더 이상의 반복계산은 의미가 없다. 결론적으로 3번 케이싱을 6,542 ft까지 설치하고 그 하부는 4번 케이싱을 사용하며 그 무게는 78,030 lb이다.

(4) 다음 구간의 케이싱 결정

만약 〈표 5.2〉의 3, 4번 케이싱만 파열압력 조건을 만족한다면 더 이상 단가가 싼 케이싱이 없으므로 3번으로 지표면까지 설치할 수 있는지 확인해야 한다. 하지만 2번 케이싱도 요구되는 파열압력을 견딜 수 있으므로 경제적인 케이싱 설계를 위해 2번이 설치될 수 있는 최대 깊이를 결정하고 중간부분만 3번을 설치한다.

이수밀도 12.2 ppg에 해당하는 외압에 대하여 2번 케이싱이 설치될 수 있는 최대 깊이는 안전율을 고려하면 다음과 같이 5,338 ft이다.

$$h = \frac{P_C}{0.052 \times 이수밀도 \times S_F} = \frac{3810}{0.052 \times 12.2 \times 1.125} = 5,338 \text{ ft}$$

동일한 원리로 2번 케이싱 하부에 매달린 무게로 인한 붕괴압력 감소를 계산한다. 처음 계산된 2번 케이싱 설치심도 하부에 설치될 3, 4번 케이싱의 무게는 다음과 같이 134,600 lb 이고 단면적으로 나누면 응력이 10,720 psi이다.

$$F_t = 78030 + 47 \times (6542 - 5338) = 134,600 \text{ lb}$$

$$\sigma = \frac{무게}{단면적} = \frac{134600}{12.56} = 10,720 \text{ psi}$$

축방향 인장응력 10,720 psi에 의해 감소된 붕괴압력을 〈표 5.3〉 자료를 이용하여 선형보간법으로 구하면 다음과 같이 3,711 psi이다.

$$P_{Cc} = 3720 + \frac{(3660 - 3720)}{5000} \times (10720 - 10000) = 3,711 \text{ psi}$$

장력을 고려하여 교정된 붕괴압력과 안전율로 2번 케이싱이 설치될 수 있는 최대 깊이를 다시 계산하면 다음과 같이 5,200 ft이다.

$$h_c = \frac{P_{Cc}}{0.052 \times 이수밀도 \times S_F} = \frac{3711}{0.052 \times 12.2 \times 1.125} = 5,200 \text{ ft}$$

장력을 고려하기 전과 후의 계산오차가 138.1 ft이므로 반복계산이 필요하다. 동일한 과정으로, 하부장력은 141,100 lb이고 이로 인한 응력은 11,230 psi이다. 〈표 5.3〉 자료를 이용하면 교정된 붕괴압력은 3,705 psi이고 새로운 설치심도를 계산하면 5,192 ft이다. 이전 계산과의 오차가 8.692 ft이므로 3번 케이싱을 5,192~6,542 ft까지 설치한다.

$$F_t = 78030 + 47 \times (6542 - 5200) = 141,100 \text{ lb}$$

$$\sigma = \frac{무게}{단면적} = \frac{141100}{12.56} = 11,230 \text{ psi}$$

$$P_{Cc} = 3720 + \frac{(3660 - 3720)}{5000} \times (11230 - 10000) = 3,705 \text{ psi}$$

$$h_C = \frac{P_{Cc}}{0.052 \times 이수밀도 \times S_F} = \frac{3705}{0.052 \times 12.2 \times 1.125} = 5,192 \text{ ft}$$

(5) 최상위 케이싱의 결정 및 장력 점검

〈표 5.2〉에 주어진 케이싱 중에서 파열압력을 견디면서 가장 등급이 낮은 것은 2번 케이싱이다. 따라서 이 케이싱을 지표면까지 설치하는 것이 가능한지 확인한다. 파열압력은 이미 만족하였고 붕괴를 유발하는 외압도 지표면으로 갈수록 작아지므로 오직 축하중만 확인하면 된다. 구체적으로 2번 케이싱의 최상부 연결부위가 전체 케이싱스트링의 무게를 견딜 수 있는지 확인한다.

케이싱의 전체 무게를 계산하면 다음과 같이 367,300 lb이고 안전율 1.8을 고려한 값은

661,200 lb로 케이싱의 인장력 825,000 lb보다 작으므로 지표면까지 설치할 수 있다. 이는 케이싱 작업에서 케이싱을 연결하여 시추공으로 안전하게 하강시킬 수 있음을 의미한다. 만약 2번 케이싱의 인장강도가 안전율을 고려한 케이싱 무게보다 작으면 그 상위등급을 사용하여야 한다. 주어진 모든 조건을 만족하며 경제적으로 설계된 케이싱은 〈그림 5.6〉과 같다.

$$F_t = 43.5 \times 5192 + 47 \times (6542 - 5192) + 78030 = 367,300 \text{ lb}$$

만약 〈표 5.2〉에 주어진 또 다른 케이싱이나 사용을 계획하고 있는 다른 등급의 케이싱이 파열압력을 견딘다면 그 케이싱이 설치될 수 있는 최대 깊이를 동일한 원리로 계산한다. 즉 안전율을 고려하여 주어진 붕괴압력이 견딜 수 있는 최대 깊이를 계산하고 그 하부에 연결될 케이싱의 무게로 인해 줄어든 붕괴압력을 평가하여 최종 설치심도를 반복계산으로 결정한다. 물론 케이싱의 길이가 길어지면 케이싱의 연결부위가 전체 무게를 견딜 수 있는지도 점검하여야 한다.

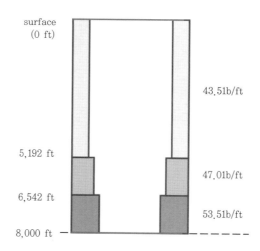

그림 5.6 케이싱 설계 결과 (모두 N-80 케이싱)

5.3 시멘트 첨가제 및 시험

5.3.1 시멘트 첨가제

실제 시멘팅 작업에서 해당 지층의 조건에 적합한 시멘트를 얻기 위해서 다양한 첨가제를 사용한다. 시멘트 첨가제는 그 사용목적에 따라 다음과 같이 나눌 수 있으며 〈표 5.4〉는 전형적인 예를 보여준다.

- 밀도 첨가제
- 경화시간 첨가제
- 순환손실방지 첨가제
- 여과조절 첨가제
- 점도 첨가제

밀도 및 경화시간 첨가제는 거의 모든 시멘팅 작업에서 고려해야 하는 주요요소이다. 첨가제의 농도는 시멘트 분말의 건조상태 무게인 94 lb/sack을 기준으로 무게백분율(weight %)인 식 (5.6)으로 나타낸다. 즉 첨가물 2%의 의미는 시멘트 분말 1포대 당 1.88 lb를 추가한다는 것이다.

시멘트 반죽을 위한 물의 양은 퍼센트혼합비(% mix)로 식 (5.7)로 표현되며 물시멘트비(water to cement ratio)라고도 한다.

표 5.4 시멘트 첨가제

Purpose	Additives
밀도 감소	bentonite, diatomaceous earth, solid hydrocarbons, expanded perlite, pozzolan
밀도 증가	hematite, ilmenite, barite, sand
경화 촉진	calcium chloride, sodium chloride, gypsum, sodium silicate
유체손실 저감	fibrous type, granular type, lamellated type
여과 조절	latex, bentonite with a dispersant, CMHEC(carboxymethyl hydroxylethyl cellulose), organic polymer
점도 조절	organic deflocculants, sodium chloride, long chain polymer

$$weight \% = \frac{additive\ weight}{cement\ weight} \times 100 \tag{5.6}$$

$$water \% mix = \frac{water\ weight}{cement\ weight} \times 100 \tag{5.7}$$

시멘트 반죽(slurry)의 밀도는 보통 사용 중인 이수의 밀도보다 높다. 따라서 시멘트 반죽을 펌핑하는 동안 케이싱 외부와 시추공벽으로 이루어진 애눌러스에 과도한 압력이 발생하지 않도록 유의해야 한다.

벤토나이트는 화산이 폭발할 때 생기는 미세한 화산재가 해저에서 염수와 작용하여 점토질 광물로 변성된 것이다. 주성분은 몬모릴로나이트(montmorillonite)이고 칼륨(K), 나트륨(Na), 칼슘(Ca), 알루미늄(Al)을 포함하고 있다. 비중은 약 2.65 정도이나 쉽게 수화되어 퍼센트 혼합비를 높게 유지하므로 시멘트 반죽의 밀도를 감소시킨다. 전체 시멘트 무게의 2~12% 정도 사용하는 것이 보통이며 최고 25%까지 사용하기도 한다.

파쇄압이 매우 낮은 지층이 존재하는 경우 〈표 5.4〉의 첨가제를 이용해 시멘트 반죽의 밀도를 낮추는 데 어려움이 있다. 시멘팅 구간이 부분적인 경우에는 밀도가 낮은 유체를 그 상부에 채워(이를 spacer라 함) 정수압을 조절할 수 있다. 이와 같은 경우 이수를 효과적으로 밀어내 시멘트와 섞이는 것도 방지한다. 하지만 케이싱의 전체 구간을 시멘팅하는 경우 시멘트 반죽의 밀도를 낮추어야 하며 속이 빈 유리구슬 같이 매우 가벼운 물질이나 가스 또는 거품을 섞을 수 있다. 지층의 공극압이 높을 경우에는 시멘트 반죽의 밀도를 증가시킨다.

시멘트가 설치될 위치로 펌핑된 후 신속히 굳어져서 케이싱을 고정할 뿐만 아니라 해당 구간을 밀폐할 수 있어야 한다. 시멘트 반죽이 요구되는 최소 강도(예를 들면 500 psi)를 만족시키기 위해 소요되는 시간을 경화시간이라 하며 온도에 가장 큰 영향을 받는다. 온도가 높을수록 경화시간이 짧아지므로 온도가 낮은 시추공에서는 시멘팅 후 기다리는 시간(WOC)을 최소화하기 위해서 경화를 촉진하는 첨가제를 사용한다.

심부 고온지층의 경우 시멘트 반죽이 설치위치에 도착하기 전에 경화가 일어나면 정상적인 펌핑이 불가능하고 심하면 사용 중인 장비가 시추공에 시멘트로 고정될 수 있다. 따라서 이 경우에는 경화지연제를 사용하여야 한다.

현탁액이란 액체 속에 고체의 미립자가 분산되어 있는 것을 말하며 시멘트를 물에 섞어주면 일종의 현탁액이 된다. 분산제는 현탁액 중에 입자를 분산시켜서 그 점도를 저하시키는 물질이다. 대부분의 분산제는 시멘트의 경화를 지연시키는 역할을 한다.

시멘트 경화시간은 시멘트 구성물질, 분말도, 첨가제, 물의 양으로도 조절할 수 있다. 시멘트에 대한 물의 양을 줄여서 경화에 걸리는 시간을 감소시키기도 하는데 쉬운 펌핑을 위해 마찰감소제를 함께 사용하기도 한다. 하지만 마찰감소제는 대부분 시멘트 경화시간을 지연시키는 경향이 있기 때문에 신중하게 사용되어야 한다.

순환손실이란 시멘트가 지층으로 손실되는 현상이다. 순환손실은 압력포텐셜이 높은 곳에서 낮은 곳으로 유체가 이동하는 자연현상이다. 하지만 과도하면 시멘트 반죽의 총 부피가 감소하여 계획한 높이의 시멘팅이 이루어지지 않고 시멘트 반죽의 분리, 점도증가, 시멘트 강도의 저하로 나타난다. API에서는 최대 순환손실이 케이싱은 100 cc/30 min, 라이너는 50 cc/30 min, 가스층은 15 cc/30 min 이하가 되도록 권장한다.

순환손실을 줄이는 섬유질 첨가제는 나일론 섬유, 잘게 조각난 나무껍질, 톱밥, 건초 등이 있으며 유체투과율이 큰 지층에 효과적이다. 알갱이로 이루어진 첨가제로는 길소나이트(gilsonite), 팽창 펄라이트, 플라스틱, 깨진 호두 껍데기 등이 있으며 균열지층에 효과적이다. 박편으로 이루어진 첨가제에는 셀로판이나 얇은 운모판 등이 있다.

시멘트 반죽에 포함된 물이 경화과정에서 과도하게 빠지는 것을 막기 위해서 여과조절이 필요하다. 이는 시멘트의 탈수작용을 최소화하고 시멘트 반죽의 정수압을 유지시켜 지층유체가 유입되는 것을 방지한다. 또한 물에 민감한 세일층의 수화작용을 줄이고 시멘트를 설치하는 동안 시멘트 반죽의 점도증가를 방지한다.

시멘트 반죽을 펌핑하기 위해서 일반 이수펌프가 아닌 시멘트 펌프를 사용하며 이는 저속에서도 높은 출력을 가지고 있다. 시멘트 반죽은 일반적으로 점도가 높아 펌핑에 어려움이 있으므로 점도조절 첨가제를 사용한다. 표준화된 시멘트는 각 성분별 배합비율이 정해져 있더라도 각 첨가제의 상호작용에 대하여 아직도 잘 알지 못한다. 따라서 사용할 최종 시멘트 구성에 대하여 반드시 실험적으로 확인하여야 한다.

시멘트 반죽에 사용되는 첨가제는 그 목적과 각 성분이 작용하는 온도 그리고 추천된 사용 비율이 있다. 나트륨의 경우 낮은 농도에서는 경화를 촉진하지만 물무게의 5%를 초과하면 그 효과가 줄어들고 포화된 경우에는 경화를 지연시킨다. 또한 시멘트가 굳어지면서 팽창되어 해당 지역을 잘 밀폐하게 한다. 따라서 각 첨가제에 대한 제조회사의 가이드라인을 참고해야 한다. 여러 가지 첨가제가 같이 사용되므로 상호작용으로 각 기능을 방해하는 첨가제를 같이 사용하지 않도록 유의하여야 한다.

결론적으로 설치할 지층에 맞게 설계된 시멘트 반죽이 해당 지층의 온도와 압력 조건에서 경화시간과 최소 시멘트 강도를 만족하는지 반드시 실험적으로 확인해야 한다. 이를 위해 전문 서비스회사의 실험보고서를 바탕으로 필요한 사항을 검토한다.

5.3.2 시멘트 반죽

여러 요소를 고려하여 공학적으로 설계된 케이싱은 시멘팅 작업을 통해 지층에 단단히 고정되어야 그 역할을 수행할 수 있다. 시멘트는 대부분 포틀란드(Portland) 시멘트로 석회석에 점토를 혼합하여 구워서 만든 것이다. 시멘트 반죽은 시멘트분말에 물과 첨가제를 섞어 만든 것으로 지층특성과 목적에 맞게 준비되어야 한다. 〈표 5.5〉는 8개의 API 표준 시멘트 유형을 보여준다.

표 5.5 API 표준 시멘트 유형

Class	water mix, gal/sk	Slurry wt, ppg	Main usages & comments
A	5.2	15.6	Intended for use when special properties are not required. Available only in ordinary type.
B	5.2	15.6	Intended for use when conditions require moderate sulfate resistance (MSR) to high sulfate resistance (HSR). Available in both MSR and HSR types.
C	6.3	14.8	Intended for use when conditions require high early strength. Available in ordinary, MSR and HSR types.
D	4.3	16.4	Intended for use under conditions of moderately high temperatures and pressures. Available in both MSR and HSR types.
E	4.3	16.4	Intended for use under conditions of high temperatures and pressures. Available in both MSR and HSR types.
F	4.3	16.2	Intended for use under conditions of extremely high temperatures and pressures. Available in both MSR and HSR types.
G	5.0	15.8	Intended for use as a basic cement as manufactured. No additions other than calcium sulfate or water, or both, shall be interground or blended with the clinker during manufacture of Class G cement. Available in both MSR and HSR types.
H	4.3	16.4	Intended for use as a basic cement as manufactured. No additions other than calcium sulfate or water, or both, shall be interground or blended with the clinker during manufacture of Class H cement. Available only in MSR type.

시멘트는 경화가 작업조건에 맞게 진행되도록 구성성분을 배합해야 시멘팅 후 기다리는 시간을 줄일 수 있다. 즉 설치하고자 하는 위치까지 시멘트 반죽이 경화 없이 유동한 후 다음 작업이 준비되는 동안 경화가 이루어지는 것이 최상이다. 순환손실이나 킥의 발생이 최소화 되도록 반죽의 밀도와 양을 조절한다. 또한 시멘트가 노출될 지층수의 구성성분도 반드시 고려되어야 한다.

시추공의 이수나 암편을 잘 제거하지 못하여 시멘트 반죽과 섞이게 되면 시멘트의 강도와 밀폐의 정도가 약화된다. 또한 이수막이 많이 남아 있으면 케이싱이 지층에 단단히 고정되지 못한다. 시멘트의 경화과정에서 지층유체가 유입되거나 케이싱의 진동이나 이동으로 시멘트에 틈이 발생할 수 있다. 이들은 모두 해당 지역을 밀폐해야 하는 케이싱의 기본 기능을 저해한다.

시멘팅의 보수는 문제의 정확한 진단과 그 해결이 어렵고 비용이 비싸며 대부분 만족할 만한 결과를 얻지 못한다. 따라서 시멘팅 작업에서 가장 중요한 것 중 하나는 처음 작업을 잘 하는 것이다. 정확한 계획과 시멘팅 시험을 바탕으로 첫 시도에서 작업을 성공적으로 마쳐야 한다. 이를 위해서는 좋은 전문업체의 선정과 긴밀한 협력이 필요하다.

5.3.3 시멘트 시험

주어진 시추상황에서 시멘트 구성성분이 적절한지를 알아보기 위해서는 여러 시험이 필요하며 API에서는 다음의 8가지 장비를 제안하고 있다.

- 이수저울(mud balance)
- 이수여과기(filter press)
- 회전식 점도계(rotational viscometer)
- 농화도계(consistometer)
- 시멘트 투수도계(cement permeameter)
- 시료거푸집과 강도시험기(specimen molds and strength testing machines)
- 가압처리기(autoclave)
- 와그너 탁도계(Wagner turbidimeter)

이수저울은 시멘트 반죽의 밀도를 측정할 수 있는 장비이며 이수여과기는 시멘트 반죽의 유체손실 정도를 측정한다. 회전식 점도계는 시멘트 반죽의 점도와 항복응력을 측정한다. 이 세 가지 시험은 시추이수 시험과 유사하지만 현장에서 시행하지 않는 것이 다르다. 특히 이수저울을 이용한 시멘트 반죽 밀도측정 시 시멘트 반죽에 적당한 진동을 주어 내부의 공기를 충분히 제거해야 한다.

시멘트 반죽은 일반 유체처럼 유동하지 않기 때문에 점도로 표현하기에 어려움이 있다. 농화시간시험은 점도 대신 시멘트 반죽이 주어진 조건하에서 유체상태로 남아 있는 시간을 측정한다. 즉 시멘트 반죽의 점도가 일정한 값 이상으로 증가하여 더 이상 펌프질이 불가능한 상태에 도달할 때까지 소요되는 시간을 시멘트의 농화시간이라고 한다. 농화도계는 시멘트를 사용할 지층의 온도와 압력 하에서 시간에 따른 시멘트의 걸쭉해지는 정도를 측정한다.

시멘트 유체투과율은 굳어진 시멘트 코어의 단면을 통과하는 유량과 압력 관계를 이용하여 측정한다. 이때 시멘트의 양생시간과 온도, 압력을 함께 기록한다. 시료거푸집과 강도시험기는 굳은 시멘트의 압축강도와 장력을 측정한다. 시멘트의 압축강도는 시멘트 시료의 파쇄에 필요한 압축력을 시료의 단면적으로 나눈 것으로 일반적으로 케이싱을 지지하려면 500 psi, 천공을 위해서는 2000 psi가 필요하다. 시멘트의 압축강도는 보통 인장강도의 약 12배이므로 압축강도만 기록한다. 시멘트의 압축강도는 함수율이 높을수록 낮아지며 양생시간이 길수록 높아진다. 양생온도가 높을수록 압축강도가 커지지만 일정한 온도 이상이 되면 오히려 강도가 떨어진다.

가압처리기는 시멘트의 안정성을 측정하는 장비이다. 시멘트의 안정성은 양생 후 295 psig에서 3시간 동안 포화된 수증기를 주입하고 가압처리기 내에서 팽창하거나 수축하는 정도를 측정하여 구한다. 시멘트의 안정성이 좋지 않을 경우 경화과정에서 팽창 또는 응축에 의해 케이싱과의 접착이 불량해지거나 균열이 발생할 수도 있다.

와그너 탁도계는 시멘트를 갈아서 나온 입자의 크기를 측정하는 장비로서 시멘트 입자들을 넣어 침전되는 속도로부터 시멘트의 분말도를 측정한다. 분말도는 단위 무게당 계산된 전체 입자표면적으로 표현한다. 시멘트 입자가 미세할수록 물과 접촉하는 면적이 넓어져 빠르게 수화된다.

5.4 시멘팅 작업

5.4.1 시멘팅 작업의 종류

시멘팅 작업의 종류는 시멘트 설치위치와 목적에 따라 구분할 수 있다. 〈그림 5.7〉(a)는 케이싱스트링 시멘팅으로 가장 일반적인 방법이다. 〈그림 5.7〉(b)는 라이너스트링 시멘팅이며 케이싱이 지표면까지 연장되지 않는다.

〈그림 5.7〉(c)는 시멘트 플러그를 설치하는 예이다. 시멘트 플러그는 나공이나 케이싱 내부의 일부 구간을 막아 시추공을 통한 유체의 이동을 방지하기 위해 설치된다. 또한 시추공

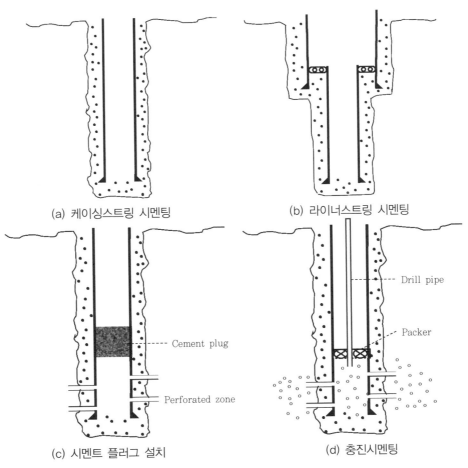

(a) 케이싱스트링 시멘팅   (b) 라이너스트링 시멘팅

(c) 시멘트 플러그 설치   (d) 충진시멘팅

그림 5.7 시멘팅의 종류

을 폐쇄한 후 그 옆으로 시추공을 굴진하는 우회시추를 위해 사용된다. 시멘트 플러그는 시추파이프를 사용하여 설치하며 특정 구간에 시멘트 반죽을 위치시키기 위해 케이싱의 내부를 막는 브리지 플러그(bridge plug)를 사용한다.

〈그림 5.7〉(d)는 충진시멘팅(squeeze cementing)으로 자주 사용되는 작업 중의 하나이다. 충진시멘팅은 순환손실 지역이나 케이싱 천공지역 또는 이미 시멘팅이 된 지역에서 의도하지 않은 유체의 이동이 일어날 때 이를 멈추기 위해 실시한다. 즉 충진시멘팅의 목적은 충진된 지역과 시추공 사이를 수리학적으로 봉인하는 것이다.

충진시멘팅을 위해서는 〈그림 5.7〉(d)와 같이 시추파이프를 패커로 케이싱에 고정하고 압력을 가한다. 만약 케이싱의 중간부분을 충진시멘팅하는 경우 그 하부를 먼저 패커나 시멘트 플러그로 밀폐하여야 한다. 충진시멘팅의 원리는 이수막 형성의 원리와 유사하다. 즉 시멘트 반죽이 투수층과 만나면 물은 투수층 속으로 유동되고 시멘트 고체입자들은 투수층 벽면에 침착되는 필터레이션으로 불투수층 막을 형성한다. 균열이 있는 경우는 큰 입자들에 의해 먼저 균열이 막히고 이차적인 필터레이션 작용이 발생한다.

5.4.2 케이싱스트링 시멘팅

성공적인 케이싱 하강과 시멘팅을 위해 다양한 장비들이 사용된다. 〈그림 5.8〉은 효과적인 시멘팅 작업을 위해 사용되는 전형적인 장비들을 보여준다. 가이드슈는 케이싱의 최하단 연결부에 부착되어 케이싱이 불규칙한 시추공벽을 큰 장애 없이 통과할 수 있도록 유도한다. 가이드슈 속에는 유체의 역류를 막는 밸브가 설치되어 있다.

케이싱 중심기는 케이싱 외벽에 부착되어 케이싱을 시추공의 중심에 위치하게 하는 장비이다. 상하 칼라 사이에 활모양 강철스프링을 장치한 형태와 일정 반경을 가진 단단한 원통형이 있다. 특히 경사지거나 수평인 시추공의 경우 케이싱 중심기의 간격을 잘 조절하여 케이싱스트링을 시추공의 중앙에 배치시키고 시멘팅이 잘 이루어지게 해야 한다. 만약 케이싱이 시추공벽과 너무 붙어 있으면 그 구간에 시멘트 반죽이 도달하지 못한다.

케이싱스트링이 시추공으로 내려지면 그 상단에 시멘팅헤드를 설치한다. 시멘팅헤드는 시멘트 주입선을 케이싱과 연결시켜주는 장치로 시멘팅 플러그를 포함하고 있다. 시추이수와 시멘트 반죽을 분리하여 서로 섞이는 것을 방지하기 위하여 시멘트 반죽의 주입 직전과 직후에 플러그를 사용한다.

시멘트 반죽을 주입하기 전에 이수를 충분히 순환시켜 암편이나 다른 잔해물이 시추공

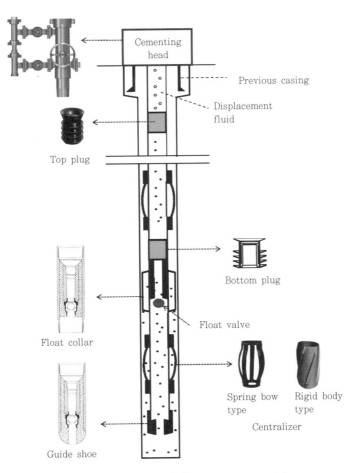

그림 5.8 시멘팅 장비(not to exact scale)

내에 남아 있지 않도록 하고 시추공벽의 이수막을 제거하는 것이 필요하다. 그 후에 하단 플러그를 시멘팅 헤드에서 내보낸 후 시멘트 반죽을 펌핑한다. 시멘트 플러그는 외부에 여러 개의 날을 가지고 있어 플러그 앞에 존재하는 유체를 효과적으로 밀어줄 수 있다. 이와 같은 이유로 시멘트 플러그를 와이퍼플러그(wiper plug)라고도 한다.

하단플러그는 플로트칼라에 걸리게 된다. 플로트칼라는 케이싱과 같은 지름을 갖는 짧은 파이프이지만 하단플러그를 멈추기 위한 장치가 있다. 또한 한쪽 방향으로만 흐를 수 있는 밸브가 설치되어 있어 하부의 유체가 케이싱 안쪽으로 역류하지 않도록 하고 부력을 제공하는 역할을 한다. 플로트밸브는 케이싱 가이드슈 속에도 설치되어 있어 이수나 펌핑이 완료된 시멘트 반죽의 역류를 이중으로 방지한다.

하단플러그를 넣은 후 계획된 양의 시멘트 반죽을 주입하고 상단플러그를 넣는다. 그 후에는 대체유체를 펌핑하여 시멘트 반죽을 하부로 보낸다. 대체유체는 보통 시추이수이다.

〈그림 5.8〉은 상단플러그와 하단플러그의 차이를 보여준다. 상단플러그는 완전히 막혀 있고 하단플러그는 일정압력 이상에서 파괴되는 격막이나 압력에 의해 밀려나가는 볼로 막혀 있다. 와이퍼플러그의 재료는 시추비트에 의해 갈려지며 주로 목재, 고무, 플라스틱, 알루미늄 등이 주로 사용되는데 알루미늄 몸체에 고무를 씌운 것이 가장 많이 쓰인다.

하단플러그가 플로트칼라에 도달하면 시멘트 반죽이 격막을 찢고 하단플러그 중앙부 통로를 통하여 흐른다. 시멘트 반죽은 가이드슈를 지나 케이싱스트링 밖의 애눌러스로 유동한다. 미리 계산된 양의 시멘트가 시추공으로 주입되고 상단플러그는 대체유체에 의해 밀려 내려온다. 상단플러그가 하단플러그와 만나면 케이싱스트링 내부의 시멘트 반죽이 하단플러그 밑으로 다 빠져나갔음을 의미한다.

두 플러그가 만나게 되면 지상에서 펌프압력이 갑자기 증가한다. 펌프의 행정수를 세면 대략적인 상단플러그의 위치를 예측할 수 있고 두 플러그가 닿을 때 즈음 주입속도를 줄여서 과도하게 압력이 증가하는 것을 방지한다. 시추공 바닥에 남아 있는 두 플러그와 가이드슈, 시멘트는 다음 시추작업에서 굴진에 의해 제거된다. 케이싱을 부분적으로 시멘팅하는 경우 가이드슈에서 최소 600 ft 이상 시멘팅되어야 한다.

필요한 시멘트 반죽의 부피는 보통 이론적으로 요구되는 양에 기초하여 그 양보다 초과된 양을 사용한다. 일반적으로 전도케이싱의 경우 250~350% 내외, 라이너의 경우 30% 이내의 초과부피를 사용한다. 시추하는 동안 시추공의 크기는 시추비트의 직경인 이론적 크기보다 커질 수 있다. 시추공의 크기를 캘리퍼 검층을 통해 확인하면 필요한 시멘트 반죽의 부피를 좀 더 정확히 계산할 수 있다.

모든 시멘팅 작업에서 하단플러그를 사용하지는 않는다. 이 경우 시멘트 반죽 앞쪽에서 유동하는 이수를 효율적으로 밀어낼 수 없기 때문에 이수와 시멘트가 섞인 오염지역이 발생한다. 결과적으로 시멘트의 강도를 저하시켜 시추공의 견실성을 약화시킨다. 시멘트 반죽과 이수 사이에 물과 같은 격리유체(이를 preflush라 함)를 사용할 수 있다. 물은 점도가 낮아 낮은 압력에서도 난류로 유동하기 때문에 이수를 잘 밀어내고 낮은 밀도로 인해 애눌러스에서 정수압을 감소시키는 역할도 한다.

한번에 시멘팅하기에 케이싱스트링의 전체 길이가 너무 길거나 시멘트 정수압에 견디기 어려운 연약지층이 있는 경우 다단계시멘팅을 사용한다. 다단계시멘팅은 하나의 긴 케이싱스트링을 두 개 혹은 그 이상의 부분으로 따로 구분하여 시멘팅을 실시하므로 전 구간을 한 번에 시멘팅하는 것보다 시멘트의 오염을 줄일 수 있다. 먼저 가장 낮은 부분을 일반적인 시멘팅 작업과 동일하게 시멘팅한다. 해당 시멘트가 단단해지면 일종의 측벽배출장치(side port)를 개방하고 다음 단계 시멘팅을 시행한다. 밑에서 위로 올라오면서 이 과정을 반복한다.

시멘트 반죽을 애눌러스를 통해 주입하고 케이싱 내부로 이수를 올려내는 방법을 역순환 시멘팅이라 한다. 이 방법은 대구경 케이싱을 설치하거나 강도가 매우 약한 지층이 시추공 하부에 존재할 때 사용된다. 이 경우에 플로트칼라나 가이드슈, 정두장비는 역순환 시멘팅에 맞게 디자인된 장비를 사용한다. 플러그를 사용할 수 없기 때문에 시멘트의 양을 잘 조절해야 한다.

5.4.3 라이너스트링 시멘팅

라이너는 일반적인 케이싱과 달리 지표까지 연장되지 않으므로 설치 시간과 비용을 절감할 수 있다. 하지만 상부 케이싱과의 연결부에서 밀폐가 불확실하면 누수의 위험이 있다. 라이너를 시멘팅하는 경우 라이너 설치장비를 연결한 시추파이프와 라이너를 결합한다. 〈그림 5.9〉는 라이너를 시멘팅하는 과정을 보여준다.

라이너 설치장비는 기계적으로 라이너와 붙어 있다. 시멘트는 시추파이프를 통해 주입되고 래치다운플러그에 의해 대체유체와 분리된다. 래치다운플러그는 계산된 양의 시멘트 반죽이 모두 주입된 후 라이너 설치장비 안에서 분리된 후 주입되는 와이퍼플러그이다. 케이싱 시멘팅과 마찬가지로 와이퍼플러그가 플로트칼라 상부에서 도달하면 지상에서 시멘트펌프의 압력증가가 감지된다. 그 후 시멘트가 굳기 전에 시추파이프를 라이너 설치장비와 분리하여 회수한다.

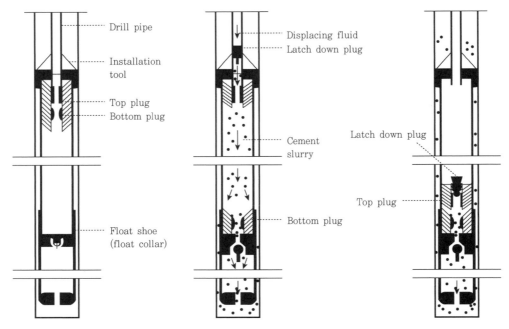

그림 5.9 라이너 시멘팅 과정(not to exact scale)

연구문제

5.1 케이싱의 기능을 나열하고 각각을 한 문장으로 설명하라.

5.2 국내외에서 실제로 이루어진 시추작업을 조사하여 깊이에 따라 사용된 시추공과 케이싱의 크기를 제시하라. 자료의 출처를 명시하라.

5.3 수심 5,000 ft 해양에서 해저면 아래 15,000 ft까지 시추하기 위해 공극압과 파쇄압을 예측하고자 한다. 미국 멕시코만 자료를 바탕으로 공극압과 파쇄압을 계산하고 깊이에 따라 그려라.
   (1) Barker and Wood 법
   (2) Eaton 법
   (3) 위의 두 방법으로 계산된 공극압과 파쇄압을 이용할 때, 목표지점에 도달하기 위해 필요한 케이싱의 수를 각각 예상하라.

5.4 수심이 10,000 ft일 때, 〈문제 5.3〉을 반복하라. 수심증가로 인한 영향을 설명하라.

5.5 케이싱 설계에서 고려해야 할 각 요소에 대하여 최악의 조건(worst condition)을 설명하라.

5.6 〈표 5.2〉와 〈표 5.3〉 자료를 이용하여 8,000 ft 케이싱을 설계하라. 예상되는 최대 내압은 5,800 psi, 사용 중인 이수밀도는 12 ppg이며, API 안전율을 적용하라.

5.7 예상되는 최대 외압이 11 ppg일 때(독자들은 압력이 밀도로 표현되어 있음을 이해하기 바람), 〈문제 5.6〉을 반복하라.

5.8 이수 시험법과 시멘트 반죽 시험법을 비교하여 설명하라.

5.9 API 기준에 따른 8개 시멘트 클래스(Class A to H)에 대하여 설명하라. [대학원 수준]

5.10 클래스 A 시멘트 반죽에 2%의 벤토나이트를 사용하고 섞는 물의 양을 API 기준에 따라 46%를 사용할 때, 다음 물음에 답하라. 시멘트의 비중은 3.14, 벤토나이트의 비중은 2.65, 물의 밀도는 8.33 ppg이다.
   (1) 시멘트 1부대(sack)당 사용될 벤토나이트의 무게를 계산하라.
   (2) 시멘트 1부대당 사용될 물의 부피를 계산하라.
   (3) 시멘트 1부대당 시멘트 반죽의 부피를 구하라.
   (4) 시멘트 반죽의 최종 밀도를 계산하라.

5.11 클래스 A 시멘트 65%와 Pozmix 시멘트 35%로 구성된 시멘트에 6% 무게비의 벤토나이트와 11 gal/sack 물을 섞어 만든 시멘트 반죽의 부피와 밀도를 계산하라. Pozmix 시멘트의 비중은 2.46이고 한 부대당 무게는 74 lb이다.

5.12 아래 그림과 같이 8,000 ft에 브리지플러그를 설치한 후 600 ft 시멘트 플러그를 설치하여 시추공을 폐쇄하고자 한다. 시추공의 크기는 8.75 inch이고 시멘트를 펌핑하기 위해 외경이 5 inch, 19.5 lb/ft인 시추파이프를 사용하였다.

(1) 필요한 시멘트 반죽의 총부피는 얼마인가?

(2) 시멘트 반죽을 이수를 이용하여 밀어줄 때, 시멘트 반죽 펌핑 후 필요한 이수의 부피를 계산하라.

(3) 시추파이프를 회수하기 이전에 시멘트 반죽의 높이를 계산하라.

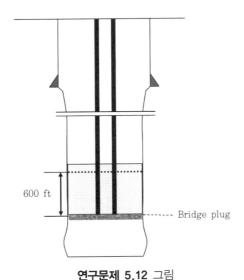

연구문제 5.12 그림

5.13 〈문제 5.12〉에서 시멘트 반죽의 높은 밀도로 인한 BHP 증가를 완화하기 위하여 40 bbl의 물을 먼저 펌핑하였다고 가정하자. 시추파이프와 애눌러스 부분에서 동일한 정수압을 갖기 위하여(이를 balanced plug라 함) 시멘트 반죽 다음에 펌핑해야 할 물의 부피를 구하여라. 물의 밀도는 8.33 ppg로 가정하자.

5.14 아래 그림과 같이 케이싱스트링을 시멘팅하고자 한다. 시추공의 크기는 8.75 inch이고 케이싱의 외경은 7 inch이다. 비용절감을 위해 4,000 ft 나공구간만 시멘팅을 할 때, 다음 물음에 답하여라. 이수의 밀도는 10.5 ppg이다.

(1) 시추공의 직경변화로 30%의 초과부피를 고려할 때, 필요한 시멘트 반죽의 부피는 얼마인가?

(2) 시멘트 반죽을 이수를 이용하여 밀어주었을 때, 케이싱 안쪽으로 시멘트 반죽이 역류하지 않도록 가해주어야 할 백압력의 크기를 계산하라. 플로트밸브(float valve)의 영향은 무시하라. 시멘트 반죽의 밀도는 14 ppg이다.

(3) 문제 (2)에서 백압력이 0이 되도록 하기 위하여 채움유체(spacer)로 8.33 ppg 담수를 사용하고자 한다. 이때 사용할 수 있는 시멘트 반죽의 최대 밀도를 계산하라.

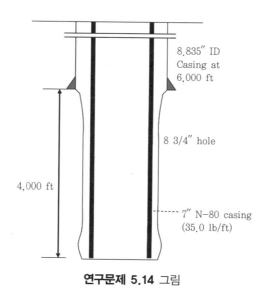

연구문제 5.14 그림

5.15 다음 용어를 설명하라.

    (1) Cement yield

    (2) Water ratio (water to cement ratio)

    (3) Fail safe valve

    (4) Cement hopper

    (5) Scratcher

    (6) Stand off (of a casing string)

    (7) Cement basket

5.16 다단계 시멘트 기법 중 2단계를 기준으로 그림과 함께 설명하라.

5.17 케이싱을 설치하고 나서 시행하는 다음 두 시험을 비교하여 설명하라.

    (1) LOT

    (2) FIT

5.18 케이싱스트링의 구성요소인 가이드슈(guide shoe), 플로트칼라(float collar), 플로트밸브(float valve)를 구분하여 설명하라.

5.19 암염층을 시추하고 케이싱하는 데 예상되는 어려움과 해결책을 제시하라. [대학원 수준]

유정제어(well control)는 시추공의 안정성을 확보하여 계획된 작업을 성공적으로 수행하기 위한 제반행위를 통칭한다. 안전한 시추를 위해서는 시추공의 압력을 적절히 제어하여 킥이나 이수손실을 방지하여야 한다. 만약 킥이 발생하면 이를 빠르게 감지하고 제어하여 안전하게 제거해야 한다. 이 장에서는 유정제어의 중요성과 용어 그리고 킥의 원인과 감지방법을 설명한다. 킥이 일어난 이후 시추공을 폐쇄하는 과정과 유정제어 원리를 바탕으로 킥을 제거하는 방법에 대해 공부한다. 6장은 다음과 같이 구성되어 있다.

06 유정제어

해·양·시·추·공·학

제 6 장 유정제어

6.1 유정제어 소개

6.1.1 유정제어의 중요성

시추공의 압력제어에 실패하면 킥이 발생하고 이를 적절히 제어하지 못하면 때로 유정폭발(blowout)로 이어져 시추장비와 시설의 피해는 물론 인명피해까지 동반할 수 있으며 아래와 같은 결과를 초래한다(최종근, 2006).

- 계획한 작업의 지연
- 작업시간 증가
- 장비와 시설의 손상
- 석유자원의 낭비
- 인명손실
- 환경오염
- 관련 안전규정 및 환경기준의 규제 강화
- 시추비용 증가
- 석유산업 위축

지층유체가 제어되지 않은 상태에서 시추공 밖으로 유출되는 현상을 유정폭발이라 하며 화재를 동반할 수 있다. 시추과정에서 대부분의 유정폭발을 큰 문제없이 제어하지만 계획한 작업을 지연시킨다. 또한 그 정도가 심한 경우 장비와 시설물을 손상시킬 뿐만 아니라 대규모 재난으로 이어질 수 있다. 〈표 6.1〉은 대표적인 유정폭발 사례로 운영권자와 작업장소에 관계없이 언제든지 사고가 발생할 수 있음을 보여준다.

특히 해양에서 발생하는 유정폭발은 원유를 유출시켜 광범위한 지역의 오염을 야기한다. 2010년 4월 20일 미국 멕시코만에서 발생한 유정폭발은 그 대표적인 예이다. 이 사고로 딥워터 호라이즌(Deepwater Horizon) 시추선에 근무하던 직원 11명이 사망하였고 많은 사람이 부상당했다. 다음에 요약된 주요일정에 따르면, 원유유출을 막는 작업에 거의 3개월의 시간과 많은 비용을 소진하였고 환경오염 처리와 보상에 대한 비용은 예상할 수 있는 범위를 넘었다. 일시적으로 금지되었던 심해시추가 다시 허락되긴 했지만 더 엄격해진 규정과 강화된 감독이 적용되게 되었다. 이는 결국 전반적인 시추비용의 증가와 E&P 사업의 위축으로 나타난다.

- 2009년 10월 6일: 수심 5,000 ft 멕시코만에서 시추작업 시작(Marianas rig)

  14,569 ft TD, AFE 9,610만 달러, 시추작업 77일 예상
- 2010년 2월 9일: 시추선 Deepwater Horizon으로 교체
- 4월 20일: 화재동반 유정폭발 발생
- 4월 22일: 시추선 침몰
- 4월 25일: 전단램 작동(실패)
- 5월 02일: 첫 번째 구조정 시추 시작

표 6.1 유정제어 사고와 비용 예(Abel, 1993)

운영권자	작업장소	연도	피해액 (백만$)
Amoco	Eugene Island 273, GOM	1960	20
Phillips	Ekofisk Platform, N. Sea	1976	56
Gulf Oil	Angola, W. Africa	1978	90
Pemex	Ixtoc well, Mexico	1978	85
Amoco	Tuscaloosa event	1980	50
Apache	Key 1-11 well, Texas	1982	52
Mobil	W. Venture, Nova Scotia	1985	124
Total Oil	Bekepai Platform, Indonesia	1985	56
Petrobras	Enchove Platform, Brazil	1988	530
Oxy Oil	Piper Alpha Platform, N. Sea	1988	1,360
Saga	2/4-14 well, Norwegian N. Sea	1989	284
Kuwait Oil	AI-AWDA Project, Kuwait (intentional blowouts by Gulf War)	1991	5,400
BP	Macondo well by Transocean Deepwater Horizon, GOM	2010	예측 불가

- 5월 07일: Containment dome을 이용한 원유포집 시도(실패)
- 5월 16일: Riser insertion tube tool을 이용한 원유포집 시도(부분 성공)
- 5월 26일: Top kill 시도(실패)
- 7월 15일: Capping stack 설치(원유유출 방지 성공, 사고 후 87일)
- 8월 03일: 킬이수를 이용한 Static kill
- 9월 19일: 구조정을 이용한 시멘팅으로 유정 영구폐쇄(사고 후 153일)

6.1.2 유정제어 용어

유정제어를 잘 이해하기 위해서는 다음과 같은 용어들에 대한 지식이 필요하다. 비록 본 교재의 다른 장에서 설명된 내용도 있지만 가장 기본적인 내용이므로 여기서 다시 한번 정리하였다.

- 정수압(hydrostatic pressure)
- 시추공저압력(bottomhole pressure, BHP)
- 공극압(pore pressure)
- 파쇄압(fracture pressure)
- 킥(kick)
- 펌프압력(pump pressure)
- 킬유량압력(slow pump pressure, SPP)
- 용량(capacity)
- 대체부피(displacement volume)

정수압은 유체의 밀도에 의한 압력으로 식 (6.1)로 계산된다. 이수에 의한 정수압은 시추공의 압력을 제어하는 가장 기본적이고 중요한 수단이다.

$$\Delta P_{hy} = 0.052\rho h \qquad (6.1)$$

여기서, ΔP_{hy}는 정수압(psi), ρ는 유체의 밀도(ppg), h는 유체의 수직높이(ft)이다. 0.052는 변환상수이다.

BHP는 시추공하부에서 측정되는 압력으로 애눌러스에 존재하는 유체의 종류와 유동상태 그리고 지표면에서 가한 추가적인 압력에 따라 결정된다. 가장 일반적으로 식 (6.2)와 같이 표현할 수 있으며 정수압(ΔP_{hy}), 백압력(ΔP_b), 가속손실(ΔP_{acc}), 마찰손실(ΔP_f), 서지압력(ΔP_{surge}), 스왑압력(ΔP_{swab})의 합으로 구성된다. 백압력은 지상에서 초크의 좁은 통로로 유체가 유동할 때 생기는 압력이다. 가속손실은 유속이 증감할 때 생기는 추가적인 압력손실이며 마찰손실은 유체유동에 의한 압력감소이다. 서지압력과 스왑압력은 시추공 내에서 파이프의 움직임에 따라 발생하는 압력이다.

$$P_{bh} = \Delta P_{hy} + \Delta P_b + \Delta P_{acc} + \Delta P_f + \Delta P_{surge} - \Delta P_{swab} \tag{6.2}$$

여기서, P_{bh} 는 시추공저압력(BHP)이다.

공극압은 지층공극 내의 유체에 의한 압력으로 지층압이라고도 한다. 파쇄압은 지층에 균열을 유발하는 압력이다. 이들 두 압력은 현장에서 직접 측정하면 가장 정확히 알 수 있으나 5장에서 소개된 방법을 이용하여 예측할 수 있다. 공극압과 파쇄압은 이수밀도의 허용범위와 케이싱 설치위치의 결정 등 유정제어 전반에 영향을 미친다.

킥이란 의도하지 않은 상황에서 지층(또는 저류층)으로부터 유체가 시추공으로 유입되는 현상이며 때로는 유입된 유체 자체를 말하기도 한다. 지층수나 원유도 킥으로 유입되나 밀도가 상대적으로 높고 팽창성이 낮아 큰 문제가 되지 않는다. 따라서 우리의 주요관심은 가스킥에 있다.

이수가 순환되기 위해서는 전체 순환시스템에 걸쳐 발생하는 압력손실을 이겨내야 하며 그 값은 이수를 펌핑하는 펌프의 송출압력으로 나타난다. 이를 펌프압력이라 하고 펌프의 압력게이지에서 읽을 수 있으며, 다양한 이름으로(예: standpipe pressure, total (friction) pressure, circulating pressure, (entire) system pressure losses 등) 불린다.

킬유량은 시추공으로 유입된 킥을 제거할 때 사용하는 이수의 유량으로 각 시추작업마다 미리 결정되어 있다. 킬유량을 저속유량이라고도 하며 보통 시추과정에서 사용되는 유량의 1/3~1/2 수준이다. 이와 같이 낮은 유량을 사용하면 시추공에 압력부하를 줄이고 유정제어과정에 급격한 변화가 없게 된다. 또한 많은 양의 킥이 배출되지 않아 제어가 용이하다. 킬유량압력은 킬유량으로 이수를 순환할 때 펌프압력으로 미리 측정해 두는 값이며 다양한 이름으로(예: kill rate pressure, slow circulation pressure, kill speed pressure 등) 불린다.

용량은 시추파이프 내부나 애눌러스에 유체를 담을 수 있는 부피를 말한다. 용량은 단위길이당 부피를 직접 계산하거나 주어진 표에서 얻는다. 시추파이프의 단위길이당 용량은 식 (6.3a)로 계산된다. 애눌러스의 용량은 외경과 내경에 의해 결정되며 시추파이프 외부와 시추공으로 구성된 애눌러스의 단위길이당 용량은 식 (6.3b)이다.

동일한 원리로 계산되지만 시추파이프나 케이싱이 하강하면서 이수를 밀어내는 부피를 대체부피라 한다. 대체부피는 결국 파이프의 자체부피와 같으므로 내경과 외경을 이용하여 식 (6.3c)로 계산한다. 대체부피는 파이프를 시추공으로 내리거나 올릴 때 모두 해당되며 파이프의 끝이나 내부가 막혀 있는 경우 전체 외경을 사용하여 대체부피를 계산하여야 한다.

대체부피는 대부분 파이프와 같이 이동되는 물체에 의해 밀려나는 부피를 의미하나 이수나 시멘트 반죽을 펌핑하여 해당 공간을 채우는 경우를 의미하기도 한다. 따라서 문맥에 따라 그 의미를 파악해야 한다.

$$Inside \quad capacity = \frac{d_i^2}{1029.4} \tag{6.3a}$$

$$Annulus \quad capacity = \frac{(d_h^2 - d_o^2)}{1029.4} \tag{6.3b}$$

$$Displacement \quad volume \quad capacity = \frac{(d_o^2 - d_i^2)}{1029.4} \tag{6.3c}$$

여기서, d_i와 d_o는 각각 시추파이프의 내경(inch)과 외경(inch)이고 d_h는 시추공의 직경(inch)이다. 식 (6.3)의 결과값은 변환상수인 1029.4에 의해 단위길이당 부피단위 bbl/ft를 가진다.

6.1.3 U-tube 개념

시추과정 중에 킥이 발생하여 시추공을 폐쇄하였다면 〈그림 6.1〉(a)의 상황과 같다. 시추공을 폐쇄하였지만 공극압이 시추공 압력보다 높아 지층유체가 시추공 안으로 들어온다. 시추공폐쇄로 인해 내부 부피는 일정한데 킥이 유입되므로 전체 시스템을 압축하여 시추공 내 압력이 증가한다. 이 현상은 BHP가 지층의 공극압과 같아질 때까지 계속된다.

〈그림 6.1〉(a)에서 BHP가 공극압과 같아지면 킥의 유입은 중지되고 시추공의 압력은 안정

화된다. 그동안 증가된 시추공의 압력은 시추파이프와 연결된 이수유동라인을 따라 지표면에 위치한 스탠드파이프 압력게이지에 나타나며 이를 SIDPP(shut in drill pipe pressure, 또는 SIDP)라 한다. SIDPP는 시추공 바닥에서 공극압과 이수의 정수압과의 차이이다. 애눌러스 쪽에서도 압력이 증가하며 SICP(shut in casing pressure)로 나타난다. 이 두 압력과 이수부피 증가는 유정제어를 위한 가장 중요한 정보가 된다.

U-튜브 개념을 통해 유정제어의 원리를 쉽게 이해할 수 있다. 〈그림 6.1〉(b)에서 왼쪽의 기둥은 시추파이프 내부를 오른쪽 기둥은 애눌러스를 의미한다. 두 기둥은 시추공하부에서 시추비트노즐을 통해 이어져있고 시추공하부 애눌러스 쪽에서 지층의 공극압의 영향을 받는다. U-튜브는 서로 연결되어 있으므로 왼쪽 기둥에 부과된 모든 압력의 합은 오른쪽 기둥에 부과된 모든 압력의 합과 같다. 따라서 동일한 유체가 채워져 있다면 양쪽의 유체높이는 같다. 만약 서로 다른 밀도의 유체로 채워져 있거나 한쪽 기둥에 압력을 가하면 압력평형을 이룰 때까지 양쪽기둥의 유체높이가 변화하는 U-튜브 현상을 보인다.

킥의 발생 시 시추공을 폐쇄한 후 얻게 되는 대표적인 정보는 SIDPP, SICP, 이수부피증가이다. 〈그림 6.1〉(b)에서 BHP는 시추파이프 내의 정수압과 SIDPP의 합으로 식 (6.4)로 표현

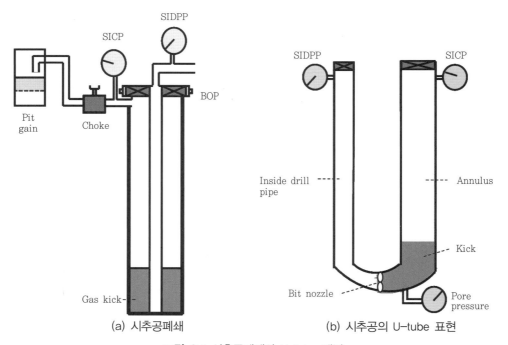

(a) 시추공폐쇄   (b) 시추공의 U-tube 표현

그림 6.1 시추공폐쇄와 U-tube 개념

되며 이는 지층의 공극압과 같다. 킥을 유발한 공극압을 제어하기 위해 필요한 이수를 킬이
수라 하며 그 밀도는 식 (6.5)로 계산된다. 요약하면 SIDPP를 이용하면 킥을 야기한 지층의
공극압을 예측할 수 있으며 이를 제어하기 위한 이수의 밀도도 알 수 있다.

$$\text{BHP} = 0.052\rho h + \text{SIDPP} = P_{fm} \tag{6.4}$$

$$\rho_{kill} = \frac{P_{fm}}{0.052 \times h} = \rho + \frac{\text{SIDPP}}{0.052 \times h} \tag{6.5}$$

여기서, ρ는 현재 사용 중인 이수의 밀도(ppg), P_{fm}는 지층의 공극압(psi), h는 시추공의
수직깊이(ft)이다.

시추공으로 유입된 킥의 양은 지상에서 이수부피의 증가로 나타난다. 애눌러스의 기하는
이미 알고 있으므로 킥의 수직높이를 계산할 수 있다. 〈그림 6.1〉(b)에서 애눌러스에서 계산
된 모든 압력의 합은 지층의 공극압과 같아야 하므로 킥에 의한 정수압을 계산할 수 있다.
여기서 일반인이 간과하기 쉬운 중요한 정보가 있다. 킥이 존재하는 구간의 정수압을 계산하
였고 그 높이를 알고 있으므로 식 (6.1)에 의해 킥의 밀도를 얻을 수 있다. 따라서 킥의 종류
를 판단할 수 있으며 이는 향후 킥의 제거에 매우 중요한 정보가 된다.

6.2 킥과 시추공폐쇄

6.2.1 킥의 원인과 방지

성공적인 유정제어를 위해서는 시추공폐쇄 과정과 유정제어 기법들에 대한 이해가 필요하지만 그에 앞서 킥이 일어나는 원인을 알고 킥이 일어나지 않도록 사전에 예방하는 것이 최선이다. 또한 킥이 발생했다면 빠른 시간 내에 킥을 감지하는 것이 성공적인 유정제어의 출발점이다.

킥이 발생할 수 있는 필요조건은 유동이 가능한 유체를 포함하고 있는 투수성 지층의 존재이다. 만약 해당 위치에서 시추공의 압력이 지층의 공극압보다 낮게 되면 킥이 발생한다. 킥은 지층의 특이성이나 시추작업 중의 부주의로 발생하며 그 원인은 아래와 같이 매우 다양하다.

- 부족한 이수밀도
- 이수손실
- 고압지층
- 부적절한 이수보충
- 과도한 스왑압력
- 과도한 서지압력
- 불량한 시멘팅 작업
- 시추공시험 동안 제어실패
- 인접 유정으로 시추

이수밀도의 조절을 통한 적절한 시추공 압력의 유지는 시추작업의 기본이며 킥을 방지하는 가장 기본적이면서 효과적인 방법이다. 적절한 시추공 압력이란 지층의 공극압과 파쇄압 사이의 압력이다. 만약 이 범위를 벗어나면 이수밀도가 부적절한 것이다. 시추공 압력이 공극압보다 낮으면 킥이 발생하고 파쇄압보다 높으면 이수손실이 발생하여 다른 지층에서 킥을 야기한다.

비록 공극압을 잘 예측하여 필요한 이수의 밀도를 계산하였을지라도 첨가제를 섞어 만든 이수밀도는 다를 수 있다. 또한 이수탱크에서 무거운 가중물질들이 가라앉거나 급작스런 폭우로 이수가 희석되는 경우 또는 저압시추를 시도하는 경우에도 BHP가 공극압보다 낮아질 수 있다.

혹자는 시추공 압력을 공극압보다 무조건 높게 유지하면 아무 문제가 없다고 생각할 수도 있다. 하지만 시추공 압력이 지층의 파쇄압보다 크면 지층을 파쇄시켜 이수손실이 발생한다. 이수가 지층으로 손실되면 시추공 내 이수수위가 낮아지고 시추공의 다른 부분에서 압력을 공극압보다 낮게 만들어 킥을 야기할 수 있다. 이수밀도의 증가는 비용의 증가와 굴진율의 감소로 이어져 결국 비효율적인 시추가 된다.

이수밀도를 잘 조절할지라도 예상치 못한 고압지층을 만나면 킥이 발생할 수 있다. 고압지층이 형성되는 이유는 지층의 지질적인 움직임이나 유체의 이동, 대수층의 영향 등 다양하다. 고압지층은 특정 깊이에서 예상된 것보다 높은 공극률, 낮은 밀도, 느려진 음파속도, 높은 전도성 또는 낮은 비저항(resistivity) 같은 특징을 보인다.

시추스트링을 시추공 밖으로 꺼내면 파이프의 부피, 즉 대체부피에 비례하여 시추공 내 이수의 높이가 낮아진다. 만약 이수의 높이가 계속 낮아져 시추공 압력이 공극압보다 낮아지면 킥이 발생한다. 따라서 시추스트링을 시추공 밖으로 꺼내면 그 부피만큼 이수를 보충해야 한다. 보충해준 이수부피를 정확히 측정하기 위해 용량이 작은 별도의 이송탱크(trip tank)를 이용한다.

이수는 시추 중 발생하는 암편을 지상으로 운반하고 이수순환이 멈췄을 때 암편을 부유시켜야 하므로 점성을 가진다. 따라서 파이프를 빨리 꺼내면 이수가 빈 공간을 채우기 전에 피스톤효과로 스왑현상이 발생하여 킥이 발생한다.

시추스트링을 시추공 안으로 넣는 작업 시 파이프가 빠르게 내려오면 이수는 애눌러스에서 역류하므로 마찰손실에 의해 시추공 압력이 상승하는 서지현상이 발생한다. 서지압력이 과도하면 시추공 압력이 파쇄압보다 커져 지층파쇄와 이수손실이 발생하고 결과적으로 킥을 유발한다. 따라서 시추스트링을 시추공 밖으로 꺼내거나 안으로 넣는 작업에서 파이프의 이동속도가 특히 나공 구간에서 너무 빠르지 않도록 주의해야 한다.

시멘팅 작업 시 시멘트가 점차 굳어지며 정수압을 잃게 되면 지층유체가 유입되어 시멘트 내에 틈이 발생할 수 있다. 이 틈을 통해 지층유체가 유동하는 현상을 채널링이라 하며 지층유체가 시추공 내부가 아니라 시멘트 또는 주위의 약한 지층을 통해 흐르게 된다. 이 경우 지층유체의 이동경로를 예상할 수 없고 또 지표로 유출되어 유정폭발로 이어질 수 있다. 이를 지하유정폭발(underground blowout)이라 하며 제어가 매우 어렵다.

시추공시험에서 시추공의 압력을 낮춰 지층유체가 시추공 내로 들어오도록 유도하는 경우는 의도한 것으로 킥이라 부르지 않는다. 하지만 계획한 시험이 완료된 후 유입된 유체를 제거하지 않거나 시험장비 오작동으로 유정제어에 실패하게 되면 킥이 발생한다. 또한 생산이 진행 중인 인접 유정의 압력은 현재 시추 중인 시추공의 압력과 다르므로 의도하지 않은 상황에서 인접 유정으로 시추하지 않도록 주의해야 한다.

6.2.2 킥의 감지

킥의 원인이 다양하기 때문에 철저한 계획과 주의 깊은 운영 중에도 킥은 발생할 수 있다. 따라서 킥을 신속하게 감지하고 제어하는 것이 무엇보다 중요하다. 여러 현상을 통해 킥의 발생을 유추할 수 있으므로 이들을 모니터링하고 종합하여 판단한다. 킥이 발생하였다는 주요징후(primary indicator)는 다음과 같으며 이러한 징후가 있으면 킥을 확신할 수 있다.

- 이수의 회수유량 증가(mud return rate increase)
- 이수부피증가(pit volume gain)
- 펌프 정지 후 유체흐름(well flowing after pump off)
- 부적절한 이수대체부피(improper mud displacement volume)

일반적인 시추과정에서 이수펌프는 설정된 일정한 유량을 펌핑한다. 만약 지상으로 회수되는 이수유량이 증가하였다면 이는 이수순환과정에서 유체가 유입되었음을 의미한다. 전체 이수순환시스템은 닫힌 시스템으로 인위적으로 이수부피를 증감하지 않은 경우 이수탱크의 수위는 일정하다. 만약 그 수위가 증가하였다면 해당 부피증가만큼 킥이 발생했다고 할 수 있다. 이수탱크의 수위는 PVT(pit volume totalizer)를 이용해 모니터링한다.

킥이 의심되는 현상이 일어났을 때 이수펌프를 끄고 회수되는 이수유량을 확인하면 킥을 확신할 수 있다. 이미 펌프가 꺼진 상태이기 때문에 이수의 회수유량은 현저히 줄어들어 일정시간 후에는 유량이 없어야 한다. 하지만 이수의 유동이 계속되거나 유량이 증가하면 이는 킥의 확실한 증거가 된다.

시추파이프나 케이싱을 시추공으로 집어넣거나 빼내는 경우, 각 부피에 해당하는 만큼의 이수가 유출되거나 유입되어야 한다. 만약 예상한 부피와 실제 부피가 다르면 이는 킥으로 인한 결과이다. 특히 시추파이프를 권양하는 트립아웃 작업에서 인양된 시추파이프 부피에 해당하는 이수를 주입하여 시추공에 이수가 가득 찬 상태를 유지해야 한다.

킥의 이차징후(secondary indicator)는 다음과 같으며 이들은 킥에 의해 발생할 수도 있지만 지층조건의 변화나 다른 이유로 발생할 수 있다. 따라서 킥의 이차징후가 발생하면 우선 킥을 의심하고 주요징후를 통해 킥을 확인한다.

- 굴진속도 증가(drilling break)
- 펌프압력 감소 또는 펌프속도 증가
- 음파검층 시 음파속도 감소
- 후크하중(hook load) 증가
- 비트의 회전토크 증가

대부분의 시추작업에서 특별한 이유가 없는 한 시추조건을 일정하게 유지한다. 만약 시추조건을 변화시키지 않았는데 굴진율이 변화하면 이는 지층조건의 변화를 암시한다. 굴진율은 다양한 요소에 영향을 받지만 시추공과 지층의 압력차이가 작을수록 또 그 값이 음이 될수록 빨라진다. 저압상태로 불투수층을 굴진하여도 킥이 발생하지 않지만 사암층과 같은 투수층을 만나면 암편의 제거가 빨라져 굴진율이 현저히 증가하는 현상(이를 drilling break라 함)이 발생한다. 따라서 굴진속도의 변화가 발생하면 시추공의 압력이 지층압보다 낮아졌을 가능성이 높으므로 다른 징후들을 주의 깊게 관찰해야 한다.

킥이 발생하여 애눌러스의 정수압이 낮아지면 이수를 순환시키는 데 필요한 펌프압력이 줄어든다. 만약 동일한 펌프압력으로 이수를 순환하게 되면 이수흐름이 빨라지고 펌프행정수가 증가한다. 따라서 하나의 징후가 아니라 여러 현상을 종합하여 킥을 감지한다.

음파는 통과하는 매개체의 상(phase)에 따라 이동속도가 달라진다. 이수펌프에서 이수를 펌핑할 때 발생하는 충격을 신호로 사용하거나 시추비트 부근에서 생성된 신호가 시추파이프와 애눌러스로 이동하는 시간을 비교하면 쉽게 킥을 감지할 수 있다. 정보기술의 발달로 PWD, MWD를 활용하면 비교적 빠른 시간 내에 킥의 감지가 가능하다.

혹시 첨단장비만 있으면 모든 킥을 빠르게 감지하고 유정폭발을 방지할 수 있다고 생각할지도 모른다. 하지만 장비에만 의존하여 킥을 감지하면 장비가 고장 나거나 사용할 수 없을 때에는 킥을 감지할 수 없으므로 주요징후 및 이차징후들을 알고 있어야 한다.

6.2.3 시추공폐쇄 장비

킥이 감지되었다면 상황에 따라 시추공을 신속하게 폐쇄해야 한다. 시추공폐쇄 장비는 기본적인 구성요소를 중심으로 지속적으로 개발되고 있으며 그 용량이 향상되고 있다. 시추공폐쇄의 핵심적인 역할을 하는 것은 방폭장치(BOP)이다.

BOP는 다양한 상황에서 시추공을 폐쇄할 수 있도록 여러 개의 BOP를 연속적으로 포개어 배치하는데 이를 BOP 스택이라 한다. 시추파이프는 BOP 스택 내부를 지나 시추공으로 주입된다. BOP의 크기는 다양하며 13 5/8 inch 같이 주어진 직경은 내경이다. 〈그림 6.2〉는 육상 시추에서 사용되는 예로 맨 위에 환형(annular) BOP가 있고 그 아래 여러 개의 램(ram) BOP가 설치된다. BOP는 그 크기와 압력용량에 따라 약 2,000~15,000 psi의 압력을 견딜 수 있다. 최근에는 25,000 psi 용량까지 개발되어 멕시코만 시추에서 사용되었다.

시추파이프가 BOP 스택 속에 있는 경우에 시추공을 폐쇄하면 환형 BOP 내부에 있는 고무 패커가 밀려나와 시추파이프와 환형 BOP 사이의 애눌러스 공간을 밀폐하게 된다(〈그림 6.3〉). 시추파이프의 안쪽은 펌프와 연결되어 이수가 흘러나갈 수 없으므로 애눌러스를 닫으면 시추공이 폐쇄된다. 환형 BOP는 파이프의 크기에 상관없이 사용할 수 있는 장점이 있다.

램 BOP의 종류에는 파이프램, 블라인드램, 전단램, 가변구경램(variable bore ram) 등이 있다(〈그림 6.3〉). 파이프램의 경우 환형 BOP 대신에 시추공을 폐쇄하기 위해 사용되며 폐쇄

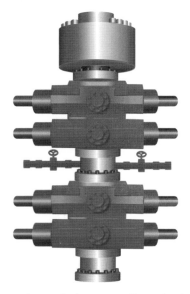

그림 6.2 육상 BOP 스택(stack) 예

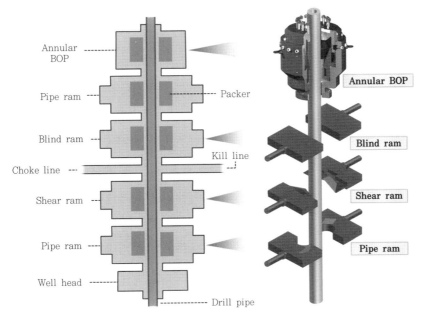

그림 6.3 BOP의 시추공폐쇄 원리

용 패커가 양쪽에서 밀려나와 시추파이프 주위를 밀폐시킨다. 이때 패커에 있는 구멍크기에 해당하는 파이프 외부를 밀폐하므로 사용하는 시추파이프의 외경이 바뀌면 파이프램 패커도 교체해야 한다.

블라인드램은 아무런 구멍이 없는 패커를 가지고 있어 파이프가 시추공 내에 없을 때 사용된다. 전단램은 비록 파이프가 BOP 내에 있을지라도 이를 자르면서 시추공을 폐쇄하며 보통 다른 BOP가 모두 실패한 상황일 때 사용한다. 가변구경램은 오직 정해진 파이프 외경만 밀폐할 수 있는 파이프램의 한계를 극복한 것으로 다양한 외경을 가진 파이프를 밀폐할 수 있다.

각 BOP의 개폐는 BOP 제어패널을 통해 간단한 스위치 조작으로 가능하며 드릴러가 위치한 곳에서 원격으로 이루어진다. BOP를 개폐하는 데 필요한 동력은 축압기에서 얻으며, 시추리그의 주동력이 제공되지 않는 상황에서도 작동된다. 물론 육상 BOP는 수동으로도 개폐할 수 있다.

시추스트링을 이동시키는 동안에는 켈리가 분리되므로 비록 BOP에 의해 애눌러스가 차단되더라도 시추스트링 내부로 유체가 유동할 수 있다. 이때 켈리를 연결하는 것도 한 방법이 될 수 있다. 그러나 시추파이프를 연결하여 시추공 바닥으로 시추스트링을 내리기 위해서는 다시 켈리를 분리하여야 하므로 해결책이 되지 못한다.

만약 시추스트링 하부에 플로트밸브 같이 아래방향으로만 유체를 순환시키는 밸브가 설치되어 있다면 이수가 역류하지 못하므로 BOP를 닫으면 시추공이 폐쇄된다. 따라서 시추스트링에 플로트밸브가 설치되지 않았으면 가장 먼저 시추파이프 내부를 막는 밸브(이를 inside BOP라 함)를 설치하고 BOP를 닫는다. 이때 사용되는 밸브는 하향방향으로만 유체를 이동시킨다. 만약 연결하려는 파이프의 크기가 서로 맞지 않으면 이들의 연결용으로 디자인된 짧은 파이프인 크로스오버 서브를 사용한다.

켈리의 양단에도 켈리밸브(kelly cock)가 있어 시추스트링을 통해 유체가 유동하지 못하게 폐쇄할 수 있다. 일반적인 상황에서는 시추이수를 순환시켜야 하므로 모두 열려 있지만 유정제어 시에는 렌치(wrench)를 사용하여 밸브를 닫아 유체흐름을 차단할 수 있다. 하부의 밸브가 주기능을 맡고 상부의 밸브는 백업역할을 한다. 유정제어뿐만 아니라 시추파이프의 연결작업 시 켈리 내부의 이수가 흘러내리는 것을 방지하기 위해 하부밸브를 잠그기도 한다.

〈그림 6.4〉는 해양시추작업에서 BOP가 해저에 설치된 전형적인 예이다. 해양시추의 경우

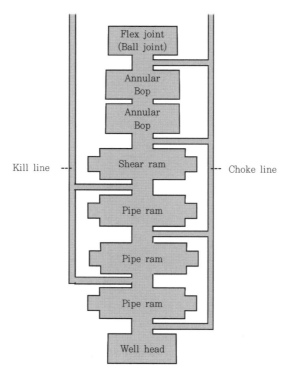

그림 6.4 해저 BOP 스택 예

226

시추선은 해상에 위치하고 시추공은 해저면부터 존재한다. 해저 BOP 스택은 수심이 깊어 해수면 위에 BOP를 설치할 수 없는 경우에 사용된다. 비상시 정두와 시추선이 분리되어도 시추공의 안정성을 확보하여 안전한 작업을 가능하게 한다. 시추공을 폐쇄하는 기본원리는 육상 BOP 스택과 동일하지만 운영절차에서 주요한 차이점이 있다.

해저 BOP 스택의 경우 설치된 후 발생할 수 있는 장비오작동이나 유정제어 관련 문제를 최소화하기 위하여 육상 BOP 스택보다 더 많은 수의 BOP를 사용한다(〈그림 6.4〉). 심해시추의 경우 두 개의 환형 BOP를 사용하여 BOP와 해양라이저를 분리할 수 있게 하며 (이 기능을 수행하는 것이 LMRP임) 시추리그에 있는 제어패널에서 해당 장비들을 개폐한다. 하지만 이들이 정상적으로 작동하지 않을 경우를 대비하여 ROV에 의해 개폐가 가능한 구조로 되어 있다.

6.2.4 시추공폐쇄 과정

시추공의 폐쇄는 킥이 발생했을 때의 상황에 맞는 적합한 절차를 거쳐 수행되어야 한다. 자연현상은 무질서도를 증가시키는 방향으로 진행되므로 잘못된 초기대응은 문제를 악화시켜 대형 재난으로 이어질 수 있다. 유정제어를 위한 구체적인 절차는 유정제어 매뉴얼에 잘 나타나 있으며 시추작업에 참여하는 작업자들은 유정제어에 대한 주기적인 교육과 훈련을 받는다. 〈표 6.2〉는 시추공을 폐쇄하는 과정을 구체적으로 보여준다.

시추 중에 킥이 감지되었다면 비트가 시추공하부에 위치하고 펌프라인도 연결되어 있으므로 다른 경우에 비해 시추공폐쇄 과정이 간단하다. 시추현장 감독관에게 알려 허락을 얻기 이전에 시추공을 폐쇄하고 그 현황을 보고한다. 이는 킥의 부피를 최소화하기 위함이며 드릴러는 자기의 역할과 권한을 잘 숙지하고 있어야 한다.

시추 중에 킥이 발생하였으면 먼저 켈리를 BOP 스택을 지나 회전테이블 위까지 빼낸다. 켈리는 단면이 원형이 아니므로 BOP 속에 남아 있으면 시추공의 폐쇄가 잘 이루어지지 않는다. 또한 전단램을 달아 파이프를 절단해야 하는 경우에도 켈리는 강하여 절단되지 않는다. 각 시추회사의 선호도에 따라 BOP를 먼저 닫고 HCR 밸브를 열 수도 있다. 시추공이 폐쇄된 후 시간에 따른 폐쇄압력을 기록하여야 안정화된 SICP와 SIDPP의 참값을 얻을 수 있다.

시추스트링을 시추공 밖으로 빼내다가 킥이 감지되었다면, 일반인들이 생각하는 대처는 가능한 빨리 파이프를 시추공 하부까지 다시 내리는 것이다. 하지만 킥 상황에서 파이프를 바로 하강시키면 애눌러스에서 킥의 높이가 더 높아져 시추공의 압력이 더 낮아진다. 이는

표 6.2 각 작업조건에 따른 시추공폐쇄 과정

Kick situation	Well shut in procedures
During drilling	1. Pick up the Kelly until the tool joint clears the floor. 2. Shut down the pumps. 3. Check for flow. 4. If flowing, open HCR valve. 5. Close BOPs. 6. Close the Choke if open. 7. Notify the supervisor. 8. Read and record SIDPP, SICP, pit gain, and time. 　(HCR: hydraulically controlled remote (valve))
During tripping	1. Set the slips below the top tool joint. 2. Stab a full opening safety valve and close it. 3. Open the HCR valve and close the BOPs and choke. 4. Pick up and stab the Kelly. 5. Open the safety valve. 6. Notify the supervisor. 7. Read and record SIDPP, SICP, pit gain, and time.
Diverter in use (shallow gas kick)	1. Pick up the Kelly until the tool joint clears the floor. 2. Shut down the pumps. 3. Check for flow. 4. If flowing, open the diverter line valve. 5. Close the diverter bag. 6. Start the pumps at a fast rate. 7. Notify the supervisor.
While running casing	1. Lower the casing until the swage and valve can be stabbed. 2. Close the casing rams or annular preventer. 3. Stab the swage and valve. 4. Notify the supervisor. 5. Read and record shut in pressures.

더 많은 킥의 유입을 의미한다. 따라서 킥이 감지되면 이를 확인한 후 바로 시추공을 폐쇄한다.

얕은 층에서의 가스킥이 발생했을 때 시추공을 폐쇄하면 파쇄압보다 큰 시추공 압력에 의해 지층의 파쇄가 발생할 가능성이 있다. 이 경우 킥이 시추공 밖의 지층을 통해 지상까지 유출되는 지하유정폭발로 확대될 수 있다. 킥의 높은 유량으로 인하여 시추공이 침식되거나 시추리그가 손상될 수 있으며 이후에 시도할 유정제어를 어렵게 한다. 천부 가스킥은 BOP가 설치되기 이전에 발생하므로 실제로는 BOP를 닫을 수 없는 경우가 더 많다. 따라서 얕은 층에서 가스킥이 감지되면 디버터(diverter) 시스템을 이용하여 킥을 제어한다.

케이싱을 하강하는 중에 킥이 발생하면, 케이싱의 직경이 크기 때문에 크로스오버 서브를 연결한 후에 안전밸브를 설치한다는 점에서 차이가 있다. 〈표 6.2〉에 주어진 절차는 케이싱

하부에 유체의 역류를 막을 수 있는 플로트슈나 플로트칼라가 있을 때의 절차이다. 이들이 없을 때는 2번과 3번 순서를 바꿔서 진행한다. 〈표 6.2〉의 각 과정에 따라 시추공을 폐쇄한 후에는 킥을 안전하게 제거하는 과정이 수행된다.

해저 BOP를 닫는 경우에 대체적으로 육상의 경우와 유사하지만 두 가지 사항을 추가적으로 고려해야 한다. 첫 번째로 파이프의 연결부위가 램 BOP에 걸리지 않도록 파이프의 높이를 조절하는 것이 필요하다. 이를 위해 수중에서 작업하는 ROV를 이용하여 작업과정을 관찰한다.

두 번째로 기상조건의 악화나 기타 이유로 급하게 시추공을 폐쇄하는 경우에는 행오프(hang off) 과정이 필요하다. 즉 태풍이나 외부의 환경변화로 갑자기 시추를 중단할 경우 시추파이프 전체를 이송할 시간이 없다면 시추파이프를 램 BOP에 걸어둔다. 구체적으로 블라인드램 아래에 있는 파이프램 위에 시추파이프의 툴조인트가 위치하도록 하고 그 상부의 시추파이프는 회수한 후 블라인드램을 닫아 시추공을 폐쇄한다. 이후 해양라이저를 정두에서 분리하면 시추리그를 이동시킬 수 있다. 구체적인 행오프 과정은 아래와 같다.

① 시추파이프를 케이싱이 된 시추공부분까지 들어 올린다.
② 파이프 연결부위가 블라인드램 아래 파이프램 위에 놓이도록 한다.
③ 하부 파이프램을 닫는다.
④ 툴조인트가 하부 파이프램에 도달할 때까지 파이프를 내린다.
⑤ 해당 툴조인트의 상부부분 시추파이프를 회수하고 블라인드램을 닫는다.

6.3 유정제어 방법

6.3.1 일정공저압력법

유입된 킥을 신속히 감지하고 시추공을 폐쇄하여 문제가 악화되지 않게 제어되었다면 다음으로 킥을 안전하게 제거하는 과정이 필요하다. 킥을 제거하는 가장 일반적인 방법은 이수를 순환시켜 킥을 시추공 밖으로 순환시키는 것이다. 시추공을 폐쇄하기 위해 이미 BOP가 닫혀 있으므로 BOP 하부에 있는 초크라인을 통해 이수를 순환시킨다. 특히 가스킥은 위로 이동하면 팽창하여 시추공의 정수압을 감소시킨다. 따라서 적절한 백압력을 초크에서 가하여 킥이 제거되는 전 과정에서 BHP가 공극압보다 크게 유지되도록 하는 것이 필요하다.

킥을 시추공으로부터 제거하는 방법은 다양하지만 이들의 공통된 원리는 BHP를 공극압과 같은 일정한 값으로 유지한 상태에서 킥을 제거하는 것이다. 이를 일정공저압력법(constant BHP method)이라 한다. BHP를 최소한 공극압과 같게 유지해야 유정제어과정 중에 킥이 추가로 발생하지 않는다. 안전한 작업을 위해 BHP를 보통 지층의 공극압보다 200~500 psi 정도 높게 유지하나 그 값은 해당 지층의 공극압과 파쇄압의 크기와 회사의 선호도에 따라 다르다.

〈그림 6.5〉는 〈표 6.3〉의 조건에서 시추공이 폐쇄된 모습을 보여준다. 편의상 시추공을 단순히 표현하였다. SIDPP가 520 psi이고 10 ppg의 이수가 시추스트링 내부를 채우고 있으므로 킥을 야기한 지층의 공극압은 식 (6.4)로부터 5,720 psi이다. 이 공극압이 유정제어 전과정에서 일정하게 유지하여야 할 최소 BHP가 된다. 식 (6.5)에 따라 정수압으로 공극압을 제어하기 위한 킬이수의 밀도는 11 ppg이다.

애눌러스에는 이수보다 가벼운 유체가 킥으로 유입되어 SICP는 SIDPP보다 높은 1,079 psi이다. 비교적 큰 50 bbls의 킥은 시추공 애눌러스의 1,464 ft를 채우고 있다. 애눌러스에서도 BHP가 5,720 psi가 되어야 하므로 킥유체의 정수압은 202 psi이다. 따라서 킥의 밀도는 2.66 ppg이므로 가스킥으로 판단할 수 있다.

가스킥이 시추공의 상부로 이동하면서 팽창하면 BHP가 감소하므로 애눌러스와 연결된 초크에 백압을 가하여 킥이 제거되는 동안 BHP가 일정하게 유지되도록 한다. 원유나 지층수에 의한 킥은 압력감소에 따른 팽창을 무시할 수 있고 또 밀도도 비교적 높으므로 제어가 쉽다. 하지만 가스킥은 밀도가 낮고 압축성이 크기 때문에 초크압력을 예측하기 어렵다.

킥은 시추공으로 유입되면서 이수와 혼합되므로 2상을 유지한다. 가스는 온도와 압력 변화에 따라 부피가 변한다. 따라서 밀도와 이동속도가 달라지며 이수와 같이 흐를 때는 밀도

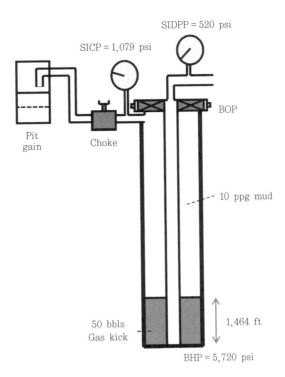

그림 6.5 시추공폐쇄 정보

차이에 의해 추가적인 상승속도(slip velocity)를 갖는다. 따라서 2상으로 유동하는 킥을 모델링하여 일정한 BHP를 주는 초크압력을 계산하기 위해서는 다음과 같은 8개 변수를 알아야 한다(Choe, 1995). 이들 변수들에 대한 지배방정식과 상관관계식을 바탕으로 초크압력을 계산하는 것은 대학원 이상의 전문연구수준이므로 본 교재에서는 단상 가스킥에 대하여 설명하고자 한다.

- 압력
- 온도
- 가스와 이수의 속도
- 가스와 이수의 부피비
- 가스와 이수의 밀도

231

표 6.3 킬 작업을 위한 시추공의 자료

Parameters	Values
Depth, ft	10,000
Casing seat depth, ft	6,000
Casing ID, inch	8.835
Open hole size, inch	8.75
Drill pipe OD, inch	5
Drill pipe ID, inch	4.276
Drill collar OD, inch	7
Drill collar ID, inch	3
Drill collar length, ft	1,000
Old mud weight, ppg	10
Pump type	Triplex
Liner size, inch	5
Stroke length, inch	10
Pump efficiency, %	90
Pump speed, spm	30

해양시추 정보

Parameters	Values
Water depth, ft	3,000
Choke line ID, inch	4
Marine riser ID, inch	19.5

킥 정보

Parameters	Values
SIDPP, psig	520
SICP, psig	1,079
Pit volume gain, bbls	50

시추공에서 킥이 제거되는 동안에 킥의 부피와 압력의 변화 그리고 일정한 BHP를 위해 필요한 초크압력을 계산하기 위해 다음과 같이 가정하였다. 이 가정들은 2상으로 유동하는 킥의 거동을 개념적으로 이해하는 데 도움을 준다.

- 가스킥은 단상이다.
- 이수의 압축성은 무시할 수 있을 정도로 작다.

- 시추공의 온도분포는 지층의 온도분포와 같다.
- 가스킥의 이동은 이수의 순환에 의한다.

〈그림 6.6〉은 이수순환에 의해 킥이 제거되는 과정을 U-튜브로 나타낸 것이다. 위의 가정들에 의해 식 (6.4)로 주어진 BHP를 일정하게 유지하기 위하여 알아야 할 미지수는 킥의 압력과 부피이다. 만약 킥의 압력을 안다면 부피와 밀도를 각각 식 (6.6)과 (6.7)로 계산할 수 있다. 따라서 〈그림 6.6〉에서 일정한 BHP를 유지하기 위한 킥의 압력을 계산하면 된다.

$$V_{kx} = V_{kb} \left(\frac{P_b}{Z_b T_b} \right) \left(\frac{Z_x T_x}{P_{kx}} \right) \tag{6.6}$$

$$\rho_{kx} = 0.3611 \frac{\gamma_g P_{kx}}{Z_x T_x} \tag{6.7}$$

$$\text{BHP} = P_{kx} + \sum \Delta P_{hy} + \sum \Delta P_f \tag{6.8}$$

여기서, V_{kx}는 킥의 부피(bbl), P_{kx}는 킥의 압력(psia), Z는 가스킥의 압축인자, T는 온도(°R), γ_g는 가스킥의 비중, ΔP_{hy}와 ΔP_f는 각각 킥의 위치(x) 하부의 정수압(psi)과 마찰손실(psi)이다. 하첨자 k는 킥, b는 시추공저, x는 주어진 위치를 의미한다.

킥을 제거하는 유정제어의 원리를 수식과 같이 요약하면 다음과 같다. 먼저 킥이 시추공의 특정 위치(x)에 도착하였다고 가정한다. 킥의 압력 P_{kx}를 가정하면 킥의 부피를 식 (6.6)으로 구하고 애눌러스의 기하를 이용하면 킥이 차지하는 높이를 구할 수 있다. 식 (6.7)로 킥의 밀도가 계산되므로 킥의 정수압과 이수의 정수압을 계산할 수 있다. 킥유량이 작고 애눌러스에서 유속이 낮으므로 마찰손실을 무시할 수 있다.

처음 가정한 킥의 압력이 주어진 BHP(여기서는 식 (6.4)의 공극압임)를 만족하지 못하면 새로운 압력을 반복법으로 구한다. 킥의 압력이 결정되면 초크압력은 식 (6.9)로 계산한다. 즉 식 (6.9)로 계산된 압력을 지표면에 위치한 초크에 백압력으로 가하면 이미 계산된 킥압력을 얻고 이는 결과적으로 BHP를 주어진 값으로 유지한다. BHP는 주어진 조건이므로 지상의 펌프압력을 식 (6.10)으로 계산할 수 있다. 즉 펌프압력은 BHP에서 이수의 정수압을 빼고 유동에 필요한 압력손실을 더한 값이다.

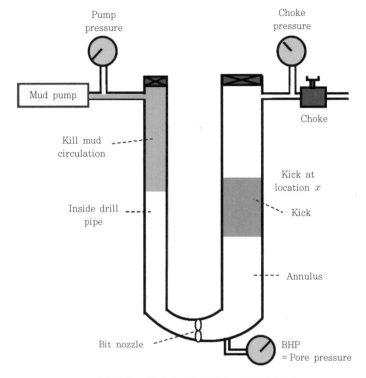

그림 6.6 U-tube를 이용한 킥제거 개념

$$P_{chk} = P_{kx} - \sum \Delta P_{hy,t} - \sum \Delta P_{f,t} \tag{6.9}$$

$$P_p = \text{BHP} - \sum \Delta P_{hy,DS} + \sum \Delta P_{f,DS} + \Delta P_{bit} \tag{6.10}$$

여기서, P_p는 펌프압력(psig), ΔP_{bit}는 비트노즐을 통과할 때의 압력손실(psi), $\Delta P_{hy,t}$와 $\Delta P_{f,t}$는 각각 킥의 위치(x) 상부의 정수압(psi)과 마찰손실(psi)이다. 하첨자 DS는 시추스트링 내부를 의미한다.

6.3.2 유정제어과정에서 킥의 거동분석

이수를 순환시켜 킥을 제거하는 방법은 크게 두 가지가 있다. 먼저 기존에 사용하던 이수를 순환시켜 킥을 제거하고 킬이수를 주입하는 방법을 시추자방법(driller's method)이라 한다. 유정제어작업을 더 빨리 마치기 위해 식 (6.5)로 계산된 킬이수를 바로 순환하여 킥을 제거하는 방법을 공학자방법(engineer's method)이라 한다. 각 방법은 장단점이 있기 때문에 시추회사는 자신들이 선호하는 방법을 사용한다.

언급한 두 방법에 대하여 〈표 6.3〉에 주어진 시추공 자료와 유정폐쇄정보를 이용하고 식 (6.6)에서 (6.10)을 적용하면 이수를 순환시키는 과정에서 킥의 거동을 예상할 수 있다. 〈그림 6.7〉은 순환하는 이수에 의해 킥이 시추공의 상부로 이동하면서 감소하는 압력을 보여준다. 킬이수가 시추비트를 지나기 전에는 킥 하부의 애눌러스를 모두 기존의 이수가 채우고 있으므로 두 방법에 의한 압력값이 정확히 일치한다. 하지만 킬이수가 애눌러스로 유입되면 공학자방법의 경우 킬이수에 의한 추가적인 정수압으로 킥압력이 더 낮아진다.

이와 같은 압력의 감소는 〈그림 6.8〉과 같은 킥부피의 팽창으로 나타난다. 또한 애눌러스의 부피에 해당하는 이수가 순환되면 애눌러스에 존재하던 모든 킥이 제거된다. 팽창된 킥의 부피는 이수탱크의 부피가 증가하는 모습으로 나타난다. 킥이 지상에 도착하면 초크밸브를 지나 초크매니폴드를 따라 분리기로 유도되어 이수와 가스로 분리된다. 이수는 재사용되고 가스는 소각된다.

〈그림 6.8〉과 같이 가스가 팽창하면 이를 보상해주기 위하여 초크압력이 〈그림 6.9〉와 같이 증가해야 한다. 킥이 시추공 하부에 있을 때는 별로 팽창하지 않지만 지표면으로 이동하면서 급속히 팽창하기 때문에 높은 초크압력이 필요하다. 공학자방법은 킬이수가 시추비트를 지난 후에 킬이수로 인한 추가적인 정수압이 있으므로 초크에서 요구되는 백압력이 더 작다. 또한 킥을 제거한 후에도 킬이수가 애눌러스를 계속 채우므로 주어진 BHP를 유지하기 위해 필요한 백압력이 감소하고 킬이수가 애눌러스를 완전히 채우면 백압력이 0이 된다. 이는 킬이수의 정수압만으로 지층의 공극압을 제어하도록 밀도를 결정하였으므로 당연한 결과이다. 하지만 시추자방법에서는 기존이수를 사용하였기 때문에 킥을 제거한 후에도 SIDPP에 해당하는 백압력을 여전히 가해주어야 한다.

〈그림 6.10〉은 두 방법에 의한 펌프압력을 나타내며 식 (6.10)으로 계산된다. 시추스트링 내부에는 킥이 없으므로 킥의 팽창으로 인한 정수압의 변화가 없다. 단지 킬이수를 순환시키는 시점부터 정수압과 마찰손실에 변화가 있다. 구체적으로 밀도가 더 높은 킬이수가 순환되기 시작하면 펌프압력이 감소한다. 이는 킬이수로 인한 정수압 증가 효과가 압력손실 효과를 초과하기 때문이다.

해양시추의 경우 킥은 해양라이저가 아니라 3~5 inch 내경을 가진 초크라인을 통해 순환된다. 따라서 작은 킥부피도 초크라인의 긴 길이를 채워 정수압의 감소가 매우 심하다. 이는 주어진 일정한 BHP를 유지하기 위해서 백압력이 정수압 감소에 비례하여 증가해야 함을 의미한다. 〈그림 6.11〉을 보면 킥이 초크라인을 채울 때와 제거될 때 급격한 초크압력의 변화가 있으며 이는 해양유정제어를 어렵게 하는 이유 중의 하나이다.

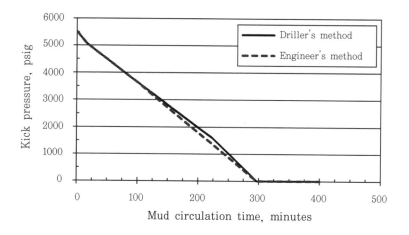

그림 6.7 이수순환에 따른 킥의 압력

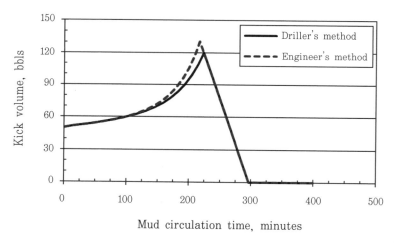

그림 6.8 이수순환에 따른 킥의 부피

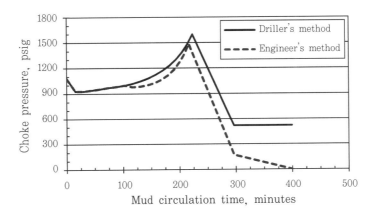

그림 6.9 일정한 BHP를 위한 초크압력

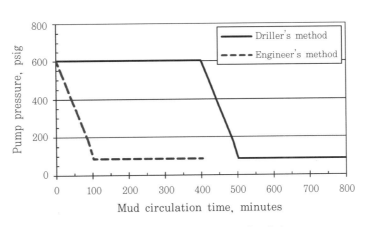

그림 6.10 일정한 BHP를 위한 펌프압력

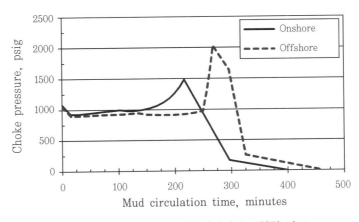

그림 6.11 육상 및 해양 시추에서의 초크압력 비교

6.3.3 유정제어를 위한 계산

〈그림 6.12〉는 킥을 단상과 다상으로 가정했을 때 초크압력의 비교이다(Choe, 1995). 그림에서 볼 수 있듯이 단상모델은 초크압력을 과도하게 계산하고 가스의 상대적 상승속도를 고려하지 못하므로 최대 초크압력이 발생하는 시간을 예측하지 못한다. 주어진 BHP를 유지하기 위한 초크압력을 미리 계산하기 위해서는 식 (6.6)에서 (6.9)까지가 필요하다. 하지만 이들의 계산은 드릴러가 사용할 수 없을 정도로 복잡하면서 단상으로 가정하므로 정확하지도 않다. 따라서 시추현장에서 킥을 안전하게 제거할 수 있는 쉬운 방법이나 가이드라인이 필요하다.

유정제어의 최종결과는 킥을 야기한 공극압을 제어할 수 있는 킬이수로 시추공을 가득 채우는 것이다. 따라서 킬이수의 밀도와 시추공의 각 부분별 부피 그리고 킬이수 순환에 필요한 펌프압력을 알면 복잡한 킥압력의 계산 없이 킥을 순환시켜 제거할 수 있다.

킬유량으로 펌핑할 때 펌프압력을 이미 설명한 대로 킬유량압력(SPP)이라 하며 시추작업에서 주기적으로 측정하여 킥발생 이전에 알고 있다. 〈그림 6.6〉의 U-튜브 개념을 생각해보면 킬이수를 처음으로 순환시킬 때 필요한 펌프압력을 예상할 수 있다. 킬이수가 시추공으로 주입되기 시작할 때는 기존에 시추공에 있는 이수가 순환되므로 압력손실은 SPP가 되고 이것이 펌프압력으로 나타난다. 하지만 BHP를 지층의 공극압과 같게 유지하기 위하여 펌프압력을 SIDPP 값만큼 더 증가시켜야 한다. 이를 위해 동일 유량을 유지하면서 펌프압력을 증가시키면 BHP도 그만큼 증가한다. 결론적으로 초크의 백압력을 이용하여 식 (6.11)과 같이 킬

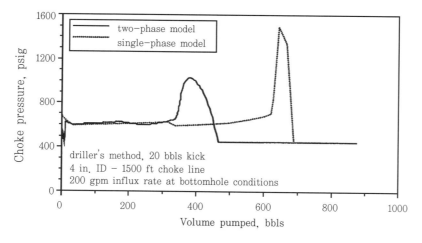

그림 6.12 단상 및 다상 킥의 초크압력 비교(Choe, 1995)

이수의 초기순환압력(initial circulation pressure, ICP)을 유지하면 BHP가 공극압과 같아진다. 〈그림 6.10〉에서 초기의 펌프압력이 ICP이며 SIDPP(520 psi)와 SPP(83 psi)의 합이다.

킬이수가 펌핑되면서 시추스트링의 내부를 채우기 시작하면 킬이수의 밀도가 기존에 사용하던 이수의 밀도보다 높으므로 그 정수압의 차이만큼 펌프압력이 감소한다. 킬이수가 시추비트까지 도착하였다면 그 정수압의 차이가 SIDPP와 같게 된다. 쉬운 설명을 위해 애눌러스에서의 압력손실을 무시하면 필요한 펌프압력은 킬이수로 순환시킬 때 압력손실과 같다. 압력손실은 밀도에 비례한다고 가정하여 식 (6.12)로 킬이수의 최종순환압력(final circulation pressure, FCP)을 계산한다.

식 (6.11)의 ICP에서 식 (6.12)의 FCP로 시간에 따라 감소하는 펌프압력을 킬압력계획(kill pressure schedule)이라 한다. 시간은 펌핑된 킬이수의 부피나 펌프의 행정수로도 표현할 수 있으며 킬이수가 주입되기 시작하여 비트노즐에 도착할 때까지로 한다.

$$P_{ini} = \mathrm{SPP} + \mathrm{SIDPP} \tag{6.11}$$

$$P_{fin} = \mathrm{SPP} \times \frac{\rho_{kill}}{\rho_{old}} \tag{6.12}$$

여기서, P_{ini} 는 ICP, P_{fin} 는 FCP를 의미한다. ρ_{kill} 과 ρ_{old} 는 각각 킬이수와 기존에 시추공에 있던 이수이다.

시추공에서 킥유체의 압력을 구체적으로 계산하지 않고 킥을 안전하게 제거하기 위해 〈표 6.4〉의 압력제어 워크시트를 활용하여 킬압력계획을 완성한다. 〈표 6.4〉는 시추실무에서도 그대로 사용할 수 있다. 킬압력계획은 킬이수를 주입하는 동안 펌프압력의 기준이 되므로 정확히 작성되어야 한다. 따라서 정확성을 재확인하기 위하여 드릴러, 현장감독, 시추이수공학자, 회사대표자 등 여러 명의 전문가가 각자 작성하고 서로 비교한다. 이를 통해 계산실수로 인한 작업의 오류를 최소화한다.

표 6.4 압력제어 워크시트 예

SNU Drilling Research Division of ERE Dept., SNU	PRESSURE CONTROL WORKSHEET
	DATE: TIME WELL CLOSED IN:

1. PRE-RECORDED INFORMATION

   System Pressure Loss (**SPP**) _____ Strokes/min ···································· _____ psi

   TIME-Surface to Bit ··· _____ min

   STROKES-Surface to Bit ··· _____ stks

2. MEASURE

   Shut in Drill Pipe Pressure (**SIDPP**) ·· _____ psi

   Shut in Casing Pressure (**SICP**) ··· _____ psi

   Pit Volume Gain (Kick Size) ·· _____ bbls

3. CALCULATE INITIAL CIRCULATING PRESSURE (**ICP**)

   ICP = System Pressure Loss + SIDPP ·· _____ psi

   [or ··· = Standpipe Pressure while Circulating at Kill rate with Casing Pressure of SICP]

4. CALCULATE KILL MUD DENSITY

   Mud Weight Increase = SIDPP/(0.052 × Depth) ································· = _____ lb/gal

   Add Old Mud Weight ··· + _____ lb/gal

   Add Additional Margin for Safety (Optional) ······································· + _____ lb/gal

   Calculate New Mud Weight (Kill Mud Density) ···································· = _____ lb/gal

5. CALCULATE FINAL CIRCULATING PRESSURE (**FCP**)

   Final Circ. Press. = (System Press. Loss) × New Mud Wt./Old Mud Wt.) = _____ psi

   [or ··· FCP = (ICP - SIDPP) × (New Mud Weight / Old Mud Weight)]

GRAPHICAL ANALYSIS

1. Mark(or plot) Initial Circulating Pressure (ICP from 3. above) at the left edge of the graph.
2. Mark(or plot) Final Circulating Pressure (FCP from 5. above) at the right edge of the graph.
3. Connect the two points with a straight line.
4. Across the 11 spaces on the bottom of the graph, write in data as indicated.

Graph when completed reads circulating pressure at any time while filling drill string with kill mud.

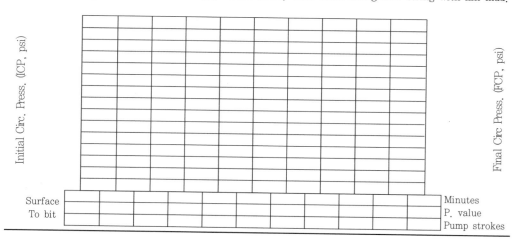

6.3.4 시추자방법과 공학자방법

킥을 제거할 때 현재 사용하고 있는 이수를 사용하여 먼저 킥을 제거하는 방법이 시추자방법이다. 이때 순환시키는 이수의 부피는 시추스트링의 내부와 애눌러스의 부피를 합한 값으로 하며 이를 1회 순환이라 한다. 킥은 시추공의 하부에 있기 때문에 애눌러스 부피만큼만 펌핑해도 킥은 제거되지만 관례상 1회 순환을 실시하고 이수의 밀도를 킬밀도로 증가시킨 후 기존의 이수를 대체한다. 이 방법은 2회 순환을 통해 킬이수로 시추공을 채워 공극압을 제어하므로 2회 순환법이라고도 한다.

유정제어는 킥을 제거하고 킬이수로 시추공을 채우는 것이 목적이므로 처음부터 킬이수를 순환시키면 1회 순환만으로 그 목적을 달성할 수 있으며 이를 공학자방법이라 한다. 두 방법은 〈표 6.5〉와 같은 특징이 있으며 〈그림 6.7〉에서 〈그림 6.10〉을 통해서도 알 수 있다.

(1) 시추자방법

시추자방법은 기존의 이수를 사용하여 먼저 킥을 제거한 후 킬이수로 기존 이수를 제거하므로 절차가 단순하다. 시추공폐쇄와 킬작업을 위한 계산이 완료되었다고 가정하면 구체적으로 다음과 같은 순서로 진행된다.

- 킬유량으로 기존의 이수순환을 시작한다.
- 초크를 조절하여 펌프압력을 ICP로 유지한다.
- ICP를 유지하며 시추이수를 1회 순환하여 킥을 시추공에서 제거한다.
- 킥 제거 후 시추공을 폐쇄하고 킬이수를 준비한다.
- 킬이수가 준비되면 두 번째 이수순환을 시작한다.
- 초크를 조절하여 펌프압력을 ICP로 유지한다.

표 6.5 시추자방법과 공학자방법의 비교

이름	Driller's method	Engineer's method
다른 이름	Two-circulation method	One-circulation method Wait and weight method
장점	사용이 쉽다. 시간지연 없이 바로 시작할 수 있다.	총 작업시간이 짧다. 초크압력이 낮게 유지된다.
단점	총 작업시간이 길다. 초크압력이 높게 유지된다.	킬이수의 준비시간으로 시작이 늦다. 초크의 압력조절이 시추자방법보다 복잡하다.

- 킬이수가 비트에 도달할 때까지 킬압력계획 감소일정에 따라 펌프압력을 FCP로 감소시킨다.
- 킬이수가 비트를 지난 후 지상에 도달할 때까지 펌프압력을 FCP로 유지한다.
- 킬이수가 지표에 도달하면 시추공을 폐쇄하여 폐쇄압을 확인한다.
- 폐쇄압이 없으면 초크를 조금 열고 시추이수의 유동을 확인한다.
- BOP, 해양라이저 내의 이수를 포함한 모든 이수를 킬이수로 대체한다.
- 시추이수의 유동이 없으면 BOP를 연다.

시추자방법을 사용하기 위하여 〈그림 6.7〉의 킬압력이나 〈그림 6.9〉의 초크압력을 계산하지 않음에 유의하기 바란다. 킥이 발생한 시추공을 대상으로 실제 작업을 진행하고 있으므로 〈그림 6.10〉과 같은 펌프압력이 되도록 초크를 조정하는 것이 핵심원리이다. 구체적으로 〈표 6.3〉의 조건에서 드릴러가 완벽히 초크를 조절하면 BHP는 지층의 공극압과 같고 펌프압력은 〈그림 6.10〉으로 나타난다. 전체 작업과정에서 펌프의 유량은 킬유량으로 유지되어야 하고 이를 변경하지 말아야 한다.

킬이수의 순환까지 완료되면 시추공을 다시 폐쇄하여 시추공의 압력이 공극압보다 낮아 추가적인 폐쇄압력이 있는지 확인한다. 만약 폐쇄압력이 없으면 초크를 열어 이수가 유동하는지 확인한다. 만약 킥이 모두 제거되었고 킬이수의 정수압이 충분하다면 시추공으로부터 이수의 유동이 없게 된다. 따라서 BOP를 열고 계획되었던 본래의 작업을 다시 시작한다.

(2) 공학자방법

공학자방법은 먼저 킬이수를 만들고 이를 순환하여 킥을 제거하므로 1회 순환으로 유정제어 작업이 완료된다. 구체적인 순서는 다음과 같으며 1회 순환이 완료되면 시추자방법과 동일하게 킬이수가 잘 준비되고 순환되었는지 확인한다.

- 이수밀도를 증가시켜 킬이수를 만든다.
- 킬이수의 순환을 시작한다.
- 펌프유량은 킬유량으로 펌프압력은 ICP로 유지한다.
- 킬이수가 비트에 도달할 때까지 킬압력계획 감소일정에 따라 펌프압력을 조정한다.
- 킬이수가 비트를 통과한 후 지상에 도달할 때까지 펌프압력을 FCP로 유지한다.
- 킬이수가 지상에 도달하면 시추공을 폐쇄하고 폐쇄압을 확인한다.

- 폐쇄압력이 없으면 초크를 조금 열고 이수유동을 확인한다.
- BOP, 해양라이저 내의 이수를 포함한 모든 이수를 킬이수로 대체한다.
- 시추이수의 유동이 없으면 BOP를 연다.

6.3.5 특수한 상황의 고려

(1) 부피법

킥은 다양한 상황에서 발생할 수 있고 킥을 제거하는 과정에서도 문제가 있을 수 있다. BOP가 설치되지 않았거나 닫을 수 없는 조건이 되면 앞서 설명한 방법과는 다른 방법을 사용하여야 한다. 만약 동력시스템이 고장이 났다면 이수펌프를 사용할 수 없다. 시추파이프가 시추공 내에 없다면 먼저 시추파이프를 시추공 안으로 넣는 과정이 선행되어야 한다.

부피법은 보통 정전이나 장비고장, 시추스트링이 막혔을 때, 또는 정상적으로 이수를 순환하지 못할 때 사용하는 전형적인 기법이다. 이수순환이 불가능하여 시추공이 폐쇄된 상태가 계속되면 가스킥은 밀도의 차이에 의해 자연적으로 상승한다. 시추공이 폐쇄되어 있으므로 킥은 팽창하지 못하고 부피가 일정한 상태로 상승하면 킥의 압력은 초기의 압력으로 유지된다. 따라서 시추공의 압력이 증가하고 이는 SIDPP와 SICP의 증가로 나타난다. 심할 경우 케이싱슈에서 지층파쇄가 발생할 수 있다.

부피법은 가스킥이 상승함에 따라 초크를 열고 이수를 배출시켜 가스킥의 팽창을 허용함으로써 BHP를 일정한 범위로 유지하는 기법이다. 〈그림 6.13〉(b)는 가스킥이 상승하면서 부피팽창을 허용하지 않는 경우로 가스킥의 상승에 비례하여 시추공의 압력이 증가한다. 부피법을 사용하여 가스킥의 팽창을 허용하면(〈그림 6.13〉(c)) 킥부피가 증가하면서 킥압력이 감소하므로 시추공에서 과도한 압력증가를 방지할 수 있다.

부피법의 마지막 단계로 가스킥이 지표에 도달하였다면 가스킥을 제거하는 단계(bleeding)와 이수를 주입하는(lubricating) 과정을 반복한다(이를 lubricate and bleed 법이라 함). 이 방법은 미리 계산된 이수부피를 초크를 통해 시추공 애눌러스에 주입하고 초크를 다시 닫는다. 중력에 의해 주입된 이수는 아래로 내려가고 가스킥은 시추공 상부로 올라오므로 일정한 시간을 기다린 후 미리 정해진 일정한 부피의 가스킥을 제거한다. 이와 같은 과정을 반복하여 시추공상부에 도달한 모든 킥을 제거한다.

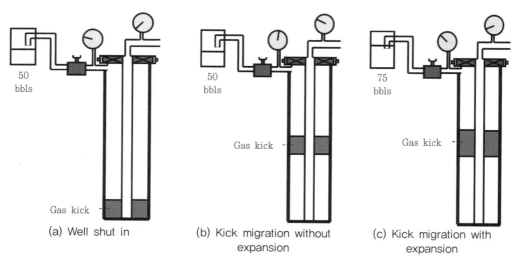

그림 6.13 부피법(volumetric method)의 원리

(2) 황화수소 킥

황화수소는 독성이 매우 강한 가스로 낮은 농도에서도 인체에 치명적인 해를 준다. 〈표 6.6〉은 농도에 따른 독성을 나타낸 것으로 700 ppm 이상이면 독성이 매우 심하고 1,000 ppm 이상이면 즉시 사망하거나 뇌가 영구적으로 손상된다. 따라서 시추과정에서 황화수소가 예상되면 이에 대한 확실한 준비가 필요하며 실제 작업과정에서도 세심한 주의와 모니터링이 필요하다. 각 국가별로 황화수소에 대한 기준이 다를 수 있으나, 8시간 근무기준으로 안전한 작업기준치는 5 ppm 이내가 적절할 것이다.

황화수소는 다음과 같은 특성을 갖는다. 비록 냄새가 강하지만 후각을 쉽게 마비시키므로 냄새를 이용해 감지하는 것이 아니라 장비를 통하여 감지해야 한다. 황화수소를 포함한 킥이 발생한 것으로 의심되면 이를 지상으로 순환시키는 것이 아니라 시추공에 압력을 가하여 지층으로 재주입할 수 있다(이를 bull heading이라 함).

- 낮은 농도에서도 썩은 계란 냄새가 난다.
- 공기보다 무겁고 낮게 깔린다.
- 냄새를 맡게 되면 후각을 쉽게 마비시킨다.
- 가연성이 높으며 연소하면 높은 독성을 가진 이산화황을 생성한다.
- 175°F 이하에서 높은 부식성을 가진다.

표 6.6 황화수소(hydrogen sulfide, H_2S)의 농도에 따른 독성

Concentration, ppm	Toxicity and symptom
<1	Can smell. (cf. Safe for 8 hours exposure.)
10	Kills smell in 3 to 15 minutes. Causes injury on eye and throat.
100	Kills smell in 2 to 5 minutes. Maximum exposure of 15 minutes. Causes throat injury, headache, and nausea. Respiratory paralysis in 30 to 45 minutes.
200	Serious eye injury and permanent damage to eye nerves. Stings eye and throat.
500	Causes loss of reasoning and balance. Becomes unconscious in 3 to 5 minutes. Immediate artificial resuscitation is required.
>700	Becomes unconscious immediately and **death** will result. Causes seizures, loss of control of bowel and bladder. **Permanent brain damage** will result unless rescued promptly.

황화수소를 함유하고 있는 지층에서 시추 시, 주의해야 할 사항들은 다음과 같다.

- 풍향계를 눈에 잘 보이도록 설치한다.
- 주의 경보시스템을 설치하고 주기적으로 점검한다.
- 쉽게 접근 가능한 곳에 산소호흡기를 비치한다.
- 응급조치가 가능하게 교육하고 준비한다.
- 비상탈출구의 위치를 모든 작업자에게 숙지시킨다.
- 모든 작업자들에게 황화수소에 노출되었을 때 처리방법을 훈련시킨다.
- 독성가스에 대비한 장비들을 사용한다.
- 황화수소 모니터링을 전담하는 인원을 고용한다.
- BOP 스택과 초크를 원격으로 조종할 수 있도록 한다.
- 소방서, 경찰서, 관공서 등 긴급상황에 대처할 수 있도록 비상연락망을 구축한다.

(3) 유성이수를 사용한 시추

최근 들어 기존에 개발되지 않았던 한계유전과 심부 목표층에 대한 시추가 증가하면서 고압고온(HPHT)환경에서의 시추가 늘어나고 있다. 고압고온 환경이란 시추공 바닥에서 온도가

300°F(150℃) 이상이고 10,000 psi의 압력을 견딜 수 있는 BOP를 필요로 하는 환경을 의미한다. 이러한 환경에서 유성이수를 사용한다.

유성이수는 그 조성과 지하의 온도와 압력에 따라 밀도가 변하기 때문에 정확한 정수압 계산이 어렵다. 또한 가스킥이 발생하더라도 유성이수 속으로 녹아 들어가기 때문에 이수의 유량과 부피의 증가를 이용한 킥의 감지가 쉽지 않다. 가스킥을 함유하고 있는 유성이수가 지상으로 순환하면서 압력이 기포점 이하로 되면 녹아 있던 가스킥이 유성이수에서 갑자기 빠져 나온다. 따라서 수성이수에 비해 킥의 감지가 늦고 대처할 수 있는 시간이 짧아 주의 깊은 운영과 모니터링이 필요하다.

6.3.6 시추공화재와 화재진화

킥을 조기에 감지하지 못하면 유입된 킥이 지표부근으로 상승하면서 팽창한다. 특히 가스는 급격히 팽창하여 시추공의 압력을 현저히 감소시켜 킥의 유입을 가속시킨다. 이때 BOP가 정상적으로 작동하지 않거나 작업자의 실수 또는 BOP 장비의 최대 압력용량을 초과하는 경우 원유와 가스가 제어되지 않은 상태로 지상으로 분출되는 유정폭발이 발생한다. 이 상태가 계속되면 유동하는 암편이 철제시설과 충돌하거나 가스가 고온으로 작동하고 있는 장비와 접촉하므로 불꽃이 야기되어 화재를 동반한 유정폭발로 발전한다.

연소가 연속적으로 유지되기 위해서는 반드시 산소, 가연물질, 불씨(또는 불꽃)가 존재해야 한다. 따라서 화재진압의 원리는 이들 세 요소 중에서 최소한 하나를 제거하는 것이다. 그런데 시추공화재의 경우는 화재가 연속적으로 유지되기 위한 가장 이상적인 조건을 갖추고 있다. 즉 산소는 대기 중에서 얻고 가연성이 뛰어난 원유나 가스가 저류층으로부터 거의 무제한 공급되며, 지상에는 계속적으로 불이 타고 있다. 따라서 어느 하나를 제거하는 것도 결코 쉬운 일이 아니다.

시추공 화재를 진압하는 각 경우에 따라 조금씩 다른 기법을 사용하지만 기본적인 원리는 순간적으로 시추공 주위의 산소를 제거하여 불꽃을 진압하는 것이다. 하지만 고온에서는 불꽃이 재발하기 때문에 먼저 시추공을 이루고 있는 시설을 냉각시키는 작업을 해야 한다. 이를 위해서 대량의 물을 현재 불타고 있는 시추공과 그 주위에 분사한다. 이는 시추공도 냉각시키고 주위의 온도도 낮추어 작업자의 안전을 제고하는 역할을 한다.

시추공의 온도가 낮아지면 폭발물(예: 80% nitroglycerin grade dynamite)을 터트려 주위의 산소를 순간적으로 소모시켜 불꽃을 제거한다. 일단 불꽃이 제거되면 화재로 인한 위협이 없어져 절반의 성공을 거두었다고 할 수 있다. 불꽃이 제거되면 손상된 장비를 새로운 장비로 교체하고 BOP를 잠그면 (이를 capping이라 함) 1차적인 화재진압작업이 완료된다. 이때 철제시설의 절단과 설치작업에서 금속간의 마찰로 화재가 재발하지 않도록 특별히 유의하여야 한다.

화력이 약하고 장비손상이 경미할 때에는 지상에서 킬이수를 강제적으로 주입함으로써 (이를 top kill이라 함) 킥의 분출을 억제하고 화재도 진압할 수 있다. 거품이나 소화에 도움이 되는 여러 화학물질을 같이 사용하기도 하지만 단가가 비싸고 강한 화력으로 인하여 그 효과도 작다. 그러나 물을 구하기 어렵거나 화재지역이 수평적으로 넓게 분포하는 경우에는 조속한 진화를 위해 거품과 화학물질을 동시에 사용하기도 한다. 어떤 경우에는 작업 중에 발화되는 위험을 방지하기 위하여 인위적으로 불을 질러 주위에 축적된 탄화수소 수증기를 태워서 제거한 후에 진화작업을 시작한다.

여러 가지 이유로 시추공화재를 지상에서 직접 진압하기 어려운 경우에는 주위에서 또 다른 시추공을 굴착하여(이를 구조정(relief well)이라 함) 화재 중인 시추공과 연결시킨 후 킬이수를 주입한다(이를 bottom kill이라 함). 또한 구조정에서 빠르게 응고되는 시멘트를 주입하여 킥의 유동을 원천적으로 차단하는 방법이 있다. 시추공화재는 방지가 최선이지만 만약 발생하였다면 전문지식과 경험을 갖춘 서비스회사의 도움을 받아야 한다.

시추공화재의 경우는 화재로 인한 온도가 거의 1,600℃ 이상이기 때문에 작업자의 화상, 탈진 및 기타 안전에 특별히 유의해야 한다. 따라서 대부분의 작업은 시추공에서 떨어진 위치에서 이루어지며 방화복을 비롯한 안전기구를 반드시 착용해야 한다. 또한 비상약은 물론 필요한 경우 환자를 수송할 차량과 오지의 경우 헬기를 준비하여야 한다. 대형화재의 경우 화재로 인하여 생긴 타르와 이물질을 효과적으로 제거하기 위해 불도저와 다목적 차량도 필요하다. 시추공화재로 인한 소음은 흔히 우리가 소음의 비교치로 사용하는 항공기 이착륙으로 인한 소음보다 큰 경우도 있기 때문에 효과적인 의사소통을 위한 준비가 필요하다.

해양시추의 경우에는 필요한 장비의 빠른 공급에 제약이 있고 비상사태에 따른 대피가 어렵기 때문에 시추공화재가 발생하지 않도록 유의하여야 한다. 시추공화재의 경우는 또 다른 시추선을 이용하여 화재를 진압해야 하는 어려움이 있고 많은 경우 작업이 지연된다. 해당 시추선이나 플랫폼이 크게 손상되거나 수장되면 경제적 손실은 물론 환경오염을 초래한다.

성공적이고 안전한 시추를 위해서는 유정제어의 원리와 절차에 대한 체계적인 교육과 훈련이 필요하다. 따라서 많은 회사들은 자체적으로 또는 유정제어학교에 위탁하여 작업자들을 교육시키고 있다. 〈그림 6.14〉와 같이 잘 준비된 시추 및 유정제어 교육용 프로그램은 킥의 원인과 징후, 작업자의 대응에 대한 시추공의 반응을 현실적으로 보여주어 교육과 훈련에 효과적으로 사용될 수 있다(Choe and Juvkam-Wold, 1997). 프로그램과 하드웨어가 결합되면 훈련뿐만 아니라 실제 유정제어를 위해서도 활용될 수 있다.

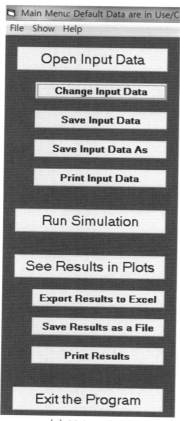

(a) Main menu

그림 6.14 사용자편의 유정제어 프로그램 예(계속)

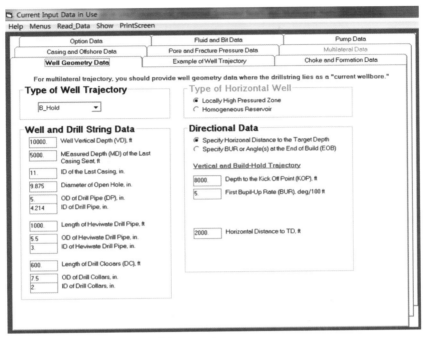

(b) Input data screen

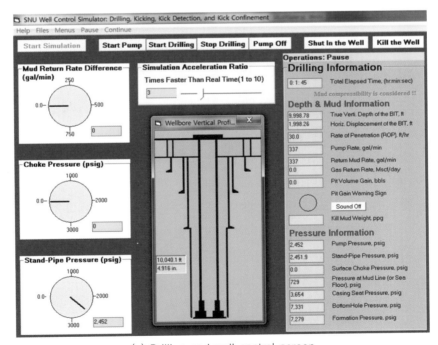

(c) Drilling and well control screen

그림 6.14 사용자편의 유정제어 프로그램 예

연구문제

6.1 수직깊이 10,000 ft에 위치하는 투수성 목표층의 공극압이 5,616 psi이고 현재 10 ppg 의 이수를 사용하고 있을 때, 다음 물음에 답하여라.

(1) 이 시추작업에서 목표층에 도달할 경우, 킥의 발생 여부를 판정하라.

(2) 킥감지의 지연으로 각각 20, 30 bbl의 킥이 발생하였을 때 SIDPP를 계산하라.

(3) 지층의 정수압을 제어하기 위해 필요한 킬이수의 밀도는 얼마인가?

6.2 〈문제 6.1〉에서 중정석을 이용하여 킬이수를 만들려고 한다. 현재 이수의 부피가 1,400 bbl일 때, 필요한 중정석의 부대(sack) 수는 몇 개인가?

6.3 수직깊이 12,000 ft에 위치하는 지층의 공극압이 7,250 psi이고 현재 12 ppg의 이수가 시추공에 가득 차 있다. 수직깊이 10,000 ft에 9.625 inch 케이싱(43.5 lb/ft)이 설치되어 있다. 시추스트링은 4.5 inch 시추파이프(16.6 lb/ft)와 7 × 2 inch 시추칼라 1,000 ft로 구성되어 있을 때 다음 물음에 답하여라. 스왑(swab)과 기타 언급되지 않은 영향을 무시하라. 스탠드 길이는 93′로 가정하라.

(1) 시추파이프 스탠드 5개를 끄집어낼 때, 보충해주어야 할 이수의 부피를 계산하라.

(2) 만약 이수를 보충하지 않을 때 킥의 발생 여부를 판정하라.

(3) 시추칼라 스탠드 5개를 끄집어낼 때, 보충해주어야 할 이수의 부피를 계산하라.

(4) 만약 이수를 보충하지 않을 때 킥의 발생 여부를 판정하라.

(5) 시추공에서 킥을 유발하지 않고 끄집어낼 수 있는 시추칼라 스탠드 개수를 예상 하라.

6.4 〈문제 6.3〉에서 시추비트의 노즐이 막혀 있다고 가정하고 계산을 반복하라.

6.5 시추공을 폐쇄한 후 다음과 같은 폐쇄압력 변화를 얻었다고 할 때, 다음 물음에 답하여라. 시추공의 수직깊이는 7,000 ft이고 이수밀도는 9.5 ppg이다.

(1) SIDPP와 SICP를 평가하라.

(2) 킥을 야기한 지층의 공극압을 계산하라.

Time, min	SIDPP, psi	SICP, psi	Pit gain, bbls
0	350	474	30
5	389	520	30
10	390	520	30
15	395	520	30

6.6 환형 BOP와 램 BOP가 시추공을 폐쇄하는 원리를 설명하라.

6.7 다음 두 용어를 비교하여 설명하라. [대학원 수준]

(1) Kick intensity

(2) Kick tolerance

6.8 다음 용어나 장비를 설명하라.

    (1) Choke manifold

    (2) Drop in valve

    (3) Kelly cock

    (4) Rotating BOP(RBOP)

    (5) Trapped pressure

6.9 다음 유정제어법에 대하여 설명하라.

    (1) Dynamic kill method

    (2) Top kill method

    (3) Bottom kill method

    (4) (Kill a well by a) Relief well

    (5) Bull heading

    (6) Snubbing and stripping

    (7) Capping

6.10 시추과정에서 킥이 발생하여 시추공을 폐쇄하였고 SIDPP 600 psi를 얻었다. 킬이수를 준비하는 20분 동안 SIDPP가 900 psi로 증가하였다면 킥의 상승속도는 얼마인가?

6.11 보통의 시추작업에서는 킬유량으로 순환할 때 펌프압력인 SPP를 미리 측정한다. 하지만 SPP를 측정하지 않은 상태에서 킥이 발생하여 시추공을 폐쇄하였을 때, 시추공 폐쇄 이후 SPP를 측정하는 방법에 대하여 설명하라. 육상시추와 해양시추에 대하여 비교하여 설명하라.

6.12 수직깊이 8,000 ft 지층을 시추하는 과정에서 킥이 발생하여 시추공을 폐쇄하여 SIDPP 720 psi, SICP 1,050 psi를 얻었다. 현재 사용되고 있는 이수는 9.5 ppg이고 시추스트링은 5 inch 시추파이프(19.5 lb/ft)와 7 × 3 inch 시추칼라 1,000 ft로 구성되어 있다. SPP는 580 psi일 때 킬압력계획을 작성하기 위해 다음을 계산하라.

(1) ICP(initial circulation pressure)

(2) FCP(final circulation pressure)

(3) 펌핑될 킬이수의 부피와 펌프압력으로 킬압력계획을 작성하라. 그래프에 사용되는 킬이수의 부피를 10단계로 나누고 각각의 펌프압력을 수치적으로 나타내어라.

6.13 지층의 공극압이 이수로 인한 정수압보다 450 psi 높다고 가정하자. 시추공의 직경은 8.75 inch이고 시추파이프의 외경은 5 inch이다. 시추공의 깊이는 10,000 ft로 크기가 일정하다. 만약 BOP를 닫지 않고 이수의 유동으로 인한 마찰손실로 공극압을 제어하고자 할 때 필요한 최소유량을 계산하라. 이수의 밀도는 11.5 ppg, 점도는 7 cp이며 뉴턴유체로 가정하라.

6.14 시추공을 폐쇄하는 다음 방법을 비교하여 설명하라.

(1) Soft shut in

(2) Hard shut in

6.15 킬유량압력(SPP)을 다시 측정해야 하는 경우를 나열하고 그 이유를 한 문장으로 설명하라.

6.16 유성이수가 사용되는 이유를 나열하고 각각을 한 문장으로 설명하라.

6.17 심해시추의 유정제어 문제점을 조사하여 A4 용지 2페이지 이내로 보고하라. [보고서 용]

6.18 다음 주제에 대하여 자료를 조사하고 A4 용지 5페이지 이내로 보고하라. [보고서 용]
(1) 미국 멕시코만에서 발생한 유정폭발사고의 원인과 유정제어를 위해 사용된 기법
(2) 유정폭발 사고빈도와 원인별 분석
(3) 킥을 이상유동(2 phase flow)으로 모델링하기 위한 지배방정식
(4) 가스의 상대적 상승속도(gas slip velocity)

6.19 시추자방법과 공학자방법으로 킥을 제거할 때 예상되는 킥의 압력, 초크압력, 펌프압력을 계산하라. 킥과 폐쇄압 정보는 아래 주어진 값을 이용하고 명시되지 않은 값은 〈표 6.3〉을 이용하라. 킥을 단상으로 가정하라. [대학원 수준]

SIDPP = 1,200 psi

SICP = 1,600 psi

Pit volume gain = 20 bbls

Water depth = 2,000 ft

Well depth = 10,000 ft below mud line

Gas Specific gravity = 0.7

Surface temperature = 70°F

Geothermal gradient = 1.0°F/100 ft

6.20 아래의 자료를 이용하여 다음 질문에 답하라. [2016년 시추공학 기말고사 문제]

시추파이프 5×4.276 inch, 시추칼라 7×2 inch & 1,000 ft

수직 시추공 깊이 10,000 ft, 수심 3,000 ft

해양라이저 ID 19.5 inch, 초크라인 ID 5 inch

케이싱 설치심도 6,500 ft, LOT 결과 13.5 ppg

이수밀도 10 ppg

케이싱 내경과 시추공은 8.5 inch로 같다고 가정

공극압은 시추공의 정수압보다 0.6 ppg 과압

(1) 8.6 ppg 지층수가 시추공으로 25 bbls 유입되었을 때 SIDPP와 SICP를 예상하라.

(2) 3.4 ppg 가스킥이 시추공 바닥 부근에서 유입된다고 가정할 때, 케이싱슈 위치의 지층을 파쇄하지 않고 시추공을 폐쇄할 수 있는 킥의 최대부피를 결정하라.

6.21 수업에서 배운 내용과 논리를 지혜롭게 사용하여 다음 질문에 답하라. 본인의 일방적 가정이 아니라, 모든 문제들이 서로 연관된 실제 시추작업을 가정하여야 한다. 현재 시추비트는 시추공 바닥에 있다. 또한 압력조건은 각 문제마다 다를 수 있으니 각 문제에서 주어진 조건을 우선적으로 사용하라. [2016년 시추공학 기말고사 문제]

시추파이프 5×4.276 inch, 시추칼라 7×2 inch & 1,000 ft

시추공 수직깊이 10,000 ft

시추공 크기 8.5 inch

케이싱 설치심도 5,000 ft, 내경 8.835 inch

시추공 편향 시작점(KOP) 7,000 ft, 2.5 deg/100 ft 경사증가율(BUR), 시추궤도 최종 경사 30 deg. (Build-Hold trajectory)

공극압은 현재 이수의 정수압보다 1.0 ppg 과압

비트노즐 3개, 크기 12/32 inch

이수밀도 12 ppg, 킬유량 300 gpm

이수유동으로 인한 압력손실: 시추파이프 내 0.10 psi/ft, 시추칼라 내 0.20 psi/ft, 시추공과 시추칼라 애눌러스 0.05 psi/ft, 그 외 애눌러스 0.015 psi/ft

(1) 킬유량으로 이수를 순환할 때 펌프압력을 계산하라.

(2) 3.5 ppg 가스킥이 40 bbls 발생하였을 때 SIDPP와 SICP를 예상하라.

(3) 당신은 안전을 위하여 이수의 밀도를 이론적인 최소값보다 0.5 ppg 높게 유지하였다. 이때 전통적인 킬압력계획에 따라 ICP와 FCP를 계산하라. 또한 킬이수를 주입하기 시작한 20 min 후에 (킬압력계획에 따른) 펌프압력을 결정하라.

(4) 문제 (3)에서 얻은 펌프압력을 잘 유지하였다는 조건에서 실제 FBHP를 계산하라. 킬이수 주입으로 인한 정수압 및 압력손실의 변화를 고려하라.

(5) FBHP를 공극압과 같이 유지하기 위한 이론적인 펌프압력을 계산하라. 킬이수는 문제 (3) 조건을 사용하라.

6.22 아래의 자료를 이용하여 다음 질문에 답하라. 수업에서 배운 내용과 논리를 지혜롭게 사용하여 다음 질문에 답하라. 모든 문제들이 서로 연관된 실제 시추작업을 가정하여야 한다. [2017년 시추공학 기말고사 문제]

 수직심도 10,000 ft

 시추파이프 5×4.276 inch, 시추칼라 7×3 inch & 1,000 ft

 케이싱 설치심도 6,000 ft, 내경 8.835 inch, 시추공은 8.5 inch

 해양라이저 ID 19.5 inch, 초크라인 ID 5 inch, 수심 1,000 ft

 이수밀도 11 ppg, 이수유량 400 gpm, 비트노즐 3개, 크기 13/32 inch

 지층압은 이수의 정수압보다 1.0 ppg 과압이고 25 bbls 가스킥 발생

 시추공은 6,000 ft에서 목표심도까지 20 deg.로 일정하고 그 후 4,500 ft 수평구간이 있다고 가정함 (ignore build trajectory effect and just use constant angles given)

 이수유동으로 인한 압력손실: 시추파이프 내 0.10 psi/ft, 시추칼라 내 0.20 psi/ft, 시추공과 시추칼라 애눌러스 0.05 psi/ft, 시추공과 시추파이프 애눌러스 0.015 psi/ft, 해양라이저 내 0.00 psi/ft, 초크라인 내 0.1 psi/ft

 시추비트는 시추공 바닥부근에 있고, 공학자기법을 적용하여 킥을 제거

 안전을 위해 킬이수의 밀도를 이론적인 최소값보다 0.5 ppg 높게 유지

 가스킥은 단상으로 시추공에 존재

(1) 킬유량으로 기존의 이수를 순환시킬 때, 펌프압력을 예상하라.

(2) 전통적인 킬압력계획에 따라 킬이수를 주입하기 시작한 19.2 min 후에 (킬압력계획에 따른) 펌프압력을 결정하라.

(3) 문제 (2)에서 얻은 펌프압력을 잘 유지하였다는 조건에서 실제 FBHP를 계산하라. 킬이수 주입으로 인한 정수압 및 압력손실의 변화를 고려하라.

(4) FBHP를 공극압과 같이 유지하기 위한 이론적인 펌프압력을 계산하라.

(5) 전통적인 킬압력계획에 따라 킬이수가 순환되고 있다고 가정하라. 시추공에 존재하는 킥의 최하부가 케이싱슈를 지날 때, 케이싱슈에서의 압력을 계산하라. 킥의 추가적인 상승속도를 무시하라.

(6) 킬이수의 순환을 시작한지 40 min에 펌프의 고장으로 인하여 시추공을 폐쇄하였다. 시추공이 폐쇄된 15 min 기간 동안에 SIDPP가 200 psi 상승하였다. 가스킥의 상승속도(ft/hr)를 예측하라.

시추의 목적은 주어진 예산 내에서 계획한 시추공 크기로 목표심도에 도달하는 것이다. 미리 작성된 시추계획을 바탕으로 시추를 진행할지라도 지층의 복잡성과 정보의 제한 그리고 운영상의 미숙으로 시추문제가 발생한다. 이들은 본래 계획된 작업을 지연시켜 시추비용을 증가시키고 적절하게 대처하지 않으면 목표심도에 도달하지 못하는 시추실패를 야기할 수 있다. 따라서 시추문제의 원인, 방지법, 관측되는 현상, 해결책에 대한 지식을 갖추고 있어야 시추문제에 효과적으로 대처할 수 있다. 7장은 다음과 같이 구성되어 있다.

07 시추문제

제**7**장 시추문제

시추작업의 대상인 지층은 매우 복잡하고 다양하며 수 미터 떨어진 곳에서도 서로 다른 특성을 보이는 특징이 있다. 목표심도까지 도달하는 과정에서 여러 지층을 지나지만 이들에 대한 모든 정보를 아는 것은 불가능하므로 제한된 정보를 바탕으로 시추계획이 이루어진다. 계획된 작업의 수행도 사용하는 장비, 작업자의 전문성, 사용되는 자재의 속성에 영향을 받는다.

따라서 시추를 위한 철저한 계획을 세우고 그 계획에 따라 작업을 수행하더라도 시추문제가 발생한다. 시추작업은 서로 연계되어 있어 하나의 잘못된 작업은 다른 문제를 야기하는 복잡성이 있다. 또한 성공적인 작업수행을 위한 구성요소 중 일부가 잘못되면 전체 구성요소의 평균수준이 아니라 그 요소로 인하여 최소수준으로 작업이 이루어진다.

〈그림 7.1〉은 미국 멕시코만에서 이루어진 시추작업에서 발생한 시추문제를 보여준다. 이들은 가장 전형적인 시추문제이며 수심과 지역에 따라 조금은 다른 비율을 나타낼 수 있다. 〈그림 7.1〉(b)의 15,000 ft 이상 깊이 시추하는 경우, 높은 토크와 드래그 그리고 긴 작업시간으로 인해 파이프의 전단분리가 차지하는 비율이 증가하였다. 또한 킥과 시멘팅 문제를 해결하기 위한 충진시멘팅의 비율도 높아졌다.

시추문제가 발생하면 계획된 작업을 진행할 수 없고 해당 문제를 해결하는 데 시간과 비용이 소요된다. 이와 같이 소비된 시간을 비생산시간이라 하며 시추비용과 직결된다. 따라서 시추문제를 최소화하는 좋은 계획과 계획에 따른 작업수행 그리고 시추문제가 발생하였을 때 빠르게 감지하고 적절하게 대처하는 것이 필요하다. 7장에서 설명된 시추문제에 대하여 독자들은 각각의 이름, 원인, 관찰되는 징후, 대응책에 대하여 바른 지식을 가져야 한다. 특히 각 시추문제의 징후는 다른 요인에 의해서도 발생할 수 있으므로 모든 징후를 종합하여 판단하여야 한다.

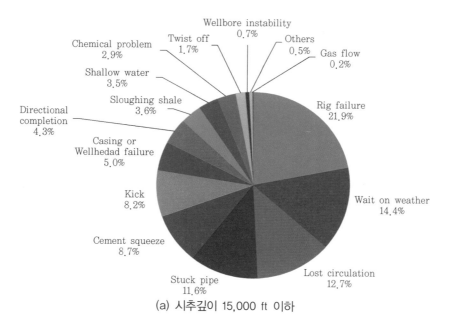

(a) 시추깊이 15,000 ft 이하

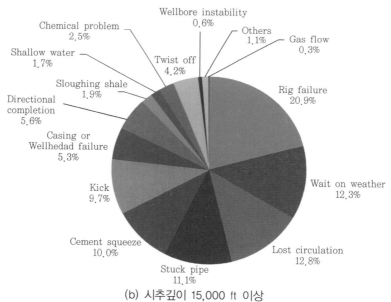

(b) 시추깊이 15,000 ft 이상

그림 7.1 시추작업의 시추문제점(J.K. Dodson Company, 2003)
(멕시코만(Gulf of Mexico)의 수심 600 ft 이하 지역에서 1993~2002년 동안 작업한 경우)

7.1 이수 관련 문제

7.1.1 킥과 유정폭발

"시추문제는 모두 이수와 관련이 있다"고 할 만큼 시추작업에서 이수는 중요하다. 이수물성을 잘 조절하면 압력제어뿐만 아니라 시추공을 안정화시키고 장비들을 안전하게 사용할 수 있다. 킥은 의도하지 않았는데 지층유체가 시추공으로 유입되는 현상이며 때로는 유입된 유체를 말하기도 한다. 킥은 시추공의 압력이 여러 원인에 의해 지층의 공극압보다 낮을 때 발생한다. 킥의 원인과 징후 그리고 제어에 대한 자세한 내용은 6장에서 자세히 소개하였으므로 여기서는 반복하지 않는다.

킥이 발생하면 일차적으로 현재 사용 중인 이수를 오염시킨다. 이수가 오염되면 계획된 기능을 저하시켜 또 다른 시추문제를 야기한다. 가스킥은 시추공 상부로 이동하면서 팽창하고 시추공의 많은 부분을 차지하여 정수압을 급격히 감소시킨다. 따라서 킥의 유입이 가속되고 적절히 대처하지 못하면 킥이 제어되지 않은 상태로 시추공에서 유출되는 유정폭발로 이어진다. 특히 화재를 동반한 유정폭발은 시추비용의 상승, 환경오염, 인명손실, 처리 및 보상 비용의 증가로 이어진다. 특히 언론의 주목을 받을 정도로 큰 사고는 과도한 정부 및 환경 규제를 초래한다.

일반적으로 시추공의 압력은 공극압과 파쇄압 사이에 유지되어야 하며 보통 공극압보다 조금 높게 유지한다. 다음과 같은 이유로 만약 시추공의 압력이 지층의 파쇄압보다 높아지면 시추공이 파쇄된다.

- 높은 이수밀도
- 낮은 파쇄압
- 시추공폐쇄
- 이수 내 암편의 누적
- 과도한 서지(surge)압력

지층이 파쇄되면 일차적으로 이수손실이 발생하고 그 결과로 다른 지층에서는 킥이 발생할 수 있다. 시추공의 가장 약한 부분은 케이싱슈가 설치된 위치로 알려져 있지만 항상 그런 것은 아니다. 따라서 지층이 파쇄된 위치와 방향을 판단하기 어려우며 킥과 연계된 경우 킥의 이동방향을 예측할 수 없다.

시추공의 압력은 이수의 정수압과 유동으로 인한 압력손실 그리고 지상에서 제공되는 백압력에 의해 결정된다. 이수밀도의 조절을 통한 정수압이 가장 중요한 인자이며 각종 작업을 진행하는 동안 시추공의 압력이 공극압과 파쇄압 범위를 벗어나지 않아야 한다.

7.1.2 이수손실

이수펌프를 통하여 시추공으로 펌핑된 이수는 계획된 순환경로를 지나 지상으로 회수되어야 한다. 이는 비싼 이수의 회수뿐만 아니라 시추되는 지층의 정보를 얻기 위해서도 중요하다. 이수손실에는 주입된 유량보다 적은 양이 회수되는 부분손실과 전혀 회수되지 않는 전체손실이 있다. 전체손실은 시추공에 대한 정보없이 시추하는 것과 같기 때문에(이를 blind drilling 또는 dry drilling이라 함) 반드시 문제를 해결한 후 시추작업을 해야 한다.

이수밀도가 적절하더라도 시추공의 특정 구간에서 이수가 지층으로 쉽게 빠져나갈 수 있는 조건이 발생하면 이수손실이 발생한다. 탄산염 저류층의 경우 균열과 공동을 가지고 있어 대규모의 이수손실이 지속적으로 나타날 수 있다. 따라서 인근 시추공 정보를 포함하여 얻을 수 있는 자료를 바탕으로 지층특성을 파악하고 이수밀도를 잘 결정해야 한다. 또한 애눌러스에서 과도하게 시추공 압력이 증가하지 않도록 작업해야 한다.

만약 이수손실이 발생하면 먼저 시추공의 압력을 줄이고 섬유질, 박편, 작은 입자와 같은 이수손실방지제를 이수에 섞어 순환시켜 이수손실층을 막는다. 문제가 지속되면 케이싱을 설치하여 해당 구간을 격리한다. 여러 방법으로도 이수손실을 해결하지 못하면 시추공을 폐쇄하고 재시추(sidetracking 포함)한다. 이수손실층을 미리 파악한 경우 그 위치에 도달하기 직전에 케이싱을 설치하면 이수밀도 조절을 포함한 시추공의 압력제어가 훨씬 수월해진다.

이수손실에 대한 원인, 방지법, 징후, 해결책은 다음과 같이 요약할 수 있다.

원인 :
- 파쇄층(fractured formation)
- 지하 공동(subsurface cavern)
- 고갈된 지층(depleted formation)
- 지층의 높은 유체전도도(high permeability)

방지책 :

- 적절한 이수밀도 유지
- 암편제거
- 애눌러스에서 과도한 압력손실 방지
- 적절한 케이싱 설계
- 연약지층을 케이싱으로 격리
- LCM을 이수에 섞어 순환

징후 :

- 펌핑된 이수유량보다 적은 이수회수(partial loss)
- 이수회수가 없음(total loss)

해결책 :

- 이수의 밀도감소
- LCM을 이수에 섞어 순환
- 케이싱 설치
- 시멘트로 폐정 후 재시추

7.1.3 시추공 불안정

시추공의 불안정은 시추공 크기의 변화를 야기한다. 시추공의 크기는 시추비트를 포함한 시추스트링의 이송과 계획된 케이싱의 설치를 위해 매우 중요하다. 따라서 각 구간별로 계획된 시추공 크기를 유지해야 하며 이를 달성하지 못하면 최종 목표심도에 도달하지 못할 수도 있다. 시추공의 크기 변화는 다양한 요인으로 발생하며 그 크기가 확대되거나 축소될 수 있으며 정도가 심하면 시추공의 파쇄나 붕괴로 이어진다.

굴진이 이루어지기 전의 지층은 역학적 및 화학적으로 평형을 이루고 있다. 시추공이 굴진되면 지층에 공동이 생겨 지층의 하중과 지층수로 인한 공극압을 지지하지 못하므로 시추공의 변형이 야기된다. 만약 시추공의 압력이 낮으면 시추공의 크기가 축소되고 압력이 높은 경우 시추공이 확장된다. 또한 탄산염 지층의 경우 수성이수에 용해되면 시추공이 커진다.

셰일(shale)은 작은 암석입자들로 구성되고 광물을 많이 포함하고 있어 이수를 구성하는 물과 쉽게 반응한다. 그 결과 셰일이 팽창하여 시추공을 축소시키거나 지층에서 분리되어 (이를 sloughing shale이라 함) 시추공을 확대시킨다. 분리된 셰일은 암편과 같이 이동하면서 서로 뭉쳐 이수의 유동을 막거나 심한 경우 파이프의 이동을 불가능하게 한다. 순환하는 이수에 의해 시추공 벽면이 침식되거나 탄산염층의 경우 이수에 용해되어 시추공이 확대된다.

시추공의 크기가 축소되면 시추공 내에서 회전하거나 이동하는 시추스트링에 과도한 토크와 드래그를 야기한다. 이는 수평정에서 수평으로 시추할 수 있는 최대 길이를 결정하는 중요한 요소가 된다. 시추공의 축소가 심하거나 경사진 경우, 파이프의 이송을 불가능하게 하는 고착을 유발한다. 또한 케이싱을 내리기도 어렵고 계획한 크기를 설치하지 못한다.

시추공의 크기가 확대되어도 여러 문제가 발생한다. 먼저 BHA가 시추공 벽면과 일정하게 접촉하지 않으므로 시추궤도에 편향이 발생할 가능성이 높아진다. 시추공이 확대된 부분에서는 이수속도가 느려지므로 암편수송이 저해된다. 만약 경사진 시추공의 일부가 확대되었다면 그 아래쪽에 암편이 침전되어 누적된다. 검층장비는 주로 시추공 중앙이나 벽면에 밀착되어 지층의 물성을 측정한다. 하지만 시추공이 확대된 경우 측정위치가 처음부터 잘못되어 측정값과 그 해석에 많은 오차를 야기한다. 또한 케이싱을 내리고 시멘팅할 높이는 시멘트 반죽의 부피로 결정되는 데 시추공이 확대되면 그 최종 높이가 낮아져 불안정한 시멘팅이 된다.

시추공의 확대나 축소가 발생하지 않도록 미리 잘 준비하여 시추하는 것이 중요하고 실제로 문제가 발생하면 방지책을 구체적으로 적용한다. 시추공 내에 남아 있는 암편을 먼저 제거하고 계획된 높이의 시멘팅을 위한 시멘트 반죽의 부피를 계산하기 위해 캘리퍼 검층으로 시추공 크기를 측정한다. 시추공의 크기 변화의 원인, 방지책, 징후, 해결책은 다음과 같다.

원인:
- 굴진으로 인한 지층 응력상태의 변화
- 높거나 낮은 이수밀도
- 이수유동으로 인한 시추공 벽면 침식
- 이수와 지층과의 반응
- 미고결(unconsolidated) 지층의 시추
- 용해성 지층의 시추

방지책 :

- 주위 시추공 자료를 이용한 계획
- 적절한 이수밀도 유지
- 이수와 지층과의 반응을 최소화
- 처리된 이수의 사용
- 효율적 암편제거
- 나공(open hole)의 유지기간 단축

징후 :

- 토크나 드래그의 불규칙한 변동
- 큰 암편의 발생
- 이수의 정지와 순환 시 이수부피의 증감

해결책 :

- 이수밀도의 조절
- 암편제거를 위한 높은 점성을 가진 이수의 순환
- 처리된 수성이수의 사용
- 유성이수의 사용
- 케이싱작업 이전에 시추공 크기 검층

7.1.4 시추공 내 암편의 축적

효율적인 시추를 위해서는 굴진과정에서 생성된 암편을 신속히 제거해야 한다. 만약 암편이 제거되지 않고 이수 내에 축적되면 여러 가지 시추문제로 발전할 수 있다. 암편은 이수보다 높은 밀도를 가지고 있어 시추공의 정수압을 증가시키고 그 결과 굴진율을 감소시킨다. 또한 큰 암편이 침강하여 시추비트에서 다시 갈리게 되어 굴진율 감소와 더불어 시추비트를 마모시킨다.

특히 이수 내에 있는 미립자가 잘 제거되지 않으면 순환에 따른 압력손실을 증가시키고 장비를 마모시킨다. 또한 미립자는 이수의 밀도와 점도를 동시에 증가시키므로 지층의 파쇄를 유발할 수 있으며, 시추스트링의 회전이나 이동할 때 과도한 토크나 드래그를 야기한다.

시추공 압력의 증가와 점도의 증가는 이수막의 형성을 촉진하고 검층이나 시멘팅 작업을 어렵게 한다.

암편의 이동속도는 애눌러스에서 이수의 속도와 암편의 침전속도와의 차이이다. 이수의 평균속도는 유량에 비례하고 단면적에 반비례하지만 유체입자의 개별속도는 애눌러스에서 위치에 따라 다르다. 따라서 시추스트링을 시추공의 중앙에 위치시켜 이수속도가 낮은 부분이 최소화되도록 해야 한다. 시추스트링의 회전은 이수속도가 낮은 부분에 누적된 암편을 강제로 이동시켜 암편제거에 도움을 준다.

암편의 침전속도는 암편의 모양, 비중, 크기, 이수물성, 시추공의 경사도 등 여러 인자의 영향을 받는다. 따라서 시추작업조건을 잘 조절하여 원활한 암편제거가 이루어지게 하는 작업운영의 지식과 경험이 필요하다. 시추공의 경사가 높거나 수평에 가까운 경우, 이수의 유동방향과 암편의 침전방향이 달라 암편이 시추공의 아래쪽에 누적된다. 시추공의 경사각 30~45도에서 침전이 나타나기 시작하며 45~65도에서는 암편의 침전과 누적, 해당구간에서 이수속도의 증가, 누적된 암편의 제거가 불규칙하게 반복되기 때문에 그 현상을 이론적으로 예측하기 어렵다. 또한 누적된 암편의 일부는 시추공경사의 하부방향으로 미끄러져 내려간다.

시추공 내에 암편이 누적되면 먼저 이수의 순환속도를 증가시켜 암편을 제거한다. 이수의 순환속도가 높으면 애눌러스에서 압력손실로 인한 압력증가와 시추공 벽면의 침식이 일어날 수 있다. 애눌러스 공간이 좁은 시추공이나 CTD(coiled tubing drilling)의 경우 높은 유량으로 인한 시추공 압력 증가가 과도할 수 있다. 시추공이 안전한 상태에서 순환할 수 있는 높은 이수유량으로 암편을 제거한다. 물론 이수펌프의 용량은 이 유량을 유지할 수 있어야 한다.

특수한 목적으로 만든 이수를 필이라 한다. 암편을 제거하기 위하여 점도가 매우 높은 필(이를 HiVis pill이라 함)을 만들어 순환시키면 시추공에 남아 있는 암편을 쓸어낸다. 필요에 따라 굴진을 잠시 멈추고 애눌러스 부피만큼 이수를 순환하여 암편을 제거한다. 이와 같은 작업을 주기적으로 수행하면 시추공 내 암편의 누적을 효과적으로 관리할 수 있다. 시추스트링의 회전과 이동도 암편제거에 효과적이므로 이를 병행할 수 있다. 또한 굴진율을 낮추어 암편의 생성을 제한할 수 있다. 언급한 해결책들은 서로 연관되어 있으므로 시추계획에서 이를 고려하여 필요한 이수유량을 결정하고 암편누적을 줄이기 위한 완화책을 주기적으로 수행한다.

시추공 내 암편누적의 원인, 방지책, 징후, 해결책을 다음과 같이 정리할 수 있다.

원인 :
- 낮은 암편제거 효율
- 낮은 이수순환속도
- 낮은 이수점성
- 높은 시추공경사
- 시추스트링의 비회전

방지책 :
- 적절한 이수순환속도 유지
- 주기적인 암편제거(sweep)
- 파이프 연결 시에도 이수순환 유지(예: CCS 사용)
- 암편제거효율에 따른 굴진율 조절

징후 :
- 굴진율 저하
- 비트의 조기 마모
- 과도한 토크와 드래그
- 파이프 고착

해결책 :
- 이수순환속도의 조절
- 적절한 이수물성 유지
- 시추스트링의 회전 및 이동
- 굴진을 멈추고 이수를 순환
- 암편제거를 위한 고점성 이수(HiVis pill) 순환

7.2 시추스트링 관련 문제

7.2.1 비트볼링

시추비트의 날이 굴착면에 밀착되어 회전하고 암편이 효율적으로 제거될 때 굴진율이 좋다. 비트볼링(bit balling)은 비트에 암편들이 달라붙어 공과 같이 되면서 굴진율이 급속히 감소하는 현상이다. 시추비트의 날이 굴착면에 밀착되지 못하므로 WOB를 증가시켜도 굴진율의 향상이 없다. 비트볼링은 주로 점토질 지층을 시추하는 경우에 비트노즐을 통과하는 이수의 속도가 낮아 암편이 효과적으로 제거되지 못할 때 발생한다.

비트볼링이 발생하면 이수순환이 어려워지고 암편이나 이온성 점토광물이 비트 전체를 감싸 BHA 이송 시 과도한 서지나 스왑 압력이 발생하여 킥과 같은 문제를 야기한다. 비트볼링을 억제하는 비트의 디자인은 이수가 노즐을 통해 고속으로 분사될 때 비트의 몸통과 날에 붙은 암편을 잘 제거할 수 있는 구조를 가진다. 따라서 적절한 비트를 사용하고 이수의 물성과 유속을 조절하여 비트볼링을 억제한다.

이 문제가 지속되면 또 다른 비트를 시도해보고 점토질 광물과의 반응을 줄이기 위해 유성이수를 사용할 수 있다. 비트볼링이 발생하는 지역에서 시추할 때 굴진율이 낮아지더라도 무리하게 WOB를 증가시키지 않도록 주의해야 한다. 이는 비트볼링을 악화시킬 수 있다. 비트볼링의 원인, 방지책, 징후, 해결책을 다음과 같이 정리할 수 있다.

원인 :
- 연약한 점토질 또는 셰일층 굴진
- 낮은 비트노즐 유속과 압력감소
- 이온성 입자의 점착
- 부적절한 비트 선정

방지책 :
- 비트볼링을 억제하는 디자인을 가진 비트 사용
- 처리된 수성이수 사용
- 유성이수 사용
- 굴진율이 감소할 때 WOB 증가 금지

징후 :

- 낮은 굴진율 및 시간에 따른 감소
- WOB 증가 시에도 미미한 굴진율 변화
- 낮은 토크 및 시간에 따른 감소
- 이수순환압력의 증가

해결책 :

- BHA를 시추공 바닥에서 들어 올린 후 이수를 순환
- 비트의 공회전
- 비트볼링 억제물 펌핑
- 비트 교체
- 유성이수 사용

7.2.2 시추파이프 고착

(1) 압력차 고착

시추공에서 시추스트링을 올리거나 내릴 수 없거나 회전시킬 수 없는 상태를 파이프 고착이라 하며, 파이프가 견딜 수 있는 최대 장력으로 끌어당겨도 파이프가 회수되지 않음을 의미한다. 파이프 고착은 크게 압력차 고착(differential sticking)과 기계적 고착(mechanical sticking)으로 나뉜다.

압력차 고착은 시추파이프가 시추공벽으로 밀리면서 이수막에 접하게 되고 지층의 공극압보다 높은 시추공 압력에 의해 시추파이프가 더 밀착되는 현상에 의해 발생한다(〈그림 7.2〉). 쉽게 설명하면 시추파이프가 이수막 속에 접착되어 이동할 수 없는 상태이다. 압력차 고착은 과압시추에서 이수막이 두껍고 표면마찰력인 접착력이 좋을 때 주로 발생한다. 애눌러스에 막힘은 없으므로 이수순환은 가능하나 파이프는 고착되어 이동이 불가능하다.

압력차 고착을 방지하기 위해서는 이수물성을 잘 조절하여 이수막이 너무 두껍게 생성되지 않도록 하고 시추공의 정수압이 공극압보다 과도하게 높지 않아야 한다. 이수막의 마찰력을 줄이기 위해 이수의 윤활성을 높이거나 시추공벽과의 접촉면적을 줄이기 위해 외부에 나선형으로 홈이 파진 시추칼라를 사용할 수 있다.

압력차 고착이 발생하면 시추공의 정수압을 낮추고 윤활성이 뛰어난 오일류를 순환시켜

271

파이프의 회수를 시도한다. 시추해머(drilling jar)로 충격을 가하거나 언급한 여러 방법들을 반복하여 시도할 수 있다. 만약 회수가 어려운 것으로 판단되면 고착이 일어난 지점의 상부에서 시추파이프를 인위적으로 절단하고 남은 하부의 파이프를 따로 회수한다. 이 작업도 불가능한 경우 시멘트로 시추공을 막고 재시추한다.

고착된 파이프를 절단하는 방법은 기계적 절단, 폭파절단, 화학적 절단이 있다. 기계적 절단은 비트 날을 가진 장비를 시추파이프 안쪽으로 내려 보내 해당 지점에서 비트의 날을 세워 파이프의 내부를 따라 회전시켜 절단하는 방법이다. 폭파절단(string shot)은 파이프에 왼쪽 방향으로 토크를 가한 상태에서 시추파이프 연결부위에 화약을 폭발시켜 파이프를 분리하는 것이다. 화학적 절단은 부식성이 강한 화학약품을 고속으로 분사하여 파이프를 절단하는 것으로 유선을 사용하여 해당 장비를 시추공으로 내린다.

압력차 고착의 원인, 방지책, 징후, 해결책은 다음과 같다.

원인 :
- 두꺼운 이수막
- 시추공의 과압
- 이수막의 높은 마찰계수
- 긴 투수층 구간

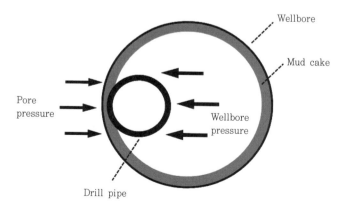

그림 7.2 압력차 고착된 파이프 단면과 작용하는 힘

방지책 :
- 적절한 이수의 밀도와 점도 유지
- 나선형 홈을 가진 시추칼라 사용
- 처리된 이수의 사용
- 효율적 암편제거
- 시추파이프의 회전 및 이동 유지

징후 :
- 토크와 드래그의 증가
- 파이프 이동 및 회전이 불가
- 이수순환은 가능

해결책 :
- 이수밀도의 감소
- 윤활성이 매우 좋은 필 순환
- 이수막을 약화시키는 화학적 필 순환
- 시추해머로 타격
- 회수가 불가능하면 인위적으로 절단

(2) 기계적 고착

기계적 고착은 이수막이나 시추공의 압력과는 상관없이 시추공형상이나 누적된 암편에 의해 파이프를 이동시킬 수 없는 현상이다. 쉬운 예로 이수순환이 정지되어 암편들이 시추비트 주위에 쌓이면 그 하중과 마찰력으로 인해 시추스트링을 회전시키거나 이송할 수 없다. 만약 시추공이 불안정하여 시추공의 크기가 감소하면 파이프 고착이 일어날 수 있다.

〈그림 7.3〉은 기계적 파이프 고착을 야기하는 키싯 예이다. 경사지거나 수직에서 이탈된 시추공 궤도의 굴곡면에 장력을 받는 시추파이프가 접하면 〈그림 7.3〉과 같이 시추공의 한쪽 만 마찰로 파이게 된다. 그 수평단면이 열쇠구멍과 비슷하여 키싯이라 한다. 시추파이프는 키싯을 지나가지만 그 연결부분이나 직경이 더 큰 시추칼라나 특히 시추비트는 이를 통과할 수 없다. 시추공 궤도가 급격하게 변화하거나 지층의 강도가 교대로 변화하는 경우 시추공 크기가 일정하지 않아 기계적 고착이 발생한다.

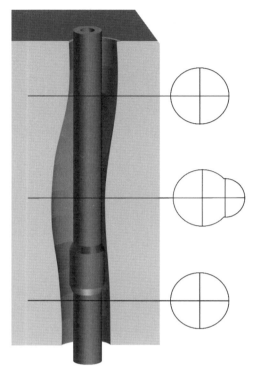

그림 7.3 기계적 파이프 고착의 원인: 키싯(Key seat)

압력차 고착과는 달리 기계적 고착은 그 원인에 따라 징후가 다르게 나타난다. 암편이 누적되어 파이프 고착이 발생한 경우 이수펌프압력이 증가하고 시추파이프의 회전이 어렵다. 하지만 키싯이나 시추공의 굴곡으로 파이프가 고착된 경우, 시추파이프의 회전이 가능하고 문제가 되는 좁은 통로에 걸리지 않는 일정한 거리를 이송할 수 있는 특징이 있다.

따라서 먼저 파이프 고착의 종류를 판정한 후에 그 고착을 야기한 원인을 알아야 해결이 가능하다. 시추공의 불안정으로 야기된 고착은 이를 안정화시켜야 하고 암편에 의한 고착은 쌓여 있는 암편을 제거하는 것이 필요하다. 키싯의 경우 파여진 좁은 홈을 확장할 수 있는 장비를 사용할 수 있으면 이를 이용한다. 하지만 회수가 어려운 것으로 판단되면 고착이 일어난 지점의 상부에서 시추파이프를 인위적으로 절단하고 남은 하부의 파이프를 별도로 회수한다. 이 작업도 불가능한 경우 시멘트로 막고 재시추한다.

기계적 고착의 원인, 방지책, 징후, 해결책은 다음과 같다.

원인 :

- 암편의 과도한 누적
- 시추공의 불안정
- 키싯
- 강도가 다른 지층의 반복적 분포

방지책 :

- 효율적인 암편제거
- 주기적 암편제거
- 시추파이프의 회전 및 짧은 거리 이송(short tripping)
- 시추공 안정성 유지
- 셰일층, 탄산염의 팽창으로 인한 시추공 크기 감소 방지
- 부드러운 시추궤도 유지
- 과도한 WOB 방지

징후 :

- 토크와 드래그의 증가
- 파이프의 부분적 이동 및 회전이 가능
- 이수의 순환압력 증가

해결책 :

- 고착의 원인 규명
- 이수밀도의 증가(시추공 불안정의 경우)
- 이수순환 속도 증가(암편제거 목적)
- 다른 파이프를 내려 고압으로 이수분사(washover)
- 파이프의 회전 및 이동 시도
- 시추해머로 타격
- 회수가 불가능하면 인위적으로 절단

7.2.3 시추파이프 손상 및 파손

시추작업에서 시추파이프(BHA 포함)가 손상되거나 파손되는 형태는 다음과 같다.

- 전단파손(twist off)
- 분리(parting)
- 파열(burst)
- 붕괴(collapse)
- 피로파괴(fatigue failure)
- 누수(leaking or holes in the pipe)

시추파이프에 과도한 토크가 가해져 파이프가 견딜 수 있는 최대 전단응력을 초과하면 시추파이프가 파손되며 이는 수직시추보다 긴 궤도의 방향성 및 수평 시추에서 발생하기 쉽다. 최대 인장하중 이상의 무게나 권양장치의 당김으로 인해 시추파이프의 분리가 발생한다. 시추파이프는 직경이 작고 이수 속에 담겨 있기 때문에 케이싱과는 달리 내부압력에 의한 파열이나 외부압력에 의한 붕괴의 가능성은 낮다. 하지만 반복된 시추작업으로 피로의 누적, 부분적 마찰, 금속 간 충돌, 부식 등으로 인해 약해진 부분이 파손될 수 있다.

만약 시추파이프에 구멍이 생겨 누수가 발생하면 이수는 비트까지 순환하지 않고 그 구멍을 통해 유동한다. 이는 비트에서 생성되는 암편이 제거되지 않음을 의미하므로 반드시 누수를 해결해야 한다. 만약 이수가 고속으로 순환하는 경우 이수에 포함된 고체입자가 그 구멍을 계속 침식하여(이를 washout이라 함) 심할 경우 파이프를 절단할 수 있다.

시추파이프가 시추공 속에 있는 상태에서 누수의 징후가 관찰되었다면 진행 중인 작업을 중단하고 가능한 빨리 시추파이프를 권양하여 해당 파이프를 교체하여야 한다. 이때 시추파이프에 이수를 채운 상태로 권양하면(이를 wet tripping이라 함) 누수가 일어나는 파이프를 쉽게 찾아낼 수 있다.

케이싱의 경우에는 누수를 해결하는 방법은 다양하다. 스타킹 같이 얇고 탄력성이 있는 천의 한쪽 부분만 매듭을 지어 이수와 같이 순환시키면 매듭으로 인하여 그 틈을 통과하지 못하고 누수를 야기한 틈을 막는다. 이 방법은 일반인들이 생각하는 것보다 효과적이다. 유체가 좁은 틈을 지나면 그 경계면에서 압력차이가 발생하므로 그 압력의 차이에 의해 젤화되는 첨가제를 이수와 같이 순환시켜 누수를 막을 수도 있다.

7.2.4 잔류 파이프 회수

여러 가지 이유에 의해 시추스트링의 일부가 분리되거나 작업상 부주의로 장비의 일부가 시추공으로 떨어져 시추공에 남아 있는 잔류물을 피시 또는 정크라 하고 이를 회수하는 과정을 피싱(fishing) 또는 피싱작업이라 한다. 특히 파이프가 고착된 경우 마지막으로 시도하는 방법이 절단 후 회수이다. 고착된 지점의 상부에서 파이프를 절단하여 상부부분을 먼저 인양하고 하부의 잔재물을 회수한다. 시추파이프뿐만 아니라 검층 같은 유정시험과정에서 장비 전체나 일부가 분리될 수 있다. 〈그림 7.4〉는 피싱작업에 사용되는 다음과 같은 전형적인 장비를 보여준다.

- Spear
- Overshot
- Washover pipe(Washpipe)
- Tapered mill
- Junk mill
- Junk basket
- Fishing magnet
- Wireline spear
- Impression block

〈그림 7.4〉(a)의 스페어는 '창'과 같은 모양이며 직경이 큰 파이프를 회수하기 위해 사용된다. 스페어 외부에는 위쪽으로는 계속 접히지만 아래쪽으로는 움직이지 않는 여러 개의 날개가 있다. 따라서 스페어를 파이프 속으로 집어넣으면 날개가 접히면서 파이프 내면과 접하게된다. 스페어를 일정 깊이로 삽입한 후 들어 올리면 날개와 시추파이프의 내벽 사이에 작용하는 마찰력에 의해 해당 파이프가 회수된다. 스페어의 일부 구간이 팽창하여 잔재물의 내면과 접하게 하여도 동일한 효과를 얻는다. 〈그림 7.4〉(b)의 오버샷은 동일한 원리지만 작은 직경의 파이프를 회수하기 위하여 큰 내경과 안쪽에 날개를 가지고 있다. 회수할 잔재물의 직경에 따라 두 장비의 사용이 결정된다.

〈그림 7.4〉(c)의 워시파이프는 비교적 큰 직경의 파이프와 그 끝에 비트의 날을 가진 장비로 크게 두 가지 기능을 수행한다. 하나는 이수를 고속으로 분사하여 잔재물 주변에 모여

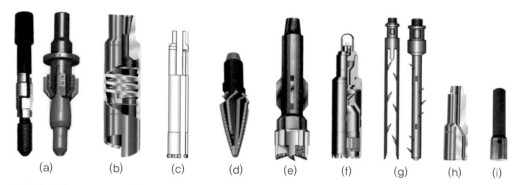

그림 7.4 Fishing tools: (a) Spear (b) Overshot (c) Washover pipe (d) Tapered mill (e) Junk mill (f) Junk basket (g) Wireline spear (h) Fishing magnet (i) Impression block

있는 암편이나 이물질을 제거한다. 다른 기능은 부착된 비트의 날을 이용하여 잔재물의 끝부분을 부드럽게 다듬는 역할이다. 이와 같은 작업을 통해 스페어나 오버샷을 사용할 수 있게 된다.

시추에서 일반적으로 밀(mill)은 다이아몬드나 텅스텐합금 날을 가지고 있어 금속 파이프를 갈 수 있는 고강도 비트이다. 〈그림 7.4〉(d)는 테이퍼드밀로 앞쪽이 뾰족하여 입구가 좁거나 찌그러진 케이싱을 가는 데 사용된다. 〈그림 7.4〉(e)는 정크밀로 매우 강한 비트이며 여러 종류의 잔재물을 갈아 작은 크기로 만드는 데 사용된다.

작은 크기로 나누어진 잔재물은 〈그림 7.4〉(f)의 정크바스켓이나 〈그림 7.4〉(h)의 자석을 이용하여 회수할 수 있다. 정크바스켓은 그 내부로 이수를 순환시켜 안쪽에서 회수할 잔재물을 잡는다. 큰 직경을 가진 파이프를 외부에 부착하여 좁은 노즐을 통과한 이수의 속도로 인하여 잔재물들이 위쪽으로 유동하다 바스켓으로 침전하는 원리를 이용한 것이 부츠바스켓(boot basket)이다. 검층작업 중에 검층장비를 매단 유선이 분리된 경우에는 〈그림 7.4〉(g)의 유선스페어를 사용한다. 다른 스페어와 달리 줄을 효과적으로 잡기 위해 날개가 아닌 고리를 가지고 있다.

시추작업 중에 피시가 발생하였다면 분리된 상부의 모양에서 하부의 모습을 유추할 수 있다. 하지만 시추공에서의 자세나 위치에 따라 그 모양이 달라질 수 있다. 또한 피싱작업은 한 번에 성공하는 것이 아니라 여러 번 시도하므로 그 초기 위치나 형태가 달라질 수 있다. 이와 같은 상황에서 잔재물의 상부모양을 판단하는 것이 필요하다. 직감적으로 생각할 수 있는 것이 비디오카메라를 시추공으로 보내는 것이지만, 이수로 인하여 관찰이 불가능하므로 전통적으로 〈그림 7.4〉(i)와 같은 도장을 사용한다. 이 장비가 무게에 의해 하강하여 잔재물과 접촉하면 그 접촉면의 상태가 장비의 아래쪽 면을 구성하는 납이나 왁스에 표시된다.

7.3 지층특성 관련 문제

7.3.1 급격한 지층압의 변화

지층의 공극압은 지층이 함유하고 있는 지층수의 압력이므로 일반적으로 수직심도에 따라 그 값이 증가한다. 따라서 시추심도가 깊어지면 이를 제어하기 위해 이수밀도를 점차 증가시 킨다. 하지만 지층의 구성요소가 매우 복잡하고 다양할 뿐만 아니라 지층이 생성된 이후에도 여러 변형을 받아 지층압이 변한다.

지층압뿐만 아니라 지층의 강도에도 변화가 있다. 만약 강도가 높은 지층과 낮은 지층이 반복되면 강도가 낮은 지층에서 시추공이 확대될 수 있다. 이 경우 시추공의 크기가 일정하 지 않으므로 암편제거가 어렵고 시추스트링이 이동할 때 기계적 고착이 발생할 수 있다.

퇴적층에 함유된 유체의 유출이 없이 암석화가 진행되었거나 심부의 지층이 압력변화 없 이 상부로 이동한 경우 또는 유체의 이동으로 인해 공극압이 증가한 경우에는 주위 지층압보 다 높은 고압을 나타낸다. 시추과정에서 이와 같은 고압층에 다다르면 킥이 발생한다. 한편 계속된 생산으로 압력이 낮아진 지층의 경우 이수손실이 발생한다. 또한 공극압과 파쇄압의 차이가 작으면 이수밀도를 조절하기 어렵고 작은 운영상의 실수에 의해서도 킥이나 이수손 실이 발생할 수 있다.

천부지층의 지층수나 가스의 유입은 BOP가 설치되기 전에 발생하므로 시추공을 폐쇄할 수 없는 한계가 있다. 실제로는 시추공이 폐쇄압력을 이기지 못하고 지하유정폭발이 일어날 가능성이 높으므로 시추공을 폐쇄해서는 안 된다. 또한 시추심도가 깊지 않으므로 시추작업 자가 킥을 감지하고 대처할 시간이 짧다.

이와 같은 문제를 해결하는 방법은 먼저 인근 시추공 자료와 물리탐사자료를 이용하여 문제지층의 존재 여부를 파악하는 것이다. 가능하다면 이와 같은 지역에서 시추를 피하는 것이 최선이다. 만약 해당 지역에서 시추해야 한다면 천부 킥이 예상되는 지점에 도달하기 직전에 케이싱을 설치할 수 있다. 그 후에 작은 직경으로 파일럿홀을 시추하면 킥의 발생 여부와 공극압을 확인할 수 있다. 만약 천부 위험지역이 깊지 않다면 시추하지 않고 해머를 이용하여 케이싱을 박아 해당 지역을 격리시킬 수 있다.

7.3.2 고압고온

새로운 저류층을 찾기 위한 노력의 일환으로 심부 목표층에 대한 시추가 증가하면서 전통적으로 사용하던 장비로 시추할 수 없는 고압고온 환경이 증가하고 있다. 〈표 7.1〉은 고압고온의 분류로 과거에는 목표층의 압력과 온도가 각각 10,000 psi, 300°F 이상인 경우로 정의하였지만 최근에는 이보다 훨씬 높은 압력 35,000 psi 온도 500°F까지 시추하기 위한 연구가 계속되고 있다.

고압고온 환경에서 시추는 대부분 심도도 깊기 때문에 비용도 비싸고 또 잠재적 위험이 높다. 무엇보다도 이러한 환경에서 사용할 장비가 아직 개발되지 못한 것이 가장 큰 한계 중의 하나이다. 즉 MWD나 LWD 장비를 사용하여 실시간으로 정보를 얻고자 하여도 전통적인 장비들은 고온을 견디지 못하고 손상된다. 이는 이수가 회수되지 않는 상태에서 시추하는 블라인드시추와 유사하게 실측되는 정보 없이 시추하는 또 다른 블라인드시추가 될 수 있다.

〈표 7.1〉에 주어진 조건이면 수성이수보다 유성이수나 합성이수를 사용한다. 따라서 유성이수를 사용할 때 킥의 감지와 제어가 어려운 점에 고온과 고압 조건까지 더해져 유정제어를 어렵게 한다. 만약 유정제어에 실패하여 유정폭발이 발생하면 고압으로 인해 위험성이 더 커진다.

고압고온에서 성공적으로 시추하기 위한 조언을 다음과 같이 정리할 수 있다.

- 고압고온용 실험시설의 확보
- 고압고온용 장비의 개발
- 고온용 부품의 개발
- 철저한 계획수립과 작업실행
- 정보의 교환
- 장비의 적절한 관리

먼저 고압고온 환경에서 실험하고 장비를 테스트할 수 있는 시설을 확보하여야 장비의 개발이 가능하다. 고압고온에서 이수의 거동을 연구하기 위해서 실험장비가 필요함은 당연한 말이다. 전통적으로 사용하는 장비의 용량과 크기를 단순히 확장하기에는 비용, 크기, 기능면에서 한계가 있다. 따라서 더 강하면서도 가벼운 새로운 재료도 필요하다. 고압고온에서는 장비가 파손될 가능성이 높다. 장비의 파손은 작은 결함이나 손상으로부터 시작되므로

표 7.1 고압고온(HPHT)의 분류

Type	Pressure, psi	Temperature, °F
Regular HPHT	10,000	300
Extreme HPHT	15,000	350
Ultra HPHT	20,000	400

결함이 없는 장비의 제작과정뿐만 아니라 결함을 쉽게 감지하는 시험장비의 개발도 필요하다.

현재 고압고온용 장비가 빠르게 개발되지 못하는 여러 이유가 있지만 고온에서 견딜 수 있는 전자부품의 부재가 큰 이유 중의 하나이다. 특히 MWD, LWD 같은 실시간 측정장비는 많은 전자부품으로 구성되어 있는데 대부분 300°F 이상에서는 부품이 손상되어 그 기능을 수행하지 못한다. 우리가 사용하는 일상적인 전자제품에 비하여 아직도 수요가 제한되어 있어 개발이 늦어지고 있다.

이와 같은 어려움에도 성공적인 시추작업을 가능하게 하는 것은 철저한 계획에 의한 작업 준비와 시행이다. 잘 준비된 계획서와 경험을 갖춘 팀워크를 바탕으로 계획된 작업을 수행하며 또 경험과 정보를 서로 나눔으로써 어려움을 극복하고 있다. 같은 기술적 어려움에 직면한 기업들이 총비용을 서로 분담하고 연구와 정보교환을 통해 해결책을 개발하고 이를 공유하기 위해서 1990년대 이후 기업연합프로젝트(JIP)가 매우 활성화되고 있다.

7.3.3 심해환경

1960년대까지도 해양시추의 최대수심은 200 ft 내외였지만(〈표 1.3〉 참조) 현재는 12,000 ft에서도 시추가 가능하다. 1990년대 중반 이후로 석유회사 셸(Shell), 페트로브라스(Petrobras)를 중심으로 심해유전개발이 본격적으로 이루어져 시추기술도 크게 발전하였다. 하지만 심해시추는 육상이나 천해에서 이루어지는 시추와 비교할 수 없을 정도로 많은 어려움이 있고 또 서로 연관되어 있다. 〈그림 7.5〉는 심해시추와 관련된 문제를 보여준다. 수심의 증가에 비례하여 라이저의 길이가 길어져 이와 연관된 이수부피나 시추선의 용량도 증가하여야 한다. 모든 것의 크기가 커지면 이에 상응하여 외력도 증가하고 시추선의 작업위치 유지가 어려워진다.

심해의 해저면은 대부분 미고결층으로 해저면에 장비를 설치할 수 있는 지지력을 주지 못한다. 따라서 추가적인 해저면 안정화작업이 필요하고 더 깊은 곳에 케이싱을 설치해야

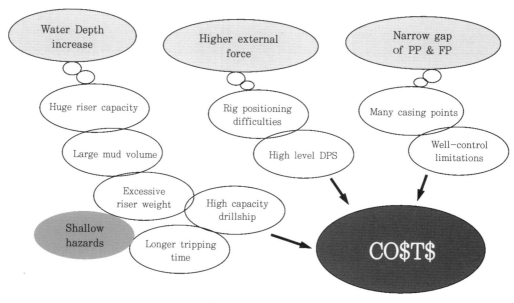

그림 7.5 심해시추의 문제

한다. 만약 정두를 설치하고 나서 부등침하가 일어나면 연결부위가 손상되거나 다른 장비와의 연결을 어렵게 한다. 또한 천부에 존재하는 고압층에서 지층수나 가스가 유입되면 시추공이 침식되고 정두장비가 함몰될 수 있다. 해저면에 유동이 있거나 부유물이 많은 경우 ROV를 통한 관찰이 어려워 관련 작업이 힘들다.

심해지층의 또 다른 특징은 지층의 공극압과 파쇄압의 차이가 작은 것이다. 따라서 이수의 밀도조절이 어렵고 많은 수의 케이싱을 설치해야 한다. 목표지점에 계획한 시추공 크기를 얻기 위해서 케이싱의 설치개수가 많을수록 처음 시추공의 크기는 더 커야 한다. 이는 다시 라이저와 시추선의 용량을 증가시켜야 하는 문제로 되돌아간다. 즉 심해시추의 문제는 서로 연관되어 있어 한 문제의 해결책은 다른 문제를 악화시켜 그 해결을 어렵게 한다.

심해시추에서는 공극압과 파쇄압의 차이가 작아 킥이나 시추공파쇄의 위험이 상존한다. 이수밀도를 조절할 수 있는 범위가 좁아, 이수를 순환하면 시추공 압력이 공극압보다 높아져 이수가 지층으로 유출되고, 반대로 이수순환을 멈추면 공극압보다 낮아져 유출된 이수를 포함한 킥이 발생한다. 즉 이수순환 여부에 따라 전체 이수부피가 변동되는 현상을 보여(이를 wellbore breathing이라 함) 킥의 감지를 어렵게 하고 유정폭발의 잠재적 위험으로 작용한다.

성공적인 시추를 위해서는 적절한 압력제어가 이루어져야 한다. 해저면의 온도는 주로 32~34°F 내외이고 시추공의 온도는 높기 때문에 이수물성을 잘 유지하는 것도 쉽지 않다.

이수와 지층의 압축성으로 인해 시추공폐쇄 시 폐쇄압의 안정화가 늦어진다. 유정제어 과정에서 킥을 3~5 inch 내경을 가진 초크라인이나 킬라인으로 순환시키는데 이수가 통과할 때 마찰손실이 매우 크다(이를 hidden choke effect라 함). 하지만 킥이 지날 때는 정수압감소가 심하여 초크압력의 조절을 어렵게 한다.

해저면의 저온과 고압은 가스하이드레이트(gas hydrate)가 생성될 수 있는 좋은 조건이다. 가스하이드레이트는 물의 얼음구조 속에 가스가 포집되어 있는 것으로 눈으로 보기에는 얼음덩이와 같다. 가스하이드레이트가 생성되면 일차적으로 유동통로를 막아 이수순환을 어렵고 하고 심할 경우 통로 전체를 막을 수 있다. 또한 파이프 내부뿐만 아니라 정두에도 생성되어 밸브를 열거나 닫기 위해 움직여야 할 장비들을 얼려 고정시킨다. 염수나 글리콜 같은 수화물생성 억제제를 이수에 섞어 순환시키거나 이수의 온도를 높여서 문제를 완화할 수 있다.

심해시추는 현재의 공학기술과 시추기술로 극복하지 못할 정도의 어려움은 많지 않다. 하지만 모든 장비의 규모나 용량이 증가하므로 그 자체의 가격이 비싸고 이를 이용하여 작업하기 위한 시추선은 더 높은 사양이 필요하여 일일운영비가 급격히 증가한다. 또한 지층의 특성으로 인하여 시추공의 압력유지와 전반적인 유정제어에 어려움이 있다. 비록 킥을 조기에 감지하고 아무런 사고 없이 안전하게 제거하였다 하여도 만일 전체 작업에 3일이 소요되었다면 대략 $3백만의 비용이 소요된다. 이는 약 34억 원에 해당하는 시추비용의 증가를 의미한다.

7.4 기타 시추문제

7.4.1 장비의 손상

시추과정에서 필요한 각 작업은 이를 위해 고안된 장비들을 사용하여 확립된 안전한 절차를 통하여 이루어진다. 3장에서 소개된 시추리그의 6대 시스템은 각 작업을 위해 유기적으로 작동되며 특정한 작업을 위해 추가적인 장비가 활용된다.

시추공의 직경은 36 inch 이상에서 5 inch 이하까지 다양하고 각 경우에 암편제거를 위한 최소유량이 필요하므로 여러 대의 이수펌프와 시멘트 반죽을 펌핑하기 위한 펌프도 가지고 있다. 따라서 한 개의 펌프가 고장나도 다른 것을 활용하여 시추작업을 계속할 수 있다. 하지만 공간과 중량이 제한되어 있는 해양 시추리그의 경우 주장비와 보조장비로 여러 개를 갖출 수 없다.

작업에 사용되는 장비들은 서로 연계되어 있고 협력하여 사용되므로 한 장비가 고장이 나면 해당 작업을 수행하지 못한다. 파이프를 권양하는 과정에서 권동기가 작동하지 않거나 파이프를 분리하는 장비가 고장 나면 이송작업이 불가능하다. 따라서 고장 난 장비는 반드시 수리되거나 교체되어야 하며 이는 비생산시간의 증가로 이어진다.

만약 장비의 고장을 해결할 수 없으면 시추선 자체를 교체하여야 한다. 미국 멕시코만에서 BP 마콘도 시추공을 시추하기 위하여 처음에는 마리아나스 반잠수식 시추선을 사용하여 시추를 시작하였지만(2009년 10월) BOP의 누수와 동력시스템의 문제로 딥워터 호라이즌으로 교체하였다(2010년 2월).

7.4.2 시추궤도의 이탈

수직이나 방향성 시추궤도에 상관없이 본래 계획한 궤도에서 벗어나는 경우가 시추궤도 이탈이다. 시추는 굴진작업을 통해 3차원 지하공간에 위치하는 특정한 목표지점에 도달하는 과정으로 굴진길이, 경사각, 방위각이 모두 계획한 대로 유지되어야 한다. 시추공이 계획한 시추궤도에서 이탈되고 만일 이를 수정하지 않으면 결국 목표지점에 도달하지 못한다.

비트를 포함한 BHA와 안정기의 설치위치 그리고 작업조건에 따른 비트와 지층 간의 상호관계에 의해 궤도방향이 결정된다. 만약 WOB가 과도하면 증가된 압축력에 의해 시추칼라가 굽어져 시추비트의 굴진방향을 변경할 수 있다. 시추궤도의 이탈이 발생하는 원인은 다음과 같으며 이들의 영향으로 시추비트에 작용하는 결과적인 힘의 방향에 따라 굴진방향이 결정된다.

- 지층의 불균질성과 이방성
- 지층의 경사
- 과도한 WOB
- 비트 및 BHA 구성
- 시추공의 경사
- 암편의 누적

이탈된 시추궤도를 조기에 감지하고 수정하지 않으면 이후에 급격한 궤도의 조절이 필요하다. 이는 토크와 드래그를 증가시키고 파이프의 고착을 야기한다. 또한 작은 곡률반경으로 인하여 직경이 큰 케이싱이나 유연성이 작은 시험장비를 시추공으로 내릴 수 없게 된다.

MWD를 이용하면 실시간으로 굴진길이, 경사각, 방위각을 측정할 수 있다. 하지만 측정이 이루어지는 위치는 비트로부터 일정한 거리에 있는 지점이다. 이는 금속장비와의 간섭이나 기타 이유에 의해 MWD 장비를 비트 상부에 바로 설치할 수 없기 때문이다. 이와 같은 한계와 특징을 알고 시추궤도를 계획한 대로 잘 유지하는 것이 필요하다.

7.4.3 불량한 시멘팅

잘 계획된 케이싱은 시추공의 크기를 유지할 뿐만 아니라 시추공에 작용하는 내외압을 견디며 잠재적 문제가 있는 조건으로부터 시추공을 보호한다. 이와 같은 케이싱의 역할을 잘 감당하기 위해서는 케이싱이 시멘팅을 통해 지층에 견고히 설치되어야 한다. 시멘팅의 기능과 역할에 대하여는 5장에서 자세히 설명하였다.

불량한 시멘팅은 계획한 설치위치를 벗어나거나 강도가 약하거나 케이싱 외부와 지층 사이의 애눌러스가 완전히 밀폐되지 못한 경우이다. 이런 경우는 시추공의 견실성이 약화되어 내외압을 견디지 못할 뿐만 아니라 이수나 지층유체의 유동을 방지하지 못한다. 과장하여 표현하면 케이싱을 설치하지 않은 것과 같은 상황이 된다.

케이싱이 지층과 완전히 밀착되지 못하여 누수가 생기면 충진시멘팅을 통하여 보수하여야 한다. 이를 통해 문제가 해결되지 않으면 플러그시멘팅을 통해 시추공을 막고 재시추하여야 한다. 케이싱이 설치된 구간에서 방향성으로 궤도를 변경하기 위해서는 먼저 케이싱의 벽면을 잘라내고 그 구멍을 통하여 굴진을 진행한다.

시멘트 반죽을 만들 때는 지층의 온도와 압력을 고려하여 시멘트가 굳어지는 시간을 조절하여야 한다. 만약 시멘트가 굳어지는 데 긴 시간이 소요되면 다음 작업을 진행할 수 없고 외부의 자극이나 지층유체의 유입으로 인해 시멘트 블록에 균열이나 채널이 발생할 수 있다. 시멘트의 밀도와 점도를 잘 조절하여 시멘트 반죽의 펌핑과정에서 과도한 압력손실이 발생하지 않도록 하고 케이싱 내외에서 압력의 균형이 유지되도록 하는 것이 안전하다.

7.4.4 저류층 손상

탐사정은 석유의 부존 여부를 확인하는 것이 가장 큰 목적이지만 개발정의 경우 시추공을 완결하여 생산정으로 사용한다. 따라서 시추과정에서 저류층의 생산능력을 저하시키지 않아야 한다. 만약 이수로 인해 저류층의 유동능력이 손상되면 생산량이 떨어지고 이익이 감소되므로 경제성이 저하된다. 생산량을 높이기 위해 높은 저류층 압력감소를 유도하면 일시적으로 생산량이 늘어나지만 전체적인 회수율은 감소한다.

시추는 시추공의 압력이 저류층 압력보다 높은 과압상태에서 주로 이루어지므로 이수가 지층으로 침출된다. 이 과정에서 큰 입자는 시추공 벽면에 접착되어 이수막을 형성하고 이수를 형성하는 유체는 지층 속으로 이동된다. 침출된 유체는 지층유체를 밀어내며 포화도를 변화시키지만 향후에 생산이 시작되면 다시 시추공으로 밀려나와 큰 문제가 없다. 그러나 이수가 사암층에 부분적으로 존재하는 점토나 셰일과 반응하여 이들이 팽창하면 지층의 공극률과 유체전도도를 감소시킨다. 팽창한 지층을 다시 안정화시키는 것은 매우 어렵기 때문에 이수의 물성을 잘 유지해야 한다.

이수에는 매우 다양한 첨가제가 사용되고 이들은 미립자의 형태로 존재한다. 불투수층인 이수막이 완전히 형성되기 전에는 이수 속에 있는 미립자도 지층으로 이동하여 공극을 메워 유체전도도를 현저히 감소시킨다. 이런 경우는 손상된 지층을 회복하기 어렵기 때문에 이수 첨가제를 잘 선택하여야 한다.

이수손실 같은 이수 관련 시추문제를 해결하기 위하여 특수 목적의 필이나 첨가제를 사용할 때 지층의 공극률과 유체전도도를 감소시키지 않도록 해야 한다. 유성이수는 수성이수에 비하여 지층손상이 적은 것으로 알려져 있지만 사용되는 유화제나 첨가제가 지층의 유동능력을 저하시킬 수 있다. 이수에 포함되어 있거나 이수로 녹아든 염(salt)이 재침전하여 저류층을 손상시키지 않아야 한다. 또한 시추 후에 이루어지는 각종 시험에도 부정적인 영향을 미치지 않아야 한다.

유정완결 과정에서 산처리나 수압파쇄를 통해 손상된 저류층의 유동능력을 회복한다. 산처리는 주로 탄산염 저류층에 적용하고 수압파쇄는 사암 저류층에 적용한다. 만약 저류층 손상이 핵심적인 사안이라면 시추공의 압력을 공극압보다 낮게 유지하며 시추하는 저압시추를 적용할 수 있다. 저압시추에서는 킥이 발생하므로 이를 제어할 수 있도록 시추공이 폐쇄된 상태에서 회전이 가능한 RCD를 정두에 설치한다.

연구문제

7.1 킥(kick)에 대하여 다음 물음에 나열식으로 답하라.
   (1) 킥의 정의
   (2) 킥의 발생원인
   (3) 킥의 징후
   (4) 킥의 방지책

7.2 이수손실방지제(LCM)로 사용되는 물질의 종류를 나열하고 각각을 한 문장으로 설명하라.

7.3 지층이 과압(abnormal pressure)이 되는 원인을 나열하고 각각을 한 문장으로 설명하라.

7.4 지층이 저압(subnormal pressure)이 되는 원인을 나열하고 각각을 한 문장으로 설명하라.

7.5 시추공 내에 암편이 누적될 때 시추에 미치는 부정적인 영향을 나열식으로 설명하라.

7.6 시추파이프 고착에 대하여 다음 물음에 답하여라.
  (1) 압력차 고착과 기계적 고착을 판단하는 방법
  (2) 고착된 지점을 알아내는 방법

7.7 해양라이저(21 × 19.5 inch)를 사용하여 이수를 순환시킬 때, 다음 각 경우에 라이저 속에 있는 이수부피와 전체 이수에 대한 비를 계산하라. 시추공은 8.75 inch이고 시추파이프는 5 inch(19.5 lb/ft)로 일정하다고 가정하라. 시추공은 수직이고 깊이는 RKB 기준이다. 언급되지 않은 사항을 무시하라.
  (1) 수심 5,000 ft, 시추공 심도 15,000 ft
  (2) 수심 10,000 ft, 시추공 심도 15,000 ft
  (3) 수심 10,000 ft, 시추공 심도 20,000 ft

7.8 시추파이프의 30 ft 구간이 압력차 고착되어 있다. 시추공의 과압은 600 psi, 시추파이프는 5 inch(19.5 lb/ft), 이수막과 접착된 길이 2.6 inch, 이수막의 마찰계수는 0.25일 때, 고착의 분리를 위해 필요한 힘을 계산하라.

7.9 〈문제 7.8〉에서 이수의 밀도는 10 ppg, 수직심도 7,000 ft, 시추공 크기는 8.75 inch로 일정하고 고착지점은 시추공 바닥이라고 가정하여 다음 물음에 답하여라. 나머지 자료는 〈문제 7.8〉에 주어진 값을 이용하라.

   (1) 시추공 압력을 공극압과 같게 유지하고자 할 때 필요한 이수밀도를 계산하라.

   (2) 시추공 내부와 애눌러스에 점성이 낮은 필(pill)을 60 ft 채우고자 할 때 필요한 부피는 얼마인가?

   (3) 필의 순환으로 이수막의 마찰계수가 0.08로 낮아졌을 때 고착의 분리를 위해 필요한 힘을 계산하라.

7.10 시추해머(drilling jar)는 BHA의 일부를 구성하며 하향 또는 상향으로 충격을 가할 수 있는 시추장비이다. 시추해머가 작동되는 원리를 설명하라.

7.11 다음 용어를 설명하라.

   (1) Back off

   (2) Circulate bottom up (CBU)

   (3) Short trip

   (4) Thief zone

   (5) Washout

7.12 다음 장비를 설명하라.

(1) Fishing string

(2) Spiral-grooved drill collar

(3) String shot

(4) Washover

7.13 다음 조건을 이용하여 피싱작업에 사용할 수 있는 최대시간을 계산하라. 추가적으로 필요한 조건이 있으면 적절히 가정하라.

시추공 심도 10,000 ft, 고착 예상 깊이 8,000 ft, 시추리그 임대비 $125,000/day,

잔재물로 남은 장비가격 $350,000,

우회시추(sidetracking)에 필요한 총시간 42 hours

7.14 잔재물로 남은 장비가격이 $50,000일 때 〈문제 7.13〉을 반복하라.

안전하고 경제적인 시추를 위한 업계의 노력과 오랜 역사를 통해 시추기술은 계속 발전하여왔다. 1990년 중반부터 전통적인 기술의 적용한계를 높이거나 새로운 개념의 신기술을 개발하여 현장에 적용하고 있다. 각 회사별로 축적된 경험과 선호하는 방식으로 인하여 신기술이 소개되어도 보편화되기까지는 보통 10년 이상이 소요된다. 하지만 이들 신기술 없이는 목표심도에 도달하기 어려운 작업환경도 있어 그 적용이 증가하고 있다. 여기에서 소개되는 신기술의 특징과 원리 그리고 적용분야를 바탕으로 성공적인 시추가 이루어지길 기대한다. 8장은 다음과 같이 구성되어 있다.

08 시추신기술

8.1 압력제어시추

8.2 방향성 시추

8.3 기타 신기술

8.4 성공적인 시추를 위한 조언

제 8 장　시추신기술

석유는 우리의 일상생활과 현대 정보화사회를 유지하기 위한 핵심 에너지원이다. 세계인구의 증가와 신흥공업국의 경제성장으로 석유수요가 꾸준히 늘어나고 있어 석유자원의 확보는 국가적인 중요요소가 되었다. 새로운 저류층을 발견하기 위한 업계의 노력으로 최근에는 다음과 같은 시추경향을 보인다.

- 심부시추의 증가
- 심해시추의 증가
- 연속적인 시추공 압력제어의 필요성 대두
- 실시간 시추공 궤도 제어
- 정보기술의 적용
- 시추신기술의 개발과 현장 적용
- 안전 및 환경 규제 강화
- 시추비용 절감 필요성

수직심도 10,000 ft 내외의 육상이나 대륙붕에 존재하는 기존의 석유자원이 점차 고갈됨에 따라 동일 광구권 내의 심부나 심해의 목표층을 탐사하기 위한 시추가 증가하고 있다. 시추심도가 깊어지면서 서로 다른 공극압을 가진 지층을 지나거나 공극압과 파쇄압의 차이가 작은 지층을 통과하는 경우 연속적으로 시추공의 압력을 제어해야 한다.

방향성 시추기술과 실시간 정보취득 기술은 한 지점에서 여러 개의 시추공 또는 하나의 시추공에서 다수의 시추공을 시추할 수 있게 한다. 이는 효과적인 유정완결과 개발로 이어져 비용을 절감한다. 또한 정보기술과 접목하여 원격 및 실시간으로 저류층을 관리하고 있다.

하지만 시추공의 불안정이나 유정제어의 어려움 또는 과도한 시추비용으로 인하여 전통적인 시추기술을 이용하기 어려운 시추환경도 증가하고 있다. 따라서 비용절감뿐만 아니라 목표심도에 도달하기 위하여 많은 신기술들이 개발되어 현장에서 적용되고 있으며 그 기술도 빠르게 안정화되고 있다.

안전과 환경보호에 대한 관심이 높아지면서 관련 규정이 강화되고 이는 시추비용의 증가로 나타난다. 기술적 또는 경제적인 이유로 과거에는 개발되지 않았던 심부유전, 심해유전, 한계유전, 신석유자원의 탐사와 개발도 활발히 이루어지고 있다. 하지만 높은 비용으로 인해 비용절감에 대한 부담은 오히려 더 가중되고 있다. 따라서 새로운 시도에 대한 부담감에서 벗어나 효율적이고 안전한 시추신기술에 대한 관심과 적용을 통한 경험의 축적이 필요하다.

8.1 압력제어시추

8.1.1 압력제어시추의 필요성

시추와 개발이 용이한 저류층에서의 석유생산이 줄어들고 새로운 유망구조에 대한 시추가 증가하면서 전통적인 시추기법으로 시추하기 어려운 경우가 많아지고 있다. 대표적으로 공극압과 파쇄압의 차이가 작은 지층을 시추할 때 이수순환을 멈추거나 이수밀도를 변화시키는 경우, 킥이나 이수손실이 발생할 수 있다. 지층의 공극압분포가 복잡하거나 유망구조가 심부에 있는 경우에는 설치해야 하는 케이싱 개수가 많아지므로 비용이 증가하고 시추공 크기가 작아져 생산량이 감소할 수 있다. 이러한 시추 관련 문제들을 해결하기 위해 고안된 방법이 압력제어시추(managed pressure drilling, MPD)이다.

IADC(International Association of Drilling Contractors)는 압력제어시추를 다음과 같이 정의한다.

"Managed Pressure Drilling(MPD) is an adaptive drilling process used to precisely control the annular pressure profile throughout the wellbore. The objectives are to ascertain the downhole pressure environment limits and to manage the annular hydraulic pressure profile accordingly."

("압력제어시추는 시추공의 애눌러스 압력 프로파일을 적절하게 조절하는 데 사용되는 제어시추과정이다. 그 목적은 시추공의 압력환경 한계를 확인하고 그에 따라 애눌러스에서 압력을 제어하는 것이다.")

IADC의 정의와 같이 압력제어시추는 BHP를 정교하게 조정함으로써 시추과정에서 발생할 수 있는 유체유입, 이수손실, 시추공 불안정성 문제 등을 최소화한다. 펌프속도와 이수밀도만으로 BHP를 조정하는 기존의 방법과 달리, MPD의 경우 폐쇄된 이수순환시스템을 사용함으로써 백압력을 통해서도 BHP를 조절할 수 있어 보다 정교한 압력조정이 가능하다. 따라서 MPD는 시추문제로 인한 비생산시간을 현저히 줄인다.

압력제어시추의 종류는 압력을 제어하는 방법에 따라 다음과 같이 다양하며 각 방법은 독립적으로 또는 함께 사용된다.

- Constant bottomhole pressure(CBHP)
- Pressurized mudcap drilling(PMCD)
- Dual gradient drilling(DGD)
- Returns flow control(RFC)

압력제어시추를 위해 필요한 대표적인 장비로 RCD, MPD 초크 등이 있다. RCD는 BOP 장비의 일종으로 시추이수가 닫힌 유동통로를 흐를 수 있도록 시추공 애눌러스를 밀폐하는 장치이다. RCD는 〈그림 8.1〉과 같이 BOP 스택 위에 위치하며 장비가 닫힌 상태에서도 회전이 가능하므로 RBOP 또는 RCH라고도 한다. MPD 초크는 시추 시 에눌러스에 백압력을 가할 수 있어 시추공 압력을 정교하게 제어하는 역할을 한다. MPD는 항상 유정제어가 이루어진 상태에서 시추가 이루어지는 원리이다.

8.1.2 일정공저압력

시추공 압력이 공극압보다 작으면 지층유체가 시추공 내로 유입되어 킥이 발생한다. 적절한 방법으로 킥을 제어하고 제거하지 못하면 유정폭발로 이어져 큰 손실과 위험을 야기한다. 반대로 시추공 압력이 파쇄압보다 크면 이수손실 또는 지층의 파손이 발생할 수 있다. 따라

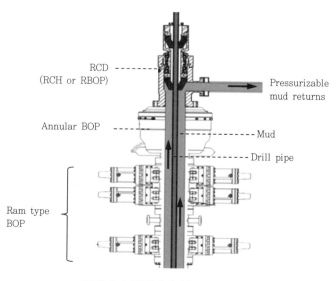

그림 8.1 압력제어시추에서 이수유동

서 나공으로 존재하는 구간의 시추공 압력을 공극압과 파쇄압 사이에 유지시켜 시추문제를 최소화해야 한다.

기존의 시추방법으로 공극압과 파쇄압의 차이가 작은 지층을 시추하면 많은 어려움이 있다. 이수의 순환을 정지하면 애눌러스에서 마찰손실이 사라져 시추공의 특정 구간에서 압력이 공극압보다 낮아지고 킥과 시추공 불안이 야기된다. 이와 반대로 정지된 이수를 다시 순환시키면 이수의 정수압에 마찰손실이 추가되어 시추공 압력이 파쇄압보다 높아져 이수손실이 발생할 수 있다. 특히 순환의 중단으로 이수가 젤화되어 있는 경우, 이수의 재순환이 시작될 때 시추공 압력이 매우 높을 수 있다.

시추과정에서 파이프의 연결작업뿐만 아니라 이어지는 작업들 사이에서 이수순환은 언제든지 멈출 수 있으므로 언급한 문제들이 반복되면 시추를 진행할 수 없다. 즉 굴진작업을 못하고 킥의 방지와 유입된 킥의 제거만 반복해야 한다. 만약 이수순환에 상관없이 시추공 압력을 일정하게 유지할 수 있다면 우리는 문제를 근본적으로 해결하게 된다.

CBHP는 이수의 정지 또는 순환에 상관없이 BHP를 일정하게 유지시키는 방법 중의 하나이다. CBHP에 사용되는 이수는 전통적인 시추에 사용하는 이수보다 밀도가 낮으며 부족한 압력은 이수순환 여부에 따라 다음과 같이 보충된다.

- 이수순환 시: BHP = 이수의 정수압 + 애눌러스 마찰손실
- 이수정지 시: BHP = 이수의 정수압 + 백압력

이수순환 시의 BHP는 이수밀도에 따른 정수압과 마찰손실압력의 합으로 나타난다. 이는 기존의 시추방법과 동일하다. 하지만 이수순환이 정지되면 이수의 정수압으로만 BHP를 유지하는 기존방법과 달리 지상에 있는 MPD 초크를 사용해 애눌러스의 압력손실에 해당하는 백압력을 가하여 BHP를 그대로 유지한다. 〈그림 8.2〉는 기존의 방법과 백압력을 함께 사용하는 CBHP를 비교한 그림이다. 그림에서 보는 바와 같이 기존의 방법은 BHP가 이수순환 여부에 따라 주기적으로 변동하지만, CBHP를 사용하는 경우 이수순환 여부에 상관없이 BHP가 일정하다.

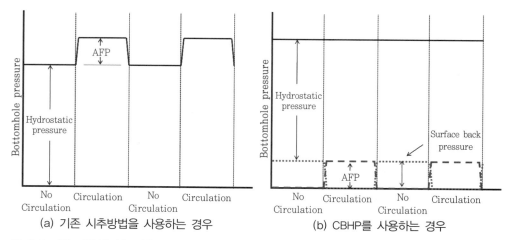

그림 8.2 기존 시추방법을 사용하는 경우와 CBHP를 사용하는 경우의 BHP 비교(AFP: annular friction pressure)

CBHP를 사용할 때의 장점은 다음과 같다.

- 이수순환에 상관없이 일정한 BHP를 유지
- 동일한 이수밀도로 더 깊이 시추
- 깊은 심도에 케이싱 설치
- 케이싱 설치개수 감소
- 목표심도에서 시추공 크기 확보
- 연속적인 유정제어
- 굴진율 증가
- 지층손상 저감

CBHP와 유사한 방법으로 CCS(continuous circulation system)가 있다. CBHP가 백압력을 사용해 이수순환에 상관없이 일정한 BHP를 유지시키는 방법이라면 CCS는 이수를 계속 순환시켜 BHP를 일정하게 유지한다. BHP가 일정하므로 CBHP가 가지는 장점을 CCS도 동일하게 가진다. 이수를 지속적으로 순환시키기 위해선 〈그림 8.3〉과 같이 여러 개의 BOP로 이루어진 커플러라는 장치가 필요하다.

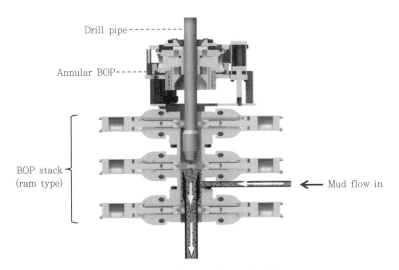

Drill pipe

Annular BOP

BOP stack
(ram type)

Mud flow in

그림 8.3 CCS을 위해 사용하는 커플러(Coupler)

시추파이프가 분리되어 보통의 방법으로 이수를 순환할 수 없는 경우, 커플러의 가운데 BOP를 닫아 그 위쪽을 밀폐하고 하부에 연결된 유동라인을 통해 이수를 주입하고 계속 순환 시킨다. 시추파이프를 다시 연결할 때는 먼저 연결할 파이프를 커플러의 가운데 BOP 위쪽에 위치시키고 최상부 BOP를 닫는다. 그 후에 가운데 BOP를 열어도 이수가 계속하여 순환된다. 이수가 순환되는 동안 아래쪽 BOP에 고정되어 있는 하부의 시추파이프에 상부의 시추파이 프를 연결하면 전통적인 방법과 동일하게 시추파이프를 통해 이수가 순환된다.

CCS를 사용할 때의 추가적인 장점은 다음과 같다.

- 시추파이프 연결 시에도 이수순환
- 암편의 계속적 제거
- 시추파이프 고착 방지
- 일정한 ECD 유지

8.1.3 PMCD

시추과정에서 이수로 시추공을 가득 채운 상태로 유지하는 것은 압력제어와 킥의 감지를 위해서도 중요하다. 하지만 나공으로 여러 지층을 지나는 경우 공극압이 시추깊이에 따라 일정하게 증가하는 것이 아니라 매우 다른 범위를 가질 수 있다. 따라서 단일 이수밀도를 이용하여 시추공의 압력을 각 지층의 공극압과 파쇄압 사이에 유지할 수 없다. 예를 들어 낮은 압력의 균열층이 있는 경우, 시추공 압력을 낮추더라도 균열층을 통해 이수손실이 발생한다. 때로는 생산으로 저류층압력이 거의 고갈된 지층을 지나 심부 유망구조에 시추하는 경우, 시추공 압력보다 저류층압력이 낮아 심각한 이수손실이 발생할 수 있다.

기존의 시추에서는 킥이나 이수손실이 발생하면 굴진작업을 멈추고 이를 해결한 후에 작업을 다시 시작한다. 하지만 그 정도가 심하고 반복적으로 발생하면 유실된 이수의 비용뿐만 아니라 비생산시간으로 인한 비용증가와 작업지연으로 책정된 예산범위를 쉽게 초과할 수 있다. 결과적으로 목표심도에 도달하기 전에 시추를 중단하게 되고 이는 명백한 시추실패이다.

〈그림 8.4〉는 PMCD의 원리를 나타낸다. 만약 전통적인 방법으로 시추하면 애눌러스에서 암편과 함께 유동하는 이수가 이수손실층에서 전부 유실되고 그 결과 낮아진 시추공 압력으로 킥이 발생할 수 있다. PMCD는 이수손실을 허용하면서 시추하는 압력제어시추로 이수손실을 해결하기 위한 추가적인 작업을 하지 않는다. 다만 애눌러스에서 시추공 압력을 유지하기 위해 추가적인 정수압을 제공한다.

먼저 점성과 밀도가 높은 이수를 애눌러스로 펌핑하여 일정한 압력을 제공하도록 유체컬럼(이를 mudcap이라 함)을 형성한다. 암편제거를 위해 사용하는 이수는 지상으로 회수되지 않고 계속 유실되므로 가격이 싸고 지층에 유입되어도 큰 문제를 발생시키지 않는 유체(이를

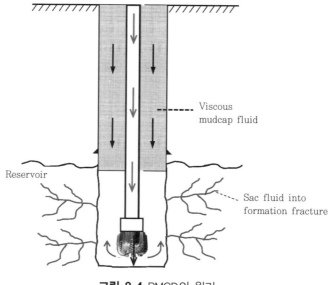

그림 8.4 PMCD의 원리

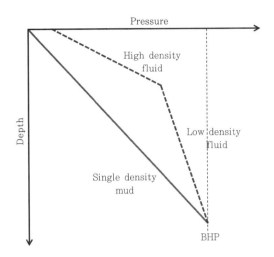

그림 8.5 수직깊이에 따른 애눌러스에서의 압력분포

sac fluid라 함)이어야 한다. 주로 처리된 물을 사용한다.

〈그림 8.5〉는 애눌러스에서의 압력을 나타낸다. 기존의 방법은 한 종류의 이수만 사용하므로 지상에서 시추비트까지 압력증가 기울기가 일정하다. 하지만 PMCD의 경우, 시추비트에서 균열층까지는 담수가 존재하고 그 위에는 고밀도 이수가 존재하므로 압력곡선은 기울기가 다른 두 개의 직선으로 나타난다. 담수의 경우 밀도가 낮으므로 깊이에 따른 압력변화가 작다. PMCD를 사용할 때의 장점은 다음과 같다.

- 킥을 제거하는 비생산시간 절약
- 시추시간 단축
- 이수비용 절감
- 담수를 사용하여 지층손상 저감
- 유해가스의 지상방출 방지
- 균열층을 밀폐하여 시추공 안정성 향상

8.1.4 이중구배시추

해양시추의 경우에는 육상시추에서 사용하지 않는 여러 장비를 사용하는데 그중에서 가장 중요한 장비 중의 하나가 해양라이저이다. 해양라이저는 해수면의 시추선과 해저면의 정두를 연결해주는 통로이며 시추스트링 이송과 이수순환에 반드시 필요하다. 하지만 수심이 깊어지면 해양라이저의 용량증가와 해양지층 특성으로 인해 여러 가지 문제점들이 나타나는데 이를 요약하면 〈표 8.1〉과 같다.

〈표 8.1〉에 나타난 문제점들은 수심이 증가할수록 그 영향이 증폭되어 나타난다. 수심증가에 비례하여 해양라이저의 길이와 무게가 증가하게 되고 이를 효과적으로 관리하기 위해 시추선의 공간 및 하중 용량, 수직 및 수평 이동 관리능력도 커져야 한다. 또한 라이저의 이송과 설치에도 더 많은 시간과 비용이 소요된다.

해양라이저의 부피가 크므로 라이저 내의 이수부피는 전체 이수부피의 대부분을 차지한다. 이는 단지 해양라이저를 통하여 이수를 순환시키기 위한 추가부피이며 경우에 따라 그 비율이 80~90% 이상으로 증가될 수 있다. 그 결과 라이저에 작용하는 외력이 증가하여 작업을 위한 정확한 위치선정과 제어가 어려워진다.

이중구배시추는 그 이름에서 유추할 수 있듯이 애눌러스에서 압력구배가 〈그림 8.6〉과 같이 두 가지로 나타난다. 전통적인 해양라이저 시스템의 압력구배는 시추선에서 시추공 바닥까지 이수밀도에 비례하여 일정하다. 이에 반해 이중구배시추는 시추선에서 정두까지의 압력구배와 그 하부의 압력구배가 다르다.

표 8.1 초심해 해양시추의 여러 문제(Choe, 2006)

- Huge weight and space requirements
- Large mud volume in a riser
- Severe stresses in a riser
- Extensive buoyancy units
- Difficult station keeping
- Long tripping time
- Numerous casing points required
- Narrow gap between pore and fracture pressures
- Marginal well control practices
- Existence of inter-related problems
- Very limited rigs
- Huge day rate of available rigs
- Inability to drill an adequate hole size

〈그림 8.6〉은 이중구배시추 시의 압력분포에 대한 개념적 예이다. 그림에서 보는 바와 같이 전통적인 해양라이저 시스템의 경우, BHP 13,000 psi를 유지하기 위해 12.5 ppg 이수를 사용하고 10,000 ft 아래에 있는 해저면에서 약 6,500 psi의 압력을 가진다. 반면 이중구배시추의 경우 정두의 압력은 8.6 ppg 해수로 인한 정수압과 같은 값인 4,472 psi가 된다. 동일한 BHP를 가져야하므로 이중구배시추에서는 16.4 ppg의 무거운 이수를 사용한다.

결과적으로 시추공의 압력이 공극압과 파쇄압 사이에 잘 유지되어 시추공의 안정성이 확보되고 케이싱의 설치개수를 줄일 수 있다. 목표심도에 도달하였을 때 시추공의 직경을 크게 유지하여 더 깊은 심도의 시추 및 생산량 증대효과를 거둘 수 있다. 또한 라이저가 분리되더라도 해저면 아래에 있는 이수의 정수압과 해수의 정수압이 공극압을 제어하기에 충분하므로 킥과 유정폭발의 위험이 현저히 감소한다.

이중구배시추에서는 해저면에서의 시추공 압력을 해수로 인한 정수압과 같게 유지한다. 이를 위한 방법은 다음과 같이 크게 세 가지로 나눌 수 있다.

- 시추액 희석(dilution of mud)
- 라이저 내 이수 높이 조절(mid-riser pumping)
- 해저면 펌프 이용(use of subsea pumps)

애눌러스 쪽에서 정두에서의 압력을 해수로 인한 정수압과 같게 유지할 수 있는 가장 직감적인 방법은 이수를 희석시켜 해수의 밀도와 같게 만드는 것이다. 이를 위해 라이저 하부에서 공기를 주입할 수 있다. 하지만 공기의 압축성으로 인해 이수의 밀도조절이 어렵고 이수가 순환되거나 정지할 때 희석된 밀도가 일정한 값으로 안정화될 때까지 긴 시간과 정교한 제어가 필요하다. 공기 대신에 압축성이 없는 빈 구슬을 사용하는 방법이 연구되기도 하였다.

이수를 희석시키지 않고도 해저면 정두에서의 압력을 조절할 수 있는 방법은 많다. 이수가 유동할 때 특정지점에서의 압력은 정수압과 마찰손실 그리고 유동으로 인한 추가적인 압력변화로 결정된다. 같은 원리로 정두에서의 압력도 그 위쪽인 라이저 속에 있는 이수의 높이와 유량을 조절하여 제어가 가능하다. 이 방법은 라이저의 상부에 별도의 회수라인과 펌프를 두어 라이저 내의 이수높이를 조절하여 정두에서의 압력을 조절한다.

이중구배시추의 또 다른 기법은 해저면에 수중펌프를 설치하고 그 흡입압력을 원하는 값으로 유지하는 것이다. 이 원리를 이용하면 이수밀도의 조절 없이도 시추공의 압력을 쉽게 조절할 수 있다. 또한 라이저 관련 문제를 완화하기 위하여 라이저 대신 내경이 6 inch 내외

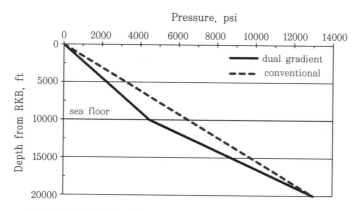

그림 8.6 전통적인 시추방법과 이중구배시추의 압력분포 개념

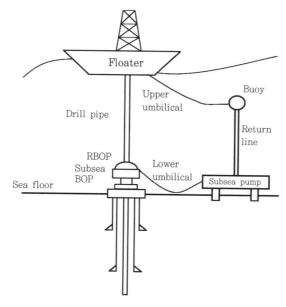

그림 8.7 Subsea mudlift drilling(Choe, 1999)

의 이수회수라인을 사용한다. 이 방법은 subsea mudlift drilling(SMD)이라 불리며 1996년부터 연구되어 2001년 미국 멕시코만에서 현장시추에 성공하였다(Choe, 1999; Choe et al., 2004b, 2007).

〈그림 8.7〉은 SMD의 개략적인 모형이다. SMD는 해양시추문제의 핵심인 해양라이저 없이 시추할 수 있는 새로운 개념의 무라이저(riserless) 시추시스템으로 다음과 같은 장점이 있다.

- 라이저 관련 문제와 비용 저감
- 수심의 영향 최소화
- 소구경의 회수라인 사용
- 적은 이수부피
- 장비의 무게 및 공간 수요 감소
- 시추선의 쉬운 위치선정
- 환경영향 저감
- 비생산시간 저감
- 케이싱 설치개수 저감
- 시추공 크기 유지에 유리
- 비용 및 시간 절감
- 심해시추를 위한 저용량 시추선의 개조 및 활용

8.1.5 RFC

목표로 하는 유망구조가 가스층 아래에 있는 경우 시추 중 발생한 킥으로 인해 지층의 가스가 지상으로 올라올 수 있다. 만약 이들이 메탄가스, 황화수소 등 유해가스인 경우 폭발이나 독성으로 심각한 피해를 초래할 수 있다. 특히 황화수소는 독성이 강하여 인명손실도 쉽게 발생할 수 있으므로 각별히 주의해야 한다.

RFC는 유해가스 유출로 인한 문제를 해결하기 위한 기법으로 압력제어시추의 원리를 이용해 이수가 지상의 대기와 만나지 못하도록 한다. 따라서 유해기체의 유출을 막고 순환시스템을 통해 점화라인으로 보내 소각하므로 인명의 손실과 환경파괴를 막을 수 있다. 이 같은 이유로 인해 RFC를 HSE 시추라고도 부른다. RFC는 다음과 같은 장점을 가진다.

- 유해가스가 포함된 지층을 안전하게 시추
- 가스킥의 안전한 관리
- 비생산시간 저감

8.2 방향성 시추

8.2.1 방향성 시추의 필요성

방향성 시추란 지하의 목표지점에 도달하기 위하여 의도적으로 수직이 아닌 궤도로 시추하는 것이다. 〈그림 8.8〉은 동일한 목표지점에 도달하기 위하여 수직시추, 방향성 시추, 수평시추의 서로 다른 궤도를 사용한 예를 보여준다. 방향성 시추는 다음과 같은 장점이 있으며 시추기술의 발달로 인하여 현재 많이 사용되고 있다.

- 수직시추가 불가능한 경우에도 적용
- 다수의 방향성 시추공(directional wells) 시추
- 다수의 목표층(multi-target) 통과
- 다가지 시추공(multi-lateral well) 시추
- 시추 중 특정한 지점을 피해서 시추
- 개발비용 절감
- 저류층 생산성 향상
- 저류층 생산관리에 유리

방향성 시추를 사용하면 인구밀집지역, 산, 호수, 환경적으로 민감한 구역 등 수직시추가 어려운 지역의 하부에 있는 목표층에 도달할 수 있다. 해양시추에서는 하나의 플랫폼에서 여러 개의 시추공을 굴진할 수 있고 또 다수의 지하 목표층을 지나도록 시추할 수 있다. 시추 작업 중에 문제가 발생하여 해당 지점을 폐공하고 옆으로 다시 시추하는 경우에도 효과적으로 적용할 수 있다.

방향성 시추를 사용하면 한 위치에서 여러 개의 시추공을 시추하므로 개발이 용이하고 또 그 비용을 절감할 수 있다. 수직이 아닌 수평정을 사용하므로 두께가 얇은 층으로부터 생산이 가능하며 과도하게 물이나 가스가 생산정으로 이동되는 현상(이를 coning이라 함)을 방지하여 회수율을 높일 수 있다. 방향성 시추공을 이용하면 수직으로 난 균열을 쉽게 연결하여 생산할 수 있고 생산량 조절이 용이하여 저류층 관리에도 효과적이다.

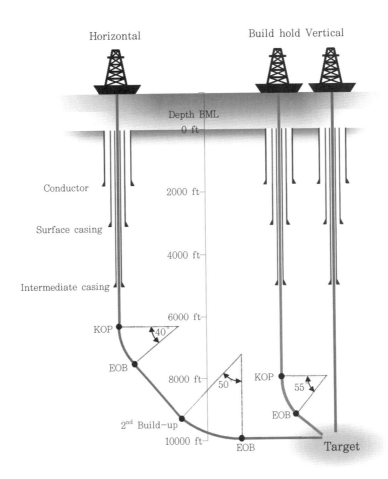

그림 8.8 수직시추, 방향성 시추의 개념도

8.2.2 방향제어방법

삼차원 공간에 존재하는 두 개의 점을 연결하는 방법은 무수히 많으며 가장 짧게 연결하는 방법은 두 점을 직선으로 잇는 것으로 시추공학에서도 마찬가지이다. 시추비용 중 가장 큰 비중을 차지하는 것은 리그 임대비이며 이는 시간의 함수이다. 따라서 가장 짧은 궤도로 시작지점과 목표지점을 연결하는 것이 경제적이지만 지질적인 문제, 장비의 한계, 기술적 한계, 환경영향 등으로 인하여 시추궤도를 직선으로 디자인할 수 없는 경우가 존재한다.

수직으로 진행되던 시추공이 처음으로 휘어지는 것을 킥오프라 하며 그 지점을 KOP라 한다. KOP는 목표지점의 심도와 수평거리 그리고 방향성궤도의 종류 등 여러 요소에 의해 결정된다. 방향성으로 시추하는 것보다 수직으로 시추하는 것이 비교적 쉽다. 하지만 KOP 지점이 목표지점과 가까울수록 짧은 구간에서 큰 각도로 시추궤도가 변화되어야 한다. 이런 경우 과도한 토크와 마찰력이 야기되기 때문에 시추궤도를 잘 계획해야 한다. 따라서 적절한 지점에서 방향성 시추를 시작하여야 여러 시추문제를 방지하고 안전하게 목표지점에 도달할 수 있다.

방향성으로 시추궤도를 시작하기 위해서는 수직방향에서 원하는 방향으로 BHA를 경사지게 위치시키는 것이 필요하며 이를 위해 다음과 같은 장비들이 사용된다.

- Whipstock
- Bent sub
- Mud motor
- Steerable downhole assembly
- Rotary steerable system(RSS)

휩스톡은 〈그림 8.9〉(a)와 같이 가운데에 홈을 가진 긴 쐐기모양의 장비이다. 시추공에 휩스톡을 위치시킨 후 BHA를 그 홈을 따라 밀어 자연스럽게 편향시킨다. 벤트서브(〈그림 8.9〉(c))는 0.5~2.5°의 각을 가진 짧은 파이프로 BHA에 부착되어 시추공의 궤도를 조절하는 데 사용된다.

이수모터는 이수의 유동을 이용하여 비트를 회전시키는 장비이다. 일반적인 시추는 탑드라이브 또는 켈리를 이용하여 시추스트링 전체를 회전시키지만 이수모터는 이수유동을 이용하여 비트만 회전시킨다. 이수모터는 〈그림 8.9〉(b)의 두 종류가 있다. PDM 타입은 내부에 나선형 홈(stator)과 내부코어(rotor)를 가지고 있어 순환하는 이수에 의해 내부코어가 회전하고 이 회전력이 비트에 전달된다. 터빈모터 타입은 이수유동에 의해 회전력을 얻도록 날개를 가지고 있다. 이수모터가 작동하는 동안에는 시추스트링은 시추궤도를 따라 회전 없이 움직인다.

조정가능 공저장비(〈그림 8.9〉(c))는 안정기, 벤트서브, 이수모터, 다이아몬드 비트가 결합되어 시추궤도 각도의 유지, 증가, 감소를 가능하게 하는 장비모듈이다. 수직시추를 포함하여 시추가 진행되고 있는 방향을 유지하고자 하는 경우에는 일반적인 시추와 마찬가지로 시추스트링 전체를 회전시킨다. 시추궤도의 각도를 증감할 때는 시추스트링 전체가 회전하는 것이 아니라 이수모터를 이용한다.

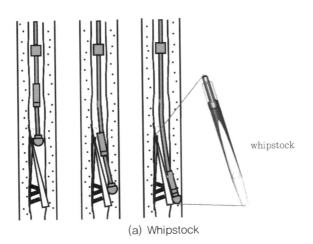

(a) Whipstock

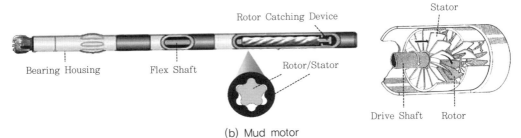

(b) Mud motor
(left: PDM(Positive Displacement Motor) type, right: Turbine type)

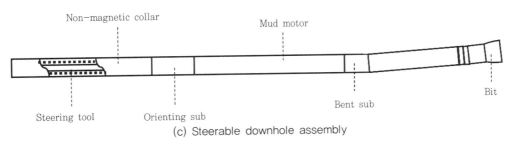

(c) Steerable downhole assembly

(d) Rotary steerable system (Courtesy of Weatherford)

그림 8.9 방향성 시추를 위한 장비들

RSS(〈그림 8.9〉(d))는 방향성 시추에 사용되는 최첨단 장비로서 지상에서 임의로 시추궤도를 변화시킬 수 있다. RSS가 방향을 조절하는 원리는 크게 두 가지이다. 하나는 RSS 내부에 비트의 방향을 조절할 수 있는 장비가 있는 것이고 다른 하나는 RSS 외부에 여러 개의 패드를 가지고 있는 것이다. 만약 시추공 궤도의 경사각을 증가시키는 경우라면 패드가 위쪽에 위치할 때만 밖으로 밀려나와 결과적으로 비트를 위쪽으로 밀어주는 역할을 한다.

8.2.3 방향성 시추궤도

시추공의 경사각을 증가 또는 감소시키는 경우는 경사를 유지하는 경우보다 어렵다. 저류층의 특성이나 개발공법에 따라서 목표지점에 도달하는 여러 궤도가 있지만 2차원 평면상에서 계획하는 시추공 궤도의 전형적인 타입은 다음과 같고 〈그림 8.10〉은 그 예를 보여준다.

- Build and hold(Type 1)
- Build, hold and drop(Type 2)
- Build, hold, partial drop and hold(Modified Type 2)
- Continuous build(Type 3)
- Horizontal with two builds
- Extended reach with two builds

타입 1(〈그림 8.10〉(a))은 계획한 KOP에서 시추공의 경사각을 증가시켜 시추공이 원하는 경사에 이르면 각을 유지하며 목표지점에 도달한다. 시추궤도를 계산하기 위하여 BUR(build up rate)이 필요하며 보통 100 ft당 궤도가 꺾이는 각도(deg/100 ft)로 표시한다. KOP의 심도와 최종 경사각 중 하나를 결정하면 나머지 변수는 수학적으로 계산된다. BUR에 따라 곡률반경이 결정되며 수평적으로 먼 거리에 도달하기 위해서는 곡률반경이 커야하므로 BUR은 작아야 한다.

타입 2(〈그림 8.10〉(b))는 시추공 경사의 증가, 유지, 감소의 세 구간으로 구성된다. 타입 1과 동일하게 KOP에서 킥오프를 시작하며 계획된 경사를 유지하는 구간을 가진다. 타입 2는 목표지점에 도달할 때 경사가 수직이 되도록 감소시킨다. 수정된 타입 2(〈그림 8.10〉(c))는 목표지점에 도달할 때 완전한 수직이 아니라 일정한 각을 유지한 상태로 목표지점에 도달한다. 목표지점에 수직으로 도달하지 않는 것을 제외하고 타입 2와 동일한 시추궤도를 가지기 때문에 수정된 타입 2라고 한다.

타입 3(〈그림 8.10〉(d))은 연속적인 시추공 경사각 증가를 통하여 목표지점에 도달하는 궤도이다. 수평시추의 경우는 〈그림 8.10〉(e)나 〈그림 8.10〉(f)와 같이 2번의 경사각 증가를 통하여 목표지점에 도달하는 수평타입과 장거리타입이 있다. 일반적으로 시추공의 경사가 수직에서 85도 이상이면 수평정, 70~85도 내외를 장거리 시추공이라 한다.

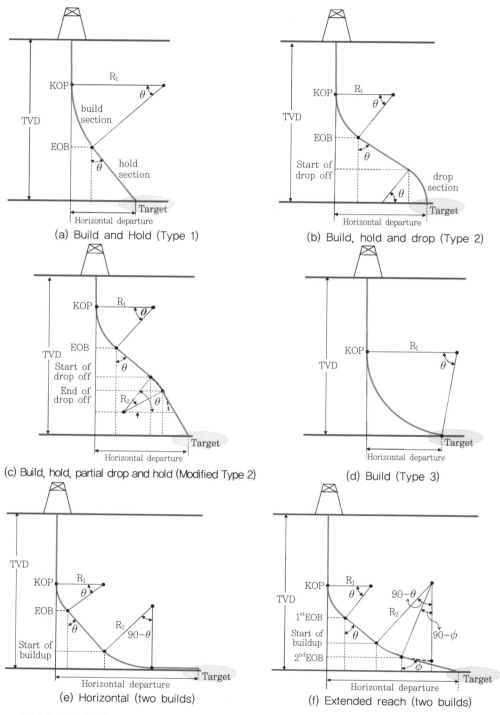

(a) Build and Hold (Type 1)

(b) Build, hold and drop (Type 2)

(c) Build, hold, partial drop and hold (Modified Type 2)

(d) Build (Type 3)

(e) Horizontal (two builds)

(f) Extended reach (two builds)

그림 8.10 시추궤도 타입(TVD: true vertical depth, KOP: kick off point, EOB: end of build)

〈그림 8.10〉의 2차원 시추궤도 타입은 여러 경로를 비교하며 시추궤도에 대한 계획을 세우는 데 활용될 수 있다. 〈그림 8.10〉과 같은 시추궤도에서 최종목표지점의 수직깊이와 수평거리는 이미 결정되어 있으며 대부분 KOP도 정해져 있다. 따라서 현실적인 질문은 첫 번째와 두 번째의 BUR을 사용할 때 목표지점에 도달하기 위하여 시추공의 궤도를 유지해야 하는 각도와 길이를 구하는 것이다. 만약 이들을 임의로 정하게 되면 목표지점을 벗어난다.

위의 질문에 답하기 위해 〈그림 8.11〉에서 KOP에서 마지막 경사각 증가를 통해 수평에 도달할 때까지만 고려하자. 먼저 시추공 궤도가 증가되는 BUR은 deg/100 ft로 주어지므로 해당 구간의 곡률반경은 식 (8.1)로 계산된다. 〈그림 8.11〉에 주어진 궤도와 곡률반경을 이용하면 수직높이와 수평거리를 각각 식 (8.2a), (8.2b)로 계산할 수 있다.

$$R = 18000/(\pi BUR) \tag{8.1}$$

$$\Delta VD = R_1 \sin\theta + L\cos\theta + R_2(1 - \sin\theta) \tag{8.2a}$$

$$\Delta HD = R_1(1 - \cos\theta) + L\sin\theta + R_2\cos\theta \tag{8.2b}$$

여기서, R은 곡률반경(ft), ΔVD, ΔHD는 방향성궤도부분의 수직높이(ft)와 수평거리(ft), θ, L은 경사각이 유지되는 구간의 각도(deg)와 길이(ft)이다. 하첨자 1, 2는 각각 처음과 두 번째 경사각의 증가구간을 의미한다.

방향성 시추궤도에 대한 수식을 제공하는 많은 참고문헌에는 식 (8.2a)와 식 (8.2b)를 풀어 시추공의 궤도가 일정하게 유지되는 각도와 구간에 대한 답을 제시하지 않는다. 대부분 〈그림 8.10〉에 주어진 각 궤도타입에 따라 이미 일정한 간격으로 계산된 차트를 이용해 값을 읽는다. 비록 개별적인 수식을 제공하더라도 각각이 너무 비슷하거나 오류가 많다.

식 (8.2)를 보면 미지수가 오직 θ, L의 2개이지만 이들이 사인과 코사인으로 주어져 실제적으로 3개의 미지수가 되어 $\sin^2\theta + \cos^2\theta = 1$ 라는 조건을 사용해야 각 θ를 구할 수 있다. 이 경우 계산과정과 결과가 복잡해 일반 교과서에 소개되지 않는다.

만약에 식 (8.2)를 (8.3)과 같이 변형하면 L을 식 (8.4)로 계산할 수 있고 이미 L이 계산되었으므로 각도 θ를 식 (8.5)로 계산할 수 있다(Choe et al., 2004a).

$$\Delta VD - R_2 = L\cos\theta - (R_2 - R_1)\sin\theta \tag{8.3a}$$

$$\Delta HD - R_1 = L\sin\theta + (R_2 - R_1)\cos\theta \tag{8.3b}$$

$$L = [(\Delta VD - R_2)^2 + (\Delta HD - R_1)^2 - (R_2 - R_1)^2]^{0.5} \tag{8.4}$$

$$\theta = \sin^{-1}\left[\frac{(\Delta HD - R_1)L - (\Delta VD - R_2)(R_2 - R_1)}{L^2 + (R_2 - R_1)^2}\right] \tag{8.5}$$

식 (8.4)와 (8.5)는 2차원 시추궤도 계산에 매우 유익한 식이다. 〈그림 8.11〉의 일반적인 경우에 대하여 유도되었으므로 〈그림 8.10〉(a)의 타입 1에 대하여도 단순히 두 번째 곡률반경을 0으로 하면(즉 $R_2 = 0$) 성립한다.

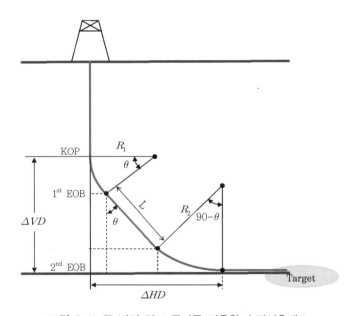

그림 8.11 두 번의 각도 증가를 사용한 수평시추궤도

8.2.4 다가지시추

다가지시추는 하나의 주궤도(main wellbore 또는 mother wellbore라 함)에서 두 개 이상의 방향성 시추공을 시추하는 방법이다(〈그림 8.12〉). 개념은 1940년대에 제안되었지만 천부에 있는 좋은 조건의 저류층을 주로 시추하였던 과거에는 이러한 기술의 필요성이 낮았고 또 현장적용을 통한 경험의 부족으로 생산을 위한 유정완결에 기술적 어려움이 있었다.

다가지시추는 하나의 정두를 사용하여 여러 개의 시추공을 시추한 것과 같은 효과를 가져 전체적인 개발비용이 저렴하고 생산성이 높은 장점이 있다. 다가지시추는 동일 저류층 내에 여러 개의 시추공을 시추하거나 격리된 부분의 생산을 촉진하기 위해 사용할 수 있다. 또한 비슷한 심도에 존재하는 서로 다른 목표층을 시추하기 위해서 사용할 수 있다.

다가지시추공을 완결하는 방법과 수준은 〈표 8.2〉와 같이 나눌 수 있으며 숫자가 높을수록 완결과정이 어렵고 각 가지시추공 사이의 압력밀폐가 잘 유지된다. 다가지시추공의 개수, 길이, 방향, 크기, 완결방법은 저류층의 특징과 생산량을 고려하여 결정되며 이는 저류층 시뮬레이션을 통한 정밀한 분석이 요구된다. 다가지시추는 다음과 같은 장점을 가진다.

- 저류층의 배유(drainage) 향상
- 생산량 증대
- 전체적인 개발비용 절감
- 기존의 시추공을 이용한 시추
- 조건에 따른 유정완결(well completion)

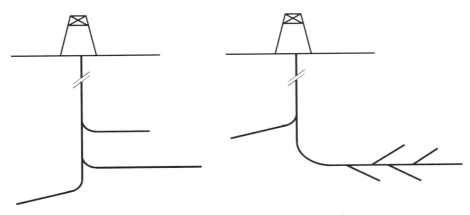

그림 8.12 다가지시추(multi-lateral drilling)

표 8.2 다가지시추공의 완결수준

Level	Completion type	Note
1	Open and unsupported junction	Open hole Applicable for hard formation
2	Main bore: cased and cemented Lateral: open hole	Multiple laterals available No pressure integrity at the junction
3	Main bore: cased and cemented Lateral: cased but not cemented	No cementing on laterals No pressure integrity at the junction
4	Main bore: cased and cemented Lateral: cased and cemented	Applicable to all formation types No pressure integrity at the junction
5	Pressure integrity at the junction is achieved with completion equipment	Use of completion equipment Pressure integrity at the junction
6	Pressure integrity at the junction is achieved with casing	Use of casing Pressure integrity at the junction

8.2.5 코일튜빙시추

CTD(coiled tubing drilling)는 시추파이프를 사용하는 전통적인 시추와는 달리 커다란 릴에 연속적으로 감긴 튜빙을 사용한다. 따라서 파이프의 연결작업이 필요하지 않아 시추시간을 줄일 수 있다. CTD는 장비규모가 작고 모듈화되어 〈그림 8.13〉과 같이 트럭에 탑재하여 운반하므로 장비의 이동과 설치가 용이하다. 큰 트레일러에 크레인과 기타 장비를 모두 갖춘 일체형도 있다.

CTD는 시추작업에서 필요로 하는 작업공간이 작기 때문에 환경영향이 작고 작업이 끝난 후 작업지역을 복원하는 비용이 적다. 릴에 감긴 튜빙은 회전할 수 없기 때문에 시추를 위해 이수모터를 사용한다. MWD, RSS 등의 장비들과 결합하여 방향성 시추나 저압시추도 가능하여 효용성이 높은 기술이다.

연속적인 튜빙을 이용한 기술은 1940년대부터 주로 생산량 감소를 해결하기 위한 유정의 유지보수작업에 사용되었으나 현재는 그 적용분야가 다음과 같이 매우 다양하다. 초기에는 주로 0.5 inch 직경의 튜빙을 사용하였지만 최근에는 6 5/8 inch까지 직경과 규모가 증가하여 북미지역을 중심으로 시추에도 활발히 적용되고 있다. 튜빙의 직경이 커지면 릴의 직경도 증가하여야 감긴 튜빙에 과도한 응력을 방지할 수 있다.

• Workover

- Cleanout

- Acid spotting

- Fishing

- Fracturing job

- Logging (for high angle wells)

- Drilling

〈그림 8.13〉에서 동력장치는 각 장비의 운전에 필요한 동력을 제공하는 모듈이며 튜빙릴은 튜빙이 감겨있는 커다란 릴로 튜빙의 직경에 따라 다양한 크기를 가진다. 제어실은 CTD의 모든 작업을 제어하는 장소로 여러 가지 패널들로 구성된다. 튜빙은 연성이 있는 재질로 만들어져 릴에 감겨 있다가 중심부에 두 개의 무한궤도 체인을 가진 주입정두를 지나면서 직선으로 펴져 시추공으로 주입된다.

코일튜빙을 사용하면 언급한 다양한 적용분야와 장점이 있지만 구성요소의 고유한 특징으로 인하여 다음과 같은 한계도 존재한다.

- 튜빙의 피로

- 튜빙의 좌굴

- 암편수송의 어려움

- 크기 및 용량의 한계

- 이용 가능한 장비 및 서비스업체 제한

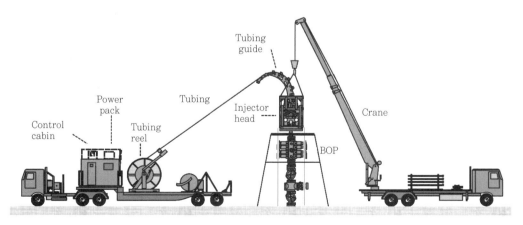

그림 8.13 Coiled tubing unit

튜빙은 작업과정에서 릴에 감겼다 풀리는 과정을 반복하므로 계속적인 휨응력을 받게 된다. 이는 튜빙의 피로도에 영향을 미치며 튜빙이 변형되거나 끊어질 수 있다. 따라서 튜빙의 수명에 대한 지속적인 예측과 검사를 포함한 모니터링이 필요하다. 누적된 피로도가 큰 부분은 절단하여 교체하고 일정기간 사용 후에는 새로운 튜빙을 사용한다.

튜빙은 직경이 작고 강도가 일반 시추파이프보다 약하므로 압축력이 강하면 좌굴이 발생할 수 있다. 만약 그 정도가 심하면 용수철과 같이 튜빙이 시추공 내에서 꼬여 더 이상의 이동이 어려운 락업 상태가 된다. 튜빙의 회전이 없으므로 암편제거가 어렵고 튜빙의 크기와 이수모터의 용량한계로 이수순환을 크게 하기 어려운 한계가 있을 수 있다. 또한 시추작업에서 필요한 다양한 서비스를 제공하는 용역업체가 제한적이다. 따라서 각 상황에 맞는 계획과 적절한 규모의 CTD 장비를 사용하는 것이 필요하다.

8.3 기타 신기술

8.3.1 소구경시추

일반적으로 처음 굴진되는 시추공 크기는 목표심도에서의 시추공 크기보다 2~3배 정도 크다. 이후에 시추깊이가 깊어지면서 더 작은 크기의 케이싱이 설치된다. 큰 시추공 크기는 굴진하여 제거해야 할 지층의 부피가 많다는 의미이므로 필요한 시설과 장비의 용량이 증가해야한다. 이는 일일운영비와 시추시간을 증가시켜 결국 시추비용이 상승한다. 따라서 처음부터 작은 크기로 시추하면 시추공 크기 관련 문제를 완화할 수 있다. 소구경으로 시추하는 시추공은 다음의 세 종류가 있다.

- Slim hole
- Microhole
- Slender well

국제 석유공학자협회(SPE)는 소구경시추를 다음과 같이 정의하며 이를 활용하면 아래와 같은 이점이 있다.

"Slim hole drilling is defined as a well with more than 90% of the overall measured depth with casing size less than 7 inch."
("소구경시추는 측정깊이의 90% 이상이 7인치보다 작은 케이싱으로 이루어진 시추공으로 정의된다.")

- 시추작업에 필요한 공간이 작음
- 적은 이수부피
- 적은 암편생성
- 작은 케이싱 사용
- 소규모 장비의 사용
- 환경영향 감소
- 시추비용 절감

　　소구경시추는 1950년대에 제안되었지만 작은 애눌러스 간격으로 인하여 킥과 유정제어의 어려움이 있고 애눌러스에서 압력감소가 과도할 수 있다는 우려로 널리 사용되지 못하였다. 또한 파이프의 고착이나 다른 시추문제로 인하여 시추공의 크기가 감소할 경우 목표심도에 도달하기 어려운 한계가 있다. 하지만 시추문제의 관리가 과거보다 용이해졌고 확장가능 케이싱 기술이 발달하면서 활발하게 사용되고 있다.

　　소구경시추를 위해 전통적인 시추에서 사용하던 리그를 그대로 사용할 수 있으나 많은 경우, 소규모의 소구경시추 전용 리그를 사용한다. 케이싱도 전통적인 케이싱을 사용할 수 있으나 시추공의 직경감소를 방지하는 확장가능 케이싱을 사용하는 추세이다.

　　작은 시추공을 사용하는 또 다른 경우로 마이크로홀 시추가 있다. 주로 4.5 inch 이하의 케이싱을 설치하는 초소형 시추공으로 주로 CTD에 의해 시추된다. 소구경시추와 같은 장단점을 가지나 적용할 수 있는 심도는 5,000~7,000 ft 이내의 천부시추로 제한된다.

　　〈그림 5.2〉와 같은 전형적인 케이싱 설치에서 최종 목표심도의 시추공 크기를 유지하면서 지표케이싱이나 중개케이싱의 크기를 줄이는 날씬한 시추공이 슬렌드 유정이다. 이 방법은 시추공의 상부에서 그 크기가 가장 크기 때문에 이 부분만 작은 크기의 시추공을 사용한다. 또한 소구경시추의 장점을 응용하여 케이싱의 설치심도를 조절하므로 그 설치개수를 줄인다. 브라질 심해에서 시추비용을 절감하기 위해 페트로브라스가 이 방법을 많이 사용하였다.

8.3.2 확장가능 케이싱

소구경시추의 경우 초기 시추공 크기가 작으므로 목표심도에서 크기가 계획한 직경보다 작을 수 있다. 만약 시추문제로 추가적으로 케이싱을 설치하였다면 시추공의 크기가 감소한다. 특히 심해지층의 경우, 공극압과 파쇄압의 차이가 작으므로 많은 개수의 케이싱이 필요하다. 이 같은 문제를 해결하기 위해 제안된 방법이 확장가능 케이싱(solid expandable tubular)이다.

　　〈그림 8.14〉는 확장가능 케이싱의 설치과정이다. 편심비트나 굴진반경의 확장이 가능한 비트를 사용하여 이미 설치된 케이싱의 내경보다 큰 시추공을 굴진한다. 해당 구간의 굴진이 완료되면 확장가능 케이싱을 하강한다. 그 후 시멘팅 반죽을 펌핑하고 시멘트가 고결되기 전에 케이싱을 확장한다. 케이싱 확장은 케이싱 끝에 부착된 쐐기형 피스톤을 이용하는데 피스톤에 압력을 가하면 위쪽으로 밀려 올라오면서 케이싱을 확장한다. 이때 확장가능 케이싱은 탄성변형 한계를 넘어 확장되며 확장된 직경을 유지하도록 설계되어 있다. 이 같은 원리를 반복하여 적용하면 시추공 전체를 동일한 직경을 가진 시추공으로 시추할 수 있는데

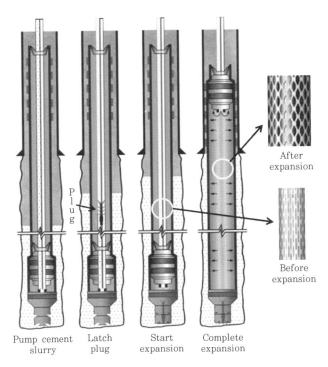

그림 8.14 확장가능 케이싱의 설치과정

이를 단일직경(Monowellbore 또는 Monodiameter) 시추공이라 한다.

확장가능 케이싱을 사용하면 전통적인 케이싱을 사용하는 경우와 비교해 15~20%의 시추 비용을 절감할 수 있고 생산성은 70%까지 향상시킬 수 있다. 또한 시추공 전체가 아닌 일부 분에만 사용하는 것도 가능하므로 시추공 크기의 감소 없이 문제지층을 격리하고자 할 때도 사용할 수 있다.

8.3.3 이중데릭시스템

이중데릭시스템(dual derrick rig)은 완전히 독립적인 기능을 가진 두 개의 데릭을 사용하여 시추작업을 수행하는 기술이다. 일반적으로 시추작업은 시추파이프 연결, 시추, 이송 등의 작업들을 순차적으로 수행하기 때문에 이 중 하나의 과정이나 데릭 자체에 문제가 생기면 연속된 작업이 중단된다. 이는 일일운영비가 비싼 심해시추의 경우 큰 경제적 손실을 초래한다. 이중데릭시스템을 사용하면 두 개의 데릭을 사용하여 작업을 수행함으로써 작업속도를 향상시키고 문제가 발생되었을 때 효과적으로 대처할 수 있다.

323

　이중데릭시스템은 〈그림 8.15〉와 같이 두 개의 데릭으로 구성되며 각 데릭의 하부에 시추 파이프를 통과시키는 열린 공간인 문풀(moon pool)이 존재한다. 한 데릭에서 시추를 수행하는 동안 다른 데릭에서는 작업계획에 따라 시추에 사용될 파이프의 연결, 케이싱 또는 BOP 스택을 준비하거나 하강한다. 시추하기 위한 두 개의 문풀이 있기 때문에 시추선을 이동시켜 작업이 연속적으로 진행될 수 있다. 이 방법은 작업효율을 향상시키고 비생산시간을 줄여 시추시간을 20~30% 정도 줄일 수 있는 것으로 알려져 있다. 현재 건조 중인 심해용 시추선은 대부분 이 시스템을 사용하며 이중기능시추선(dual activity rig)이라고도 한다.

　〈표 8.3〉은 이중데릭시스템과 일반적인 시추시스템을 사용하였을 때의 작업시간의 차이를 보여주는 예 이다. 이중데릭시스템은 라이저가 설치되기 이전에 시추되는 구간(이를 top hole 이라 함)과 폐정과정에서 매우 효과적임을 알 수 있다. 구체적인 비율은 각 작업조건에 따라 달라진다.

그림 8.15 이중데릭시스템을 갖춘 시추선(Deepwater Champion owned by Transocean, built by Hyundai Heavy Industries)

표 8.3 이중데릭시스템과 단일데릭시스템의 시추시간 비교

Activity	단일데릭시추선, days	이중데릭시추선, days
Transit to well site	1.67	1.67
Drilling top hole	12.38	9.67
Rig and run BOP	9.00	9.00
Drill 17 1/2 inch section	34.67	26.83
Pull and repair BOP	9.46	9.46
Drilling 8 1/2 inch section	25.58	22.17
P&A	11.13	7.50
Total	103.89	86.30

8.3.4 케이싱시추

케이싱시추(casing drilling)는 시추파이프 대신 케이싱을 사용하여 시추하는 기법이다. 케이싱의 하단에 설치된 비트를 이용하여 시추를 진행한 후 케이싱을 바로 설치하는 방식이다. 케이싱시추는 국내 대륙붕 시추에서도 적용되었으며 다음과 같은 장점이 있다.

운영사가 얻는 이점 :
- 시추시간 및 비용 감소
- 환경영향 저감
- 개발비용 절감
- 투자비의 빠른 회수

시추회사가 얻는 이점 :
- 드릴파이프와 드릴칼라가 필요하지 않음
- 시추에 필요한 공간을 줄임
- 시추공의 안정성 향상
- 파이프에 관련된 문제 또는 사고를 줄임
- 나공으로 인한 시추문제 완화

케이싱시추는 케이싱을 설치하고자 계획한 지점에 도달하면 시추파이프를 이송하고 케이싱을 내리는 과정 없이 시멘팅을 수행하기 때문에 시간을 단축한다. 또한 나공으로 유지되는

시간이 짧으므로 시추공의 안정성을 향상시키고 추가적인 시추문제 발생을 방지한다.

케이싱시추에는 케이싱 전체를 회전시키는 방식과 이수모터를 이용하여 비트만을 회전시키는 방식이 있다. 케이싱의 직경이 크기 때문에 초기에는 이수모터를 많이 사용하였지만 시추공의 안정성을 위해 케이싱을 회전시키는 경우도 많다. 케이싱 설치 및 비트교체는 계획한 시추공의 크기에 맞춰 진행된다.

시추비트는 시추장비 중에서 가장 단단하기 때문에 시추비트가 시추공하부에 남아 있으면 더 이상의 굴진이 불가능하다. 따라서 케이싱시추에서 시추비트는 시멘팅 작업 이전에 시추공에서 제거되어야 한다. 케이싱을 다시 권양하는 것은 시추파이프를 이송하는 것보다 더 힘들기 때문에 케이싱시추를 사용한 의미가 없어진다. 따라서 시추비트만 회수하는 것이 한 방법이다. 현재에는 비트를 직접 교체하는 기술이 개발되어 케이싱을 인양하지 않아도 되기 때문에 시추시간이 절감된다.

시추비트를 회수하지 않고 처리하는 방법이 〈그림 8.16〉의 굴진이 가능한 비트이다. 이 비트는 철제강선을 따라 비트의 날이 박혀 있고 그 내부에는 시추가 가능한 물질로 한 몸체를 이루고 있다. 목표심도에 도달하면 볼을 떨어뜨려 이수가 순환되지 못하게 비트노즐의 상부를 막고 압력을 가하면, 한 몸체로 구성되어 비트를 채우고 있던 부분이 밀려나면서 비트의 날을 포함하고 있는 철제강선을 시추공 벽면 쪽으로 밀어낸다. 따라서 케이싱 내부와 바닥에는 비트의 날이 존재하지 않게 된다. 〈그림 8.16〉에 표시된 시멘트 유동통로를 따라 시멘트가 펌핑되어 케이싱이 고정된다.

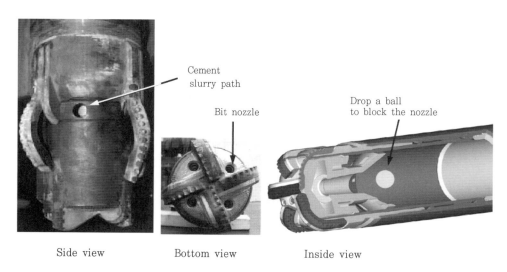

Side view　　　　Bottom view　　　　Inside view

그림 8.16 굴진이 가능한 비트(drillable bit)

8.4 성공적인 시추를 위한 조언

성공적인 시추작업을 위한 일반적인 조언은 다음과 같다.

- 계획, 계획 그리고 계획
- 작업자의 수준에 맞는 운영
- 안전우선
- 정직한 보고 문화
- 원활한 의사소통과 공동작업
- 비상계획 준비
- 보험가입

시추작업에서 가장 중요한 항목은 시추계획이다. 계획에 의해 모든 것이 준비되고 실행된다. 이용 가능한 자료와 시추기술을 바탕으로 여러 전문가의 의견을 모아 잘 준비된 시추계획은 시추문제를 최소화한다. 이 계획은 시추가 이루어질 지역과 작업자의 수준까지 고려되어야 한다. 각 작업은 아주 높은 이론적 수준을 요구하거나 정교한 운영을 필요로 하는 것이 아니라 보통의 시추작업자가 이해하고 실행할 수 있어야 한다.

시추계획에서 경제성이 기본조건이 됨은 당연하지만 작업의 용이성도 동시에 고려되어야 한다. 예를 들어, 8,000 ft의 케이싱을 설계하는 데 장력, 파열압, 붕괴압을 모두 만족시키는 가장 저렴한 케이싱을 상부로부터 2,000~2,200 ft 구간에 사용할 수 있다고 가정하자. 이를 사용하면 경제적이지만, 사용길이가 200 ft로 짧아 그 효과가 낮다. 외경과 모양이 같은 케이싱을 그 구간에 정확히 배치하는 것이 쉽지도 않고 미숙한 일부 작업자는 특별한 생각 없이 옆에 있는 케이싱을 순서대로 연결하여 시추공 하부로 내릴 수도 있다. 안전을 우선적으로 생각하는 회사는 요구되는 모든 조건을 만족하는 한 종류의 케이싱만을 사용할 수도 있다. 따라서 주어진 조건과 작업상황에 맞는 계획을 세워야 한다.

시추작업에서 경제성과 효율성도 중요하지만 더 중요한 것은 안전이다. 다른 요소들은 수용가능한 비용과 노력으로 해결이 가능하지만 안전사고는 그 영향이 너무 크기 때문에 쉽게 수습되지 않는다. 따라서 작업자들에게 안전에 대한 교육과 지도를 지속적으로 실시하여 안전작업이 일상화되도록 해야 한다.

안전작업과 더불어 정직한 보고 문화를 정착하는 것이 필요하다. 시추문제는 작업자 한

두 명의 잘못이 아니라 여러 요소가 복합적으로 작용하여 발생하기 때문에 현상의 정확한 파악과 대처를 위해서는 사실을 그대로 신속히 보고하게 해야 한다. 문책과 비난이 앞서면 상황이 악화되어 시추문제로 나타날 때까지 관련 사실을 숨기거나 책임을 전가하게 된다.

시추작업은 24시간 동안 2~3 교대로 이루어지기 때문에 정확하고 효율적인 의사소통이 필요하다. 통계적으로 작업의 교대조가 바뀌는 시간대에 시추문제가 많이 발생한다고 알려져 있다. 원활한 의사소통은 작업자와 감독, 작업현장과 본사 사이에서도 중요하다. 주어진 상황에 대하여 합리적인 결정을 내리기 위해서는 정확한 정보가 필요하고 그 결정이 마지막 작업자에게 잘 전달되어야 한다. 이와 같은 의사소통 기록은 시추문제로 사고가 발생하였을 때 과실 여부와 책임의 범위를 결정하는 데 중요하게 사용된다.

끝으로 비상계획(contingency plan)을 잘 준비하여야 한다. 환경영향평가나 위기상황에 대한 대응책을 바탕으로 모든 절차와 필요한 정보를 반드시 기록으로 가지고 있어야 한다. 예상되는 사고의 수준에 맞는 보험계약도 필요하다.

연구문제

8.1 시추신기술이 필요한 이유를 나열식으로 답하라.

8.2 방향성 시추가 적용되는 예와 일반적인 어려움을 나열식으로 제시하라.

8.3 식 (8.1)을 유도하라. BUR이 2, 5, 10 deg/100 ft일 때 곡률반경을 계산하라.

8.4 식 (8.4)와 (8.5)를 유도하라.

8.5 수직깊이 7,000 ft에서 시추공의 편향을 시작하여 10,000 ft 수직깊이에서 수평거리 1,500 ft에 도달하고자 한다. BUR을 2 deg/100 ft로 할 때, 시추공 궤도의 최대 경사각 (hold angle)과 그 경사각을 유지하는 구간(hold section)의 길이를 계산하라.

8.6 수직깊이 6,500 ft에서 시추공의 편향을 시작하여 수직심도 10,000 ft에서 수평거리 2,500 ft에 도달하고자 한다. 처음에 2 deg/100 ft로 경사각을 증가시키다 일정 각도에서 유지하고 그 후에 3 deg/100 ft로 경사각을 다시 증가시켜 목표지점에서 90도를 유지하고자 한다. 다음 물음에 답하여라.

(1) 시추공 궤도의 개형을 그려라.

(2) 두 번의 경사각 증가부분에서 곡률반경을 계산하라.

(3) KOP에서 최종 목표심도까지 수직깊이와 수평길이에 대하여 각 곡률반경, 일정하게 유지한 경사각과 그 길이의 식으로 표현하라.

(4) 문제 (3)의 일정한 경사각과 그 길이를 계산하라.

8.7 최종 경사각을 수평이 아닌 수직에서 80도로 유지할 때 〈문제 8.6〉을 반복하라. [대학원 수준]

8.8 다음과 같은 측정자료를 이용하여 물음에 답하여라. 곡률반경법(radius of curvature method)의 식을 제시하고 측정점 1번에서 4번까지 시추공 궤도를 계산하고 3차원으로 표시하라.

Data point no.	Measured depth, ft	Inclination, deg.	Azimuth, deg.
1	3,000	0	20
2	3,200	6	6
3	3,600	15	20
4	4,100	24	80

8.9 최소곡률법(minimum curvature method)에 대하여 〈문제 8.8〉을 반복하라.

8.10 다음 두 방법에 대하여 〈문제 8.8〉을 반복하고 〈문제 8.8〉의 결과를 기준으로 궤도의 마지막 위치에 대한 오차를 계산하라.
    (1) 평균각법(average angle method)
    (2) 균형접선법(balanced tangential method)

8.11 다음의 각 신기술이 적용된 사례를 두 개 이상 조사하고 해당 기술을 적용하기 이전의 문제, 해결책, 결과에 대하여 설명하라. [보고서 용]
    (1) PMCD
    (2) Dual gradient drilling
    (3) Multi-lateral well
    (4) Casing drilling
    (5) Expandable tubular

8.12 Slim hole, microhole, slender hole을 비교하여 설명하라.

8.13 Slim hole에서 킥의 제어와 유정제어가 왜 어려운지 설명하라.

8.14 수심 7,000 ft에서 21 inch 해양라이저를 이용하여 수직심도 20,000 ft(RKB depth)에서 시추 중이다. 이수밀도 12.5 ppg를 사용하면 시추공의 정수압은 공극압보다 500 psi 과압상태가 될 때 다음 물음에 답하라.

(1) BHP와 지층의 공극압을 계산하라.

(2) 비상사태로 인하여 BOP가 열린 상태에서 라이저가 분리되었을 때 킥의 발생 여부를 판단하라. 해수의 밀도는 8.6 ppg로 가정하라.

(3) 문제 (2)에서 킥을 방지하기 위한 이수의 밀도를 계산하라.

8.15 다음 용어를 설명하라.

(1) Snake well

(2) Smart well

(3) Tool face

(4) Sliding mode (of drill string)

(5) Critical and helical buckling

(6) Riser loss

(7) Hidden choke effect

8.16 SMD(subsea mudlift drilling) 이중구배시추법의 유정제어방법으로 알려진 동적 시추공폐쇄(dynamic shut in)의 원리에 대하여 조사하고 A4 용지 기준으로 2페이지 이내로 보고하라. [보고서 용]

■ 참고문헌 ■

최종근, 2006, 초심해시추와 유정제어, 석유, 6월, p. 133-156.

Abel, L.W., 1993, "Blowout risks cut with contingency plan," Oil & Gas Journal(June 7), p. 30-36.

Adams, N., 1980, *Well Control Problems and Solutions*, Prentice and Records Enterprises Inc., Tulsa, Oklahoma.

Barker, J.W. and T.D. Wood, 1997, "Estimating shallow below mudline deepwater Gulf of Mexico fracture gradient," Proc., presented at the Houston AADE Chapter Annual Technical Forum, Houston, Texas, April 2-3.

Berger, B.D. and K.E. Anderson, 1992, *Modern Petroleum A Basic Primer of the Industry*, PennWell Publishing Co., Tulsa, Oklahoma.

Bourgoyne, A.T., K.K. Millheim, M.E. Chenevert, and F.S. Young Jr., 1991, *Applied Drilling Engineering*, SPE Textbook Series, Vol. 2, Society of Petroleum Engineers, Richardson, Texas.

Choe, J., 1995, "Dynamic well control simulation models for water-based muds and their computer applications," PhD Dissertation, Texas A&M University.

Choe, J., 1999, "Analysis of riserless drilling and well-control hydraulics," SPE Drilling & Completion, Vol. 14, No. 1, p. 71-81.

Choe, J. and H.C. Juvkam-Wold, 1997, "A modified two-phase well-control model and its computer application as a training and educational tool," SPE Computer Applications, Vol. 9, No. 1, p. 14-20.

Choe, J., J.J Schubert, and H.C. Juvkam-Wold, 2004a, "Well control analyses on extended reach and multilateral trajectories," Proceedings, Paper# OTC 16626, Offshore Technology Conference, Houston, Texas, May 3-6.

Choe, J., J.J. Schubert, and H.C. Juvkam-Wold, 2004b, "Kick detection in subsea mudlift drilling," JPT, Vol. 56, No. 4, p. 44-46.

Choe, J., J.J. Schubert, and H.C. Juvkam-Wold, 2007, "Analyses and procedures for kick detection in subsea mudlift drilling," SPE Drilling & Completion, Vol. 22, No. 4, p. 296-303.

ConocoPhillips, 2004, DEA presenatation, 1st quarter.

Devereux, S., 1998, *Practical Well Planning and Drilling Manual*, PennWell Publishing Co., Tulsa, Oklahoma.

Eaton, B.A. and T.L. Eaton, 1997, "Fracture gradient prediction for the new generation," World Oil(Oct.), p. 93-100.

EIA(Energy Information Administration), //www.eia.doe.gov, 2008, "Average depth of crude oil and natural gas wells," US Department of Energy.

James K. Dodson Company, //www.dodsondatasystems.com, 2003.

부 록

부록 I. 단위변환

길이

chain	= 66 ft	= 1/80 mile	= 100 link
ft	= 12 in	= 30.48 cm	
mile	= 5280 ft = 1760 yd	= 1609.3 m	= 80 chain
yard	= 3 ft	= 0.9144 m	

면적

acre	= 43560 ft^2	= 4047 m^2	= 0.4047 ha
are	= 100 m^2	= 0.01 ha	

무게

1 lbm	= 16 oz	= 0.4536 kg	
slug	= 32.17 lbm	= 14.59 kg	
short ton	= 2000 lbm		
long ton	= 2240 lbm		
metric ton	= 1000 kg	= 2204.6 lbm	

부피

bbl	= 5.6146 ft^3 = 159 liter	= 42 gal	= 9702 in^3
ft^3	= 7.48 gal	= 28.32 liter	
gal	= 231 in^3	= 3.785 liter	
liter	= 1000 cm^3	= 0.2642 gal	
acre-ft	= 7758 bbls	= 1233.5 m^3	= 43560 ft^3

기타

ρ_{steel}	= 7.85 g/cc	= 490 lb/ft^3	= 65.5 ppg
ρ_{water}	= 1.0 g/cc	= 62.4 lb/ft^3	= 8.33 ppg

atm	= 14.7 psi = 101.3 kPa	= 760 mmHg = 1 kg/cm^2	= 1.013 bar = 1.01325E+6 dynes/cm^2
Btu	= 778 lbf−ft	= 1055 J	= 0.000293 kWh
Cal	= 3.088 ft−lb		
cc/s	= 0.5434 bbl/day		
Darcy	= 9.869e−9 cm^2		
ft−lb	= 1.356 J		
g/l	= 0.35 lbm/bbl		
HP	= 745.7 W	= 550 lbf−ft/sec	= 2545 Btu/hr
kip	= 1000 lbf	= 4448 N	
knot	= 1852 m/hr	= 1.1508 miles/hr	
lbf/100 ft^2	= 4.79 dynes/cm^2		
lbf s^n/ft^2	= 47900 eq cp	= 479 dynes s^n/cm^2	
lb/ft^3	= 16.02 g/l	= 16.02 kg/m^3	
poise	= dyne−s/cm^2 = 0.1 Pa−s	= g/cm−s	= 100 cp
psi	= 6.895 kPa	= 2.036 in Hg	= 68947 dynes/cm^2

$^{\circ}$C	= (F − 32)/1.8
$^{\circ}$F	= 1.8 $^{\circ}$C + 32

specific gravity of cement	= 3.14	
1 sack of cement	= 94 lbm	= 3.594 gal/sack
1 bbl of cement	= 376 lbm	= 4 sacks
cement bulk volume	= 1.4 ft^3/sack	= 0.25 bbls/sack

부록 II. 리그의 구성표

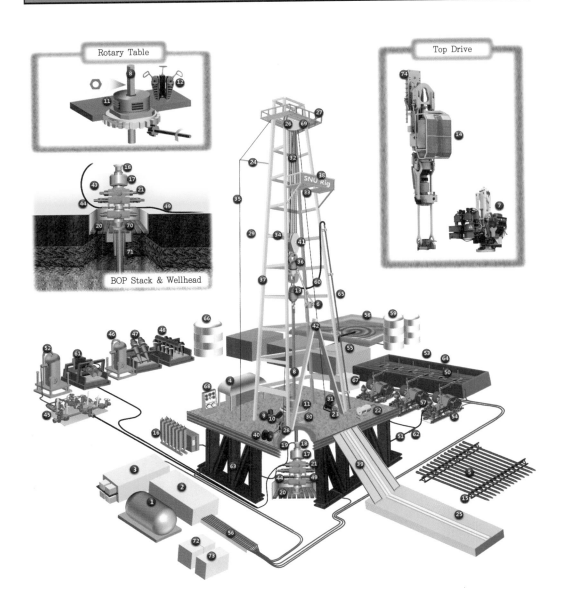

ROTARY RIG & ITS COMPONENTS

SEOUL NATIONAL UNIVERSITY
Energy System Engineering
Petroleum and Gas Laboratory
Aug 2011. Illustrated by YS Park.

Legend by number

1	Fuel tank	2	Prime movers (engines & generators)
3	SCR (Silicon controlled rectifier) house	4	Dog house
5	Drill pipe	6	Elevator
7	Iron roughneck	8	Kelly
9	Mouse hole	10	Rat hole
11	Rotary table	12	Slip
13	Swivel	14	Top drive
15	Pipe rack	16	Accumulator
17	Annular blowout preventer	18	Bell nipple
19	Mud return line	20	Cellar
21	Ram blowout preventer	22	Air hoist
23	Cathead	24	Catline boom
25	Catwalk	26	Crown block
27	Crown platform (crown's nest)	28	Deadline anchor
29	Derrick (mast)	30	Drill floor (derrick floor)
31	Drawworks	32	Drilling line
33	Fingers	34	Girt
35	Hoisting line	36	Hook
37	Leg	38	Monkey board
39	Pipe ramp	40	Storage reel
41	Traveling block	42	V-door
43	BOP stack	44	Choke line
45	Choke manifold	46	Degasser
47	Desander	48	Desilter
49	Kill line	50	Mud agitator
51	Mud discharge line	52	Mud gas separator
53	Mud pits	54	Mud pumps (hogs)
55	Mud tanks	56	Cable tray
57	Pulsation dampener	58	Reserve pit
59	Reserve tank	60	Rotary hose
61	Shale shaker	62	Shock hose
63	Substructure	64	Suction pit
65	Stand pipe	66	Stock tank
67	Trip tank	68	Driller's console
69	Water table	70	Wellhead
71	Casing	72	Storage
73	Workshop	74	Guide rail

Legend by alphabetical order

16	Accumulator		22	Air hoist
17	Annular blowout preventer		18	Bell nipple
43	BOP stack		56	Cable tray
71	Casing		25	Catwalk
23	Cathead		24	Catline boom
20	Cellar		44	Choke line
45	Choke manifold		26	Crown block
27	Crown platform (crown's nest)		28	Deadline anchor
46	Degasser		29	Derrick (mast)
47	Desander		48	Desilter
4	Dog house		31	Drawworks
30	Drill floor (derrick floor)		5	Drill pipe
68	Driller's console		32	Drilling line
6	Elevator		33	Fingers
1	Fuel tank		34	Girt
74	Guide rail		35	Hoisting line
36	Hook		7	Iron roughneck
8	Kelly		49	Kill line
37	Leg		38	Monkey board
9	Mouse hole		50	Mud agitator
51	Mud discharge line		52	Mud gas separator
53	Mud pits		54	Mud pumps (hogs)
19	Mud return line		55	Mud tanks
15	Pipe rack		39	Pipe ramp
2	Prime movers (engines & generators)		57	Pulsation dampener
21	Ram blowout preventer		10	Rat hole
58	Reserve pit		59	Reserve tank
60	Rotary hose		11	Rotary table
3	SCR (Silicon controlled rectifier) house		61	Shale shaker
62	Shock hose		12	Slip
65	Stand pipe		66	Stock tank
72	Storage		40	Storage reel
63	Substructure		64	Suction pit
13	Swivel		14	Top drive
41	Traveling block		67	Trip tank
42	V-door		69	Water table
70	Wellhead		73	Workshop

부록 III. 시추파이프의 대체부피와 용량

Drill pipe			Displacement		Capacity	
OD, inch	Weight, lbs/ft	ID, inch	bbl/ft	bbl/ 93' stand	bbl/ft	bbl/ 93' stand
2 3/8	4.85	1.995	.0016	.150	.00387	0.360
	6.65	1.815	.0023	.212	.00320	0.298
2 7/8	6.45	2.469	.0021	.196	.00592	0.551
	6.85	2.441	.0022	.208	.00579	0.538
	8.35	2.323	.0028	.259	.00524	0.488
	10.40	2.151	.0035	.329	.00449	0.418
3 1/2	8.50	3.063	.0028	.259	.00911	0.848
	9.50	2.992	.0032	.298	.00870	0.809
	11.20	2.900	.0037	.347	.00817	0.760
	13.30	2.764	.0045	.417	.00742	0.690
	15.50	2.602	.0053	.495	.00658	0.612
4	11.85	3.476	.0038	.354	.01174	1.092
	14.00	3.340	.0047	.438	.01084	1.008
	15.70	3.240	.0053	.497	.01020	0.948
4 1/2	12.75	4.000	.0041	.384	.01554	1.446
	13.75	3.958	.0045	.414	.01522	1.415
	16.60	3.826	.0055	.507	.01422	1.322
	20.00	3.640	.0068	.632	.01287	1.197
5	16.25	4.408	.0054	.503	.01888	1.755
	19.50	4.276	.0065	.607	.01776	1.652
	20.50	4.214	.0070	.654	.01725	1.604
5 1/2	21.90	4.778	.0072	.670	.02218	2.062
	24.70	4.670	.0082	.763	.02119	1.970
5 9/16	19.00	4.975	.0060	.559	.02404	2.236
	22.20	4.859	.0071	.662	.02294	2.133
	25.25	4.733	.0083	.772	.02176	2.024

부록 IV. 시추칼라의 대체부피와 용량

Drill collar			Displacement		Capacity	
OD, inch	Weight, lbs/ft	ID, inch	bbl/ft	bbl/ 93' stand	bbl/ft	bbl/ 93' stand
4 1/2	51 48 43	1 1 1/2 2	.0187 .0175 .0158	1.74 1.63 1.47	.0010 .0022 .0039	.0903 .2033 .3614
4 3/4	54 52 50	1 1/2 1 3/4 2	.0197 .0189 .0180	1.83 1.76 1.67	.0022 .0030 .0039	.2033 .2767 .3614
5	61 59 56	1 1/2 1 3/4 2	.0221 .0213 .0204	2.06 1.98 1.90	.0022 .0030 .0039	.2033 .2767 .3614
5 1/4	68 65 63	1 1/2 1 3/4 2	.0246 .0238 .0229	2.29 2.21 2.13	.0022 .0030 .0039	.2033 .2767 .3614
5 1/2	75 73 70	1 1/2 1 3/4 2	.0272 .0264 .0255	2.53 2.46 2.37	.0022 .0030 .0039	.2033 .2767 .3614
5 3/4	82 80 78	1 1/2 1 3/4 2	.0299 .0291 .0282	2.78 2.71 2.62	.0022 .0030 .0039	.2033 .2767 .3614
6	88 85 83	1 3/4 2 2 1/4	.032 .0311 .0301	2.98 2.89 2.80	.0030 .0039 .0049	.2767 .3614 .4574
6 1/4	96 94 91	1 3/4 2 2 1/4	.0349 .0340 .0330	3.25 3.16 3.07	.0030 .0039 .0049	.2767 .3614 .4574
6 1/2	105 102 99	1 3/4 2 2 1/4	.0380 .0371 .0361	3.53 3.45 3.36	.0030 .0039 .0049	.2767 .3614 .4574
6 3/4	114 111 108	1 3/4 2 2 1/4	.0413 .0404 .0394	3.84 3.76 3.66	.0030 .0039 .0049	.2767 .3614 .4574
7	120 114 107	2 2 1/2 3	.0437 .0415 .0388	4.06 3.86 3.61	.0039 .0061 .0087	.3614 .5646 .8131
7 1/4	130 124 116	2 2 1/2 3	.0472 .0450 .0423	4.39 4.19 3.93	.0039 .0061 .0087	.3614 .5646 .8131
7 1/2	139 133 126	2 2 1/2 3	.0507 .0485 .0458	4.72 4.51 4.26	.0039 .0061 .0087	.3614 .5646 .8131
7 3/4	144 136 128	2 1/2 3 3 1/2	.0522 .0495 .0464	4.85 4.60 4.32	.0061 .0087 .0119	.5646 .8131 1.107
8	147 143 138	3 3 1/4 3 1/2	.0534 .0519 .0503	4.97 4.83 4.68	.0087 .0103 .0119	.8131 .9543 1.107

부록 V. 시추공학 약어

[A]	
abd, abnd	abandoned, abundant
abt	about
ac	acid, acidizing acre(age)
AC	air conditioner alternating current
ACM	acid-cut mud
ADC	actual drilling cost
ADP	aluminum drillpipe
ADT	actual drilling time
AFC	approved for construction
AFD	approved for design
AFE	authorization for expenditure
AFL	annular friction loss
AFP	annular friction pressure
AHD	along hole depth
AM	amplitude modulation
Ann	annulus
AOF	absolute open flow
AOP	absolute open potential
APV	air pressure vessel
APWD	annulus pressure while drilling
AHT	anchor handling tug
AHTS	anchor handling tug supply
ALAP	as low as possible
atm	atmosphere
av, avg	average
AV	annular velocity
AWV	annulus wing valve

[B]	
B/B	back to back, barrel to barrel

B/D, b/d	barrels/day
BC	broken cone
BD	budgeted depth
bent	bentonite
BF	buoyancy factor
BFPD	barrels fluid per day
BFW	barrels of formation water
BG	background
BH	bottomhole
BHA	bottomhole assembly
BHC	bottomhole choke
BHP	bottomhole pressure
BHST	bottomhole static temperature
BHT	bottomhole temperature
bl, blk	black
bld	bailed
BML	below mudline(=seabed)
BO	barrels of oil
BOP	blowout preventer
BOPS	blowout preventer system
BP	bridge plug, back pressure, British Petroleum
bpm	barrels per minute
BPSV	back pressure safety valve
BPV	back pressure valve
brkn	broken
brn	brown
BRT	below rotary table
BS	bit sub
BS&W	bottom (or basic) sediment & water
bsf	below seafloor
BSW	barrels salt water
BTC	buttress thread coupling

btm	bottom
BTW	by the way
btw	between
BU	bottoms up
BUR	build up rate
BW	barrels of water

[C]	
C&C	circulate and condition
C&F	cost and freight
C/H	cased hole
C/W	complete with
Ca	calcium
CADA	cam actuated drill ahead (tool)
CALM	catenary anchor leg mooring
cap	capacity
CAPEX	capital expenditure
CART	cam actuated running tool
CB	core barrel
CBHP	constant bottomhole pressure
CBHT	circulating bottomhole pressure
CBL	cement bond log
CBT	cement bond tool
CBU	circulate bottoms up
CC, cc	calcium chloride, carbon copy, casing cemented, cubic centimeter cracked cone
CCL	casing collar log
CCM	circulate and condition mud
CCS	continuous circulation system
CD	calendar day, contract depth
CDN	compensated density neutron

CEC	cation exchange capacity
CEP	central platform
CET	cement evaluation tool
CFG	cubic feet of gas
cg	coring
cgs	centimeter, gram, second
CGR	condensate to gas ratio
CH	casinghead, cased hole
ch	chert, choke
CHG	casinghead gas
chk, ch	choke
CHP	casinghead pressure
CIF	cost, insurance, and freight
circ	circulate
CIT	chemical injection tree
CIV	chemical injection valve
CIW	Cameron Iron Works
CKB	choke, kill, boost (line)
CL	center line, choke line
cl	clay
CLFP	choke line friction pressure
CM	conditioning mud
CMC	carboxymethyl cellulose
cmt(g)	cement(ing)
CNL	compensated neutron log
CO	circulate out, clean out
COD	chemical oxygen demand
comp	completion, completed
congl	conglomerate
CP	choke pressure, casing pressure, conductor pipe, critical point, cloud point
cp	centipoise

crd	cored
crg	coring
CRI	cuttings re-injection
crkg	cracking
CS	casing shoe
csg	casing
CST	chronological sample taker
CT	coiled tubing, cable tool, cooling tower, chipped teeth
CTD	coiled tubing drilling
CTR	cost time resource
CTU	coiled tubing unit
ctgs	cuttings
cu	cubic
CV	choke valve, control valve, (curriculum vitae)
cvg	caving(s)
CY	calendar year

[D]	
D&A	dry and abandoned
D&C	drill and completion
D&P	drilling and production
D/P	differential pressure
DB	diamond bit, drilling break, database
DC	drill collar, diamond core, dually completed, digging cellar, delivery capacity, direct current, drilling contractor
DCS	diamond coring system
DD	deviation degrees, drilling deeper, directional drilling

DDR	daily drilling report
DF	derrick floor, drill floor, diesel fuel
DGD	dual gradient drilling
DGPS	differential global positioning system
DHSV	down hole safety valve
DHT	dry hole tree
DIBPV	drop in back pressure valve
DIF	drill in fluid
DIL	dual induction log
disp	displacement
DIV	drop in valve
dk	dark
DL	dogleg, drilling line
DLL	dual lateral log
DLS	dogleg severity
DMF	downhole motor failure
DOBG	diesel oil bentonite gunk
DOE	department of Energy
DOI	department of the Interior
dolo	dolomite
DOT	department of Transportation
DP	drillpipe, dynamic positioning, dew point, double pipe, drill plug
DPP	drilling production platform
DPS	dynamic positioning system
drk	derrick
drlg	drilling
DS	drillstring, drillsite, drillstem, directional survey
DSA	drilling spool adaptor

DSI	drilling suspended indefinitely		ERD	extended reach drilling
DSF	drill string failure		ES	electric survey
DSS	drilling spool spacer		ESD	emergency shut down
DST	drillstem test		ESG	equivalent specific gravity
DSU	drilling and spacing unit		est	estimated, estate
DSV	drill string valve		EU	external upset
DTF	downhole tool failure		EUE	external upset end
DVS	double V shear (ram)		ex	example, except, excellent
DWC, DwC	drilling with casing, drilling and well completion		EZ, ez	easy
DWOP	drill the well on paper		EZSV	easy drill safety valve
DWT	deadweight ton			

[E]	
E&P	exploration and production
ea	each
ECD	equivalent circulating density
ECW	equivalent circulating weight
EH	extra hole
EHS	extremely hazardous substance
EIA	environmental impact assessment, Energy Information Administration
EIR	environmental impact (assessment) report
elev	elevation
EMD	equivalent mud density
emf	electromotive force
EMS	emergency medical service
EMW	equivalent mud weight
EMWD	electromagnetic measurement while drilling
EOB	end of build
epm	equivalents per million
EPU	electrical power unit
ERP	emergency response procedure

[F]	
F&G	fire and gas
FAT	factory acceptance test
FBHP	flowing bottomhole pressure
FC	float collar
FCP	final circulating pressure
FE	flow efficiency
FG	fracture gradient
FH	full hole
FIH	fluid in hole
FIT	formation integrity test
FJ	flush joint
FL	flow line, fluid level
fl	floor, flashing, flush, fluid, flowed, flowing
fluor	fluorescence
FM	frequency meter, frequency modulation
fm	formation
FMDPP	final maximum drillpipe pressure

347

FMT	formation multi-test		GPS	global positioning system
FO	farmout, fuel oil, final opening, full opening		GR	gamma ray
			gr	grain, gray, grade, gravity, ground
FOB	free on board			
FP	fracture pressure, flowing pressure		GRN	gamma ray neutron
fph	feet per hour		grn	green
frac	fracture(d)		grv	gravel
fract	fractional, fractionation		gry	gray
			GS	gas show, guide shoe
freq	frequency		GST	geosteering tool
FS	flare stack, float shoe, feasibility study		GW	gas well, gallons water, ground water, granite wash, geothermal well (or wash)
FSA	formal safety assessment			
fsg	fishing			
FTP	flowing tubing pressure		gyp	gypsum
FY	fiscal year			
FYE	fiscal year ending			
FYI	for your information			

[G]	
G&G	geology & geophysics
GC	gas-cut
GCM	gas-cut mud
geol	geology, geological
geop	geophysics, geophysical
GIH	going into hole
GL	ground level, gas lift
gn	green
GOC	gas oil contact
GOM	Gulf of Mexico
GOR	gas oil ratio
GOV	gross observed volume
GPG	grains per gallon
gpm	gallons per minute

[H]	
HAZMAT	hazardous material
HAZID	hazard identification
HAZOP	hazardous operation (analysis), hazard and operability (study)
HC	hydrocarbon, high capacity, heat checking, high collapse
HCR	hydraulically controlled remote
HD	Horizontal departure, horizontal distance, heavy duty, horizontal drilling
hd	head, hard
HHP	hydraulic horsepower
HHV	high(er) heating value

HGB	hollow glass bead
HGS	hollow glass sphere
HiVis	high viscosity
HLO	helicopter landing officer
HO	hole opener, heating oil, heavy oil
HOC	hazard observation card
HP	horsepower, high pressure, hydraulic pressure, hydraulic pump, hydrostatic pressure
HPHT	high pressure high temperature
HPU	hydraulic power unit, hydraulic pressure unit
HPWH	high pressure well head
HSB	hollow sphere bead
HSE	health, safety, and environment
HSEIA	health, safety, and environment impact assessment
HSEMS	health, safety, and environment management system
HSI	hydraulic horsepower per square inch
HSP	hydrostatic pressure
HSR	high sulfate resistant
HT	high temperature, heat treated, high tension
HVAC	heat, ventilation, and air conditioning
hvy	heavy
HWDP	heavy weight drillpipe, heavy walled drillpipe, heviwate drillpipe

[I]	
IADC	International Association of Drilling Contractors
IBOP	inside blowout preventer internal blowout preventer
ICD	inflow control device
ICP	initial circulating pressure
ID	inner diameter, identification
IDC	intangible drilling cost
IDHL	immediately dangerous to health or life
IEU	internal-external upset
IEUE, I-EUE	internal-external upset end
IF	internal flush
ig	igneous
IMDPP	initial maximum drillpipe pressure
int	interest, internal, interior, intersection
IOC	international oil company
IOEM	invert oil emulsion mud
IP	initial production, initial pressure, injection pressure
ISP	initial shut-in pressure
IU	internal upset
IUE	internal upset end
IW	injection well
IWCF	International Well Control Forum

[J]	
J&A	junked and abandoned
JB	junk basket, junction box
JC	job complete
JIP	joint industry project

349

JP	jet perforated
JSA	job safety analysis
JSPF	jet shots per foot
jt	joint

[K]	
KB	kelly bushing
KDB	kelly drive bushing
KDBE	kelly drive bushing elevation
KGS	known geologic structure
KL	kill line
kn	knot
KO	kicked off, knock out
KOP	kick off point
KWM	kill weight mud

[L]	
LAT	least astronomical tide
LC	lost circulation, lower casing, level controller, long coupling, lease crude, lost cone
LCM	lost circulation material
lge	large
LGS	low gravity solid
LHV	low(er) heating value
LIH	left in hole
lig	lignosulfonates
LLC	liquid level controller
LLE	long lead equipment
LLG	liquid level gauge
lm	lime, limestone
LMRP	lower marine riser package
LN	lost nozzle
loc	location
LOT	leakoff test, load on top

LP	low pressure, line pressure, lodge pole
LPM	liters per minute
LPO	local purchase order
LPS	low pressure separator
LPWH	low pressure well head
LRV	lower range valve
ls	limestone
lse	lease
LTC	long thread and coupling
LTSBM	low toxicity synthetic based mud
LTOBM	low toxicity oil based mud
LW	load water
LWD	logging while drilling

[M]	
MAASP	maximum allowable annular surface pressure
MACP	maximum allowable casing pressure
MAOP	maximum allowable operating pressure
MASP	maximum allowable surface pressure
max	maximum
mbl	marble
MBSF	meter below seafloor
MBT	methylene blue test
MC	mud cake, mud cut
MCG	mud cut gas
MCO	mud cut oil
MCP	maximum casing pressure
MCS	multi-cable transit, master control system
MD	measured depth
md	milli-darcy
MDT	modular (formation) dynamic tester

MedEvac	medical evacuation
MEHD	minimum effective hole diameter
MGS	mud gas separator
min	minute, minimum, mineral(s)
MICU	moving in completion unit
MICT	moving in cable tool(s)
MIM	moving in material
MIPU	moving in pulling unit
MIR	moving in rig
MIRU	moving in and rigging up
MISU	moving in service unit
MIT	mechanical integrity test
ML	mud logger, mud line, multi-lateral
MLS	mud line suspension
MLU	mud logging unit
MMS	Mineral Management Service
MO	moving out
MOCU	moving out completion unit
MODU	mobile offshore drilling unit
MOP	margin of overpull
MOR	moving out rig
MORT	moving out rotary tool(s)
MPBHDC	minimum permissible bottomhole drill collar
MPD	managed pressure drilling
MSCT	mechanical sidewall coring tool
MSDS	material safety data sheet
MSL	mean sea level
MSR	moderate sulfate resistant
MT	metric ton (=1,000 kg)
MTBE	methyl tertiary butyl ether
MU, M/U	make up

MUT	make up torque
MW	mud weight
MWD	measurements while drilling
MWS	make well safe

[N]

N/A, NA	not applicable, not available
N/G	net to gross
N/S	no show
NB	new bit
NC	no change, no core, not completed, numbered connection
ND	nippled down, not drilling
NDT	non-destructive test
NG	natural gas, no gauge, not good
NL	neutron log
NMDC	non-magnetic drill collar
nmile	nautical mile
NOB	not on bottom
NOC	national oil company
NPT	non-productive time
NR	no returns, no report (not reported), not reached, no recovery, new rod
NRV	non return valve
NS	no show
NSV	net standard volume
NSW	net standard weight
NTS	not to scale
NU	nippled up, non-upset

[O]

O&G	oil and gas
O&GCM	oil- and gas-cut mud
O&GL	oil and gas lease
O&M	operations and maintenance
O&SW	oil and salt water
OB	overburden
OBM	oil-based mud
OC	oil-cut, on center, open choke, operations commenced, off center
OCM	oil-cut mud
OCS	outer continental shelf
OD	outer diameter
ODP	Ocean Drilling Program
OEL	occupational exposure limit
OF	open flow
OH	open hole
OIM	offshore installation manager, operation & installation manager
ool	oolitic
op	operation, opaque
OPEX	operation expenditure
ORQ	oil rig quality
OS	oil show, oxygen scavenger, overshot
OSR	oil source rock
OTP	operability test procedure
OWM	original weight mud
OWR	oil water ratio

[P]

P&A	plugged and abandoned
P&ID	piping and instrument diagram
P&P	porosity and permeability, porous and permeable
PAC	poly-anionic cellulose
PB	plugged back
pbl	pebble
PBR	polished bore receptacle
PBTD	plug back total depth
pc, PC	piece, personal computer, principal component
PCS	process control system
PD	per day, plug down, present depth, proposed depth, pulsation dampener
PDC	polycrystalline diamond compact
PDCB	polycrystalline diamond compact bit
PDM	positive displacement motor
PE	pin end, plain end, pumping equipment, professional engineer, petroleum engineering
PEL	permissible exposure limit
PEP	project execution plan
perf	perforation, perforated
perm	permeability
PF	per foot, power factor, pump factor, project financing
pfd	per foot drilled
PGB	permanent guide base
PHB	pre-hydrated bentonite
PHPA	partially hydrolyzed polyacrylamide
PHSER	project health safety (and) environment review

PI	pump in, pressure indicator, penetration index, productivity index
PIT	pressure integrity test
pk	pink
pkr	packer
PL, pl	pipeline
plg	pulling
plgd	plugged
PMCD	pressurized mudcap drilling
PMT	project management team
PN	plugged nozzle
PO	pulling out (pulled out), pump off, purchase order
POB	person on board, plug on bottom, pump on beam
POD	plan of development
POOH	pulling out of hole
POP	put on pump, percentage of proceeds
por	pore, porosity
PP	pump pressure, pulled pipe, pore pressure, production payment, pinpoint
PPE	personal protective equipment
PPM	project procedures manual, parts per million
PR	pressure recorder, purchase request, public relations
prob	probable, probability
PSA	packer set at, pressure setting assembly, production sharing agreement, purchase and sales agreement

PTD	proposed total depth
PTO	power take off
PTR	pulled tubing and rods
PTW	permission to work
PU, P/U	picked up, pulled up, pumping unit
PV	plastic viscosity, pore volume
PVT	pit volume totalizer, pressure, volume, temperature
PWD	pressure while drilling

[Q]

QMS	quality management system
QRA	quantitative risk assessment
qt	quart
qtz	quarts, quartzite

[R]

R	resistivity
R/H	run into hole
R/L	road and location
R/T	rods and tubing
RAM	reliability, availability, & maintainability
RB	rock bit, rotary bushing
RBOP	rotating blowout preventer
RC	reverse circulation, running casing, remote control
RCD	rotating control device
RCH	rotating control head
RCM	re-circulating cement mixer
RCP	reduced circulating pressure

RD	rig down, (or rig demobilization)		RUP	riser utility platform
rec	recovered		RUR	rigging up rotary (rig)
RF	rig floor		RURT	rigging up rotary tool(s)
RFC	returns flow control			
RFP	request for proposal		**[S]**	
RFQ	request for quotation		S/T	sample top
RFT	repeated formation tester		S&W	sediment and water
RIH	running into hole		SAC	subsea accumulator chamber
RKB	rotary (table) kelly bushing		SAFE	surface approximation and formation evaluation, safety award for excellent program
rmg	reaming			
rng	running			
RO	reversed out		SALM	single anchor leg mooring
ROB	remaining on board		sat, SAT	saturation, saturated, site acceptance test
ROD	rich oil demethanizer			
ROH	running out of hole			
ROL	rig on location		SBGD	seabed gas diverter
ROP	rate of penetration		SBHT	static bottomhole temperature
ROV	remotely operated vehicle			
RP	recommended practice, rock pressure		SBM	synthetic based mud
			SBOP	spherical blowout preventer
RR	railroad, rig repaired, rig released, rigging rotary		SC	standard conditions
			SCBA	self contained breathing apparatus
			SCR	silicon controlled rectifier, slow control rate, steel catenary riser
RRC	Railroad Commission			
RSS	rotary steerable system			
RST	rotary steerable tool		SCSSV	surface controlled subsurface safety valve
RSTC	rig safety and training coordinator		SD	shut down, standard deviation
RT	rotary table, registered ton		sd	sand
			SDV	shut down valve
RTD	resistance temperature detector		sdy	sandy
			SDO	shut down for orders
RTE	rotary table elevation		sdy	sandy
RTKB	rotary table kelly bushing		sec	second, secondary, section
RTU	remote terminal unit			
RU	rig up			
RUCT	rig up cable tool(s)		sed	sediment

SEM	subsea electronic module
SEPLA	suction embedment plate anchor
SG, sg	specific gravity, show of gas
SG&O	show of gas and oil
SGD	safe guarding diagram
sh	shale
SI	shut in, System International of Units
SIBHP	shut-in bottomhole pressure
SICP	shut-in casing pressure
SIDPP, SIDP	shut-in drillpipe pressure
SIL	safety integrity level
SIP	shut-in pressure
SITP	shut-in tubing pressure
sk	sack
SL	sea level
SLM	steel line measurement
SLSF	seal lock semi flush
SMD	subsea mudlift drilling
SML	subsea mudline
SO	show of oil, shake out, shale out, side opening, slip on, slack off, stand off
SO&G	show of oil and gas
SOBM	synthetic oil based mud
SON	service order number
SOP	standard operating procedure
SP	surface pressure, straddle packer, set plug, spontaneous potential, self potential

SPBM	single point buoy mooring
spd	spudded
SPM	single point mooring
SPP	slow pump pressure standpipe pressure
sq	square
sqz	squeeze
Sr	senior
SS	subsea, single shoot, string shoot, shock sub, subsurface, service station
ss	sandstone
SSCSV	subsurface control safety valve
SSO	slight show of oil
SSR	super shear ram
SSSV	subsurface safety valve
SSTT	subsea test tree
SSV	surface safety valve
ST	sidetracking
stab	stabilizer
std	standard
stds	stands
strks	streaks
sul wtr	sulphur water
SW	salt water, sea water, south west
swbd	swabbed
swbg	swabbing
SWC	sidewall core
SWU	swabbing unit
sx	sacks

[T]	
T&B	top and bottom
T&C	threaded and coupled

TA	temporarily abandoned, teaching assistant		TOV	total observed volume
TAML	technology advancement of multi-lateral		TP	tubing pressure, toolpusher
TBA	to be announced, to be arranged		TPA	third party authority
TBD	to be determined		TPF	taper per foot
tbg	tubing		TPI	threads per inch, tons per inch
TC	tubing choke, top choke, tool closed		TPO	true pump output
TCI	tungsten carbide insert		tr	trace
TCP	tubing conveyed perforator		TSD	treatment, storage, and disposal
TD	target depth, total depth, time delay		tsp	township
TDS	top drive system		TSP	thermally stable polycrystalline
TG	temperature gradient		tst(g)	test(ing)
TH	tubing hanger, tight hole		TTBP	through tubing bridge plug
thk	thick		TTR	top tension riser
thn	thin		TVD	true vertical depth
THROT	tubing hanger running and orientation tool		TVDSS	true vertical depth subsea
THS	tubing hanger spool			
TIH	trip into hole		**[U]**	
TIW	Texas Iron Works (valve)		UBD	under-balanced drilling
tl	tool		UBO	under-balanced operations
tl jt	tool joint		UG	under gauge, underground
TLP	tension leg platform		ult	ultimate
TLV	threshold limit valve		UNA	use no abbreviation(s)
TMD	total measured depth		UR, U/R	under reamer
TOC	top of cement, tag open cup, total organic content		USCG	US Coast Guard
			USI	ultrasonic imager
TOE	threaded one end, ton(ne) of oil equivalent		UT	upper tubing, upthrown
TOF	top of fish			
TOH	trip out of hole		**[V]**	
TOL	top of liner top of lead		vac	vacuum, vacation (vacant)
			VBR	variable bore ram
			VD	vertical depth
			vel	velocity
			VHF	very high frequency

vis	viscosity, visible
VIV	vortex induced vibration
vlv	valve
VOC	volatile organic compound(s)
VP	vapor pressure
VR	vapor recovery
VS	very slightly, velocity survey
VSP	vertical seismic profile
VT	vapor temperature

[W]

w, w/	with
W/C	wildcat
w/o	without, west offset
WBM	water-based mud
WBS	work breakdown structure
WC	water cut, water cushion, wildcat, weather conditions
WD	water depth, water disposal (well) wiring diagram
WH	wellhead
wh dol	white dolomite
whip	whipstock
WHIP	wellhead injection pressure
WHP	wellhead pressure, wellhead platform
WL	wireline, water loss
WO	workover, work order, wash over (washout) waiting on
WOB	weight on bit
WOC	waiting on cement
WOCR	waiting on completion rig

WOE	waiting on equipment
WOO	waiting on order
WOP	waiting on permit
WOPL	waiting on pipeline
WOR	waiting on rig
WORT	waiting on rotary tool(s)
WOS	washover string
WOW	waiting on weather
WP	working pressure, wash pipe, well pad
WPF	weight per foot
WS	whipstock, water saturation
wt	weight
WT	worn teeth, wall thickness
wtr	water
WW	water well, wash water

[X]

X, x-	cross, extra, christmas
Xing	crossing
xln	crystalline
XO	crossover
Xtree, XT	christmas tree

[Y]

yel	yellow
YMD	your message of date
YP	yield point, young professional
YTD	year to date
yr	year

[Z]

zn	zone

357

석유공학 및 생산설비 관련 약어

AOF	absolute open flow		EPCI	engineering, procurement, construction, and installation
AOFP	absolute open flow potential		EPS	early production system
API	American Petroleum Institute		ESP	electrical submersible pump
APO	after payout		EUR	estimated ultimate recovery
AVL	acoustic velocity log		F/S, FS	feasibility study
BAT	best available technology		FA	flow assurance
BFD	back flow diagram		FDL	formation density log
BPT	best practical technology		FDP	field development plan
BSR	bottom simulating reflector		FEED	front end engineering design
CAR	construction all risks		FI	farm-in
CBM	coal bed methane, conventional buoy mooring		FLNG	floating liquefied natural gas
CDL	compensated density log		FO	farm-out
CDP	common depth point		FPS	floating production system
CEP	central platform		FPSO	floating production storage & offloading
CIF	cost, insurance, and freight		FPU	floating production unit
CMP	common mid point		FVF	formation volume factor
CNG	compressed natural gas		FWKO	free water knock out
CNP	compensated neutron porosity		G&A	general & administration
CPU	central processing unit		GH	gas hydrate
CSG	coal seam gas		GHG	green house gas
CSM	catenary spread mooring		GI	gas injection
DCA	decline curve analysis		GIP	gas in place
DD	due diligence		GLR	gas liquid ratio
DEA	drag embedment anchor		GOC	gas-oil contact
DFN	discrete fracture network		GOR	gas-oil ratio
DHI	direct hydrocarbon indicator		GVLPK	gravel pack (completion)
DPP	drilling production platform		GWC	gas-water contact
DTL	dynamic tension limit		GWI	gross working interest
E&P	exploration and production		HBP	held by production
EFM	electronic flow measurement		HC	hydrocarbon
EOR	enhanced oil recovery		HCPV	hydrocarbon pore volume
EOS	equation of state		HGOR	high gas oil ratio
EPC	engineering, procurement, and construction			

HIPPS	high integrity pressure production system
HKW	highest known water
HOA	head of agreement
HPHT	high pressure and high temperature
HXT	horizontal christmas tree
IOR	improved oil recovery
IP	initial production
IPR	inflow performance relationship
IR	initial rate
IRR	internal rate of return
JOA	joint operating agreement
JOC	joint operating company
JV	joint venture
LACT	lease automatic custody transfer
LKG	lowest known gas
LKH	lowest known hydrocarbon
LKO	lowest known oil
LNG	liquefied natural gas
LOI	letter of intent
LPG	liquefied petroleum gas
LTX	low temperature separator
MBE	material balance equation
MEG	methyle ethyle glycole
MER	maximum efficient rate
MOPU	mobile offshore production unit
MOU	memorandum of understanding
NCF	net cash flow
NDT	non-destructive test
NGL	natural gas liquid
NL	neutron (porosity) log
NMR	nuclear magnetic resonance
NORM	naturally occurring radioactive materials

NPV	net present value
NRI	net revenue interest
NRT	net registered tonnage
OEG	oil equivalent gas
OF	open flow
OGGS	offshore gas gathering system
OGIP	original gas in place
OIIP	oil initially in place
OIP	oil in place
OML	oil mining license
OOIP	original oil in place
OPL	oil production license
OPR	outflow performance relationship
ORR	overriding royalty
OORI	overriding royalty interest
OPPS	over pressure production system
OS	oil show
p/z	pressure/z-factor
PBP	payback period
PF	project financing
PI	productivity index
PLEM	pipeline end module
PLET	pipeline end terminal
PLT	production logging tool(s), pipeline terminal
PNG	pipeline natural gas
PPT	pour point temperature
PSA	production sharing agreement, purchase and sales agreement
PSC	production sharing contract
PVT	pressure, volume, temperature
QAQC	quality assurance and quality control
RA	risk assessment
RCA	root cause analysis

RFT	repeated formation test		SSIS	subsea isolation system
RI	revenue interest, royalty interest		SUTU	subsea umbilical terminal unit
RPM	relative permeability modifier		TIMS	tripod catenary mooring system
RT	registered ton		ETA	umbilical termination assembly
RUP	riser utility platform		VAT	value added tax
SAGD	steam assisted gravity drainage		VEF	vessel experience factor
SCADA	supervisory control and data acquisition		VIM	vortex induced motion
SCM	subsea control module		VIV	vortex induced vibration
SCR	steel catenary riser		VLA	vertically loaded anchor
SEM	subsea electronic module		VLCC	very large crude carrier
SP	spontaneous potential		VOC	volatile organic compound
SPA	sales and purchase agreement		VSP	vertical seismic profile
SPE	Society of Petroleum Engineers		VXT	vertical christmas tree
SPM	single point mooring, subsea pilot manipulated		WAG	water alternating gas
SPS	submerged production system		WAT	wax appearance temperature
STO	stock tank oil		WC	water cut
STP	standard temperature and pressure		WHP	wellhead platform
SURF	subsea umbillicals, risers, and flowlines		WI	working interest, water injection
TH	tight hole		WSO	water shut off
TLM	taut leg mooring		WTI	West Texas Intermediate
TLP	tension leg platform			
TOC	total organic content			
TOE	ton(ne) of oil equivalent			
TPR	tubing performance relationship			
TTR	top tension riser			
UIC	underground injection control			
ULCC	ultra large crude carrier			
URF	umbilical, riser, and flowline			
USCC	United States Coast Guard			
USGS	United States Geological Survey			

기타 약어(회사나 단체 이름 포함)

ABS	American Bureau of Shipping
API	American Petroleum Institute
ASTM	American Society for Testing and Materials
BOEMRE	Bureau of Ocean Energy, Management, Regulation and Enforcement
BSEE	Bureau of Safety and Environmental Enforcement
DNV	Det Norske Veritas
DO	Diamond Offshore (Drilling Inc.)
ESV	Ensco International
GRI	Gas Research Institute
HHI	Hyundai Heavy Industries
IODP	International Ocean Drilling Program
LLC	limited liability company
NE	Noble Corporation
NOAA	National Oceanic and Atmospheric Administration
NOV	National Oilwell Varco
ODP	Ocean Drilling Program
OECD	Organization for Economic Cooperation and Development
OPEC	Organization of Petroleum Exporting Countries
OTC	Offshore Technology Conference
PDE	Pride International
RIG	Transocean
SDRL	Seadrill Limited
SIS	Schlumberger Information Solutions
SLB	Schlumberger
SPE	Society of Petroleum Engineers

단위

A-h	ampere-hour		Mcf	1,000 cubic feet
ac-ft	acre-feet		md	millidarcy
atm	atmospheric pressure		mmBtu	million Btu(MMBtu)
bbl	barrel		MMcf	1,000,000 cubic feet
bbl/d	barrels per day		mmtpa	million metric ton(ne) per annum(MMTPA)
Bcf	billion cubic feet			
BFFD	barrels of fluid per day		mph	miles per hour
BOE	barrels of oil equivalent (10,000 Kcal heat)		Mscf	1,000 stand cubic feet
			nmile	nautical mile (1,852 meter)
BOPD	barrels of oil per day		N	newton
bpd, b/d	barrels per day		oz	ounce
bph	barrels per hour		Pa	pascal
bpm	barrels per minute		pcf	pound per cubic feet (lb/ft^3)
BTU	British thermal unit (Btu)		ppf	pound per foot
BWPD	barrels of water per day		ppg	pounds per gallon
C	Celsius		ppm	parts per million
cal	calorie		ppt	parts per thousand
cc	cubic centimeter		psi	pounds per square inch (lb/ft^2)
cp	centipoise			
EEB	energy equivalent barrel		psia	pounds per square inch absolute
emf	electromotive force			
F	degree Fahrenheit		psig	pounds per square inch gauge
fph	feet per hour			
fpm	feet per minute		rb	reservoir barrel
ft	feet		rpm	revolutions per minute
gal	gallon		scf	standard cubic feet
gpm	gallons per minute		STB	stock tank barrel
gps	gallons per sack		STBD	stock tank barrel per day
J	joule		spm	strokes per minute
kips	thousand pound		stk	stroke
kn	knot		tcf	trillion cubic feet
kPa	kilo-pascal		tcm	trillion cubic meter
lb	pound		TOE	ton(ne) of oil equivalent (=10,000,000 kilo-cal)
lbf	pound force			
lbm	pound mass		yd	yard
			wpf	weight per foot (lb/ft)

VI. 연구문제 해답

머리말에서도 소개되어 있는 것처럼, 연구문제는 본문내용에 대한 구체적인 계산문제와 본문에서 다 설명하지 못한 심화된 내용을 포함하고 있습니다. 따라서 심화된 내용에 대한 추가적인 자료조사가 필요함을 인식하기 바랍니다(특히, 대학원 수준으로 제시된 문제). 구체적 계산문제에 대한 답을 제공하니 풀이과정에 대한 질문이 있으시면 메일로 문의 바랍니다. 약어와 단위변환은 부록의 정보를 이용합니다.

제1장 서 론

연구문제 1.9

문제 (2) **5200** psi

　　　　 35.85 MPa

문제 (3) **174550** lb

문제 (4) **206000** lb

문제 (5) **177.62** bbls

문제 (6) **500.90** bbls

문제 (7) **4007** stroke number

연구문제 1.10

문제 (2) **5200** psi

　　　　 35.85 MPa

문제 (3) **247759** lb

문제 (4) **292400** lb

문제 (5) **168.60** bbls

문제 (6) **495.20** bbls

문제 (7) **3962** st. number

제2장 시추계획

연구문제 2.7

문제 (1) **1910** ft

문제 (2) **2333** ft

문제 (3) **2209** ft

문제 (4) **10833** ft

제3장 시추시스템

연구문제 3.2

571.2 HP

연구문제 3.3

문제 (1) 265.4 kg
문제 (2) 41200 lb (20.6 Lb/ft with tool joint)
문제 (3) 135.70 bbls
문제 (4) 35413 lb

연구문제 3.4

문제 (1) 1260 st. no.
문제 (2) 1159 st. no.

연구문제 3.5

문제 (1) 1456.1 kg
문제 (2) 214000 lb
문제 (3) 71.04 bbls
문제 (4) 183942 lb

연구문제 3.7

405.8 ft

연구문제 3.8

문제 (1) 569.2 gpm
문제 (2) 12.72 ft/sec
문제 (3) 8.44 ft/sec
문제 (4) 4.51 ft/sec

제4장 시추액

연구문제 4.3

단위변환, $(7.48 \text{ gal/ft}^2)/(144 \text{ in}^2/\text{ft}^2) = 0.05194$

연구문제 4.4

문제 (1) 5200 psi

문제 (2) **4524** psi

문제 (3) **4342** psi

연구문제 4.5

깊이	〈문제 (1)〉			〈문제 (2)〉			〈문제 (3)〉		
	압력구배	압력	EMD	압력구배	압력	EMD	압력구배	압력	EMD
ft	psi/ft	psi	ppg	psi/ft	psi	ppg	psi/ft	psi	ppg
0	0.520	0	10	0.520	0	10.0	0.52	0	10.0
2000	0.520	1040	10	0.520	1040	10.0	0.520	1040	10.0
5000	0.520	2600	10	0.520	2600	10.0	0.130	1430	5.5
6000	0.520	3120	10	0.520	3120	10.0	0.520	1950	6.3
8000	0.520	4160	10	0.520	4160	10.0	0.598	3146	7.6
10000	0.520	5200	10	0.182	4524	8.7	0.598	4342	8.4
BHP, psi		5200	10		4524			4342	

〈참조〉

1. 깊이 0에서 EMD는 정의되지 않으므로 해당 구간의 밀도값을 그대로 이용함
2. 깊이에 따라 압력구배와 EMD를 그림 4.11과 같이 그려보는 것이 깊이에 따른 압력변화 관찰에 유익함

연구문제 4.6

5200 psi

35.85 MPa

연구문제 4.9

현장단위로 변화

(lb/gal 453.6 g/lb 7.48 gal/ft^3 ft^3/30.48^3 cc) (ft/s 30.38 cm/ft) (in 2.54 cm/in)/(cp poise/100 cp)

= **927.6**

연구문제 4.10

문제 (1) **45** cp

문제 (2) **15** cp

문제 (3) **30** lb/100 ft^2

문제 (4) **0.4148**

문제 (5) **1727.2** equi cp

연구문제 4.11

3.14 cc

19.40 cc

연구문제 4.12

      30.73 bbls

      457 부대수

연구문제 4.13

      35.88 bbls

      534 부대수

      두 결과는 서로 다르고 현재 이수의 밀도가 높을수록 더 많은 가중물질이 필요함

연구문제 4.14

      28.95 bbls

      431 부대수

      28.95 bbls

연구문제 4.15

문제 (1) 주어진 수식은 교재의 식 (4.14)에 중정석의 밀도를 (4.2*8.33)으로 가정함

      14.7   변환상수 = 42*4.2*8.33/100

      35.0   변환상수 = 4.2*8.33

문제 (2) 〈문제 4.12〉의 자료를 이용함

      459   부대 수

연구문제 4.16

      205.19 bbls

      4882 부대수

연구문제 4.17

      197.21 bbls

      4692 부대수

      97.21 bbls

연구문제 4.18

문제 (2) **568.8** psi

문제 (1) **61.85** bbls

문제 (3) **킥이 발생**

연구문제 4.22

      1496.4   분모의 계수 계산

연구문제 4.24

〈참고〉 1. 압력손실을 구하는 방법은 다양하며, 여기서는 교재 표 4.3의 등가직경과 겉보기 점도를 이용
   2. 난류의 경우 마찰계수는 계산의 편의를 위해 (유효한 레이놀즈 수 범위 밖에서도) Blasius 식을
   이용
   3. 층류와 난류의 기준은 레이놀즈 수 2300을 기준으로 함

문제 (1) **0.02772** psi/ft

문제 (2) **0.03285** psi/ft

문제 (3) **0.03020** psi/ft

연구문제 4.25

문제 (1) **55** psi   펌프압력 = 마찰손실 양

문제 (2) **991** psi   펌프압력 = 정수압 + 마찰손실 양

문제 (3) **0** psi   펌프압력은 0.0(펌핑 없이 흘러 내림)

연구문제 4.26

문제 (1) **0.00686** psi/ft

문제 (2) **0.01040** psi/ft

문제 (3) **0.00547** psi/ft

연구문제 4.27

문제 (1) **14** psi

문제 (2) **950** psi

문제 (3) **0** psi

연구문제 4.28

      935.8 psi

연구문제 4.29

〈참고〉 1. 연구문제 4.24와 같이 이 문제는 계산량이 아주 많으므로 유의하여야 함
   2. 케이싱은 9&5/8 OD (ID = 8.835 in)로 변경
   3. 시추파이프 내경 = 4.276 in.

기본적인 예비 계산

뉴턴 점도	빙햄 점도	항복응력	유동지수 n	점성지수 K
20	12	8	0.6777	149.0

분사계수	비트 압력손실
0.95	3020

367

파이프 유동 (단위는 모두 현장단위)

				문제 (1)	문제 (2)	문제 (3)
				단위길이당 압력손실		
구간	길이	내경	유속	뉴턴유체	빙햄소성	멱급수
시추파이프	13000	4.276	13.40	0.10089	0.11071	0.10729
시추칼라	2000	3	27.23	0.54318	0.52810	0.53020

애눌러스 유동 (단위는 모두 현장단위)

					문제 (1)	문제 (2)	문제 (3)
					단위길이당 압력손실		
구간	길이	외경	내경	유속	뉴턴유체	빙햄소성	멱급수
Hole-DC	2000	8.75	7	8.89	0.19378	0.19347	0.19296
Hole-DP	2000	8.75	5	4.75	0.02498	0.03034	0.02782
Casing-DP	6000	8.835	5	4.62	0.02310	0.02833	0.02583
Riser-DP	5000	19.5	5	0.69	0.00016	0.00281	0.00029
total	15000						

각 구간별 압력손실량 계산

	단위길이당 압력손실			〈참고: 기본 가정〉
구간	뉴턴유체	빙햄소성	멱급수	1. 케이싱은 9&5/8로 가정
시추파이프	1311.6	1439.2	1394.7	2. 따라서 케이싱 내경은 8.835 인치
시추칼라	1086.4	1056.2	1060.4	3. Blasius 마찰계수 식 사용
Hole-DC	387.6	386.9	385.9	4. 등가직경과 겉보기 점도 사용
Hole-DP	50.0	60.7	55.6	
Casing-DP	138.6	170.0	155.0	
Riser-DP	0.8	14.0	1.5	
문제 (1)-(3) 해답:	5994.5	6146.7	6072.8	총압력손실 (비트유동 포함)

연구문제 4.30

유체모델	뉴턴	빙행소성	멱급수
총압력손실	5994.5	6146.7	6072.8
펌프마력	2098	2152	2126

연구문제 4.31

유체모델	뉴턴	빙행소성	멱급수
압력손실	576.9	631.6	598.0
FBHP	8376.9	8431.6	8398.0
BHP	7800.0	7800.0	7800.0

연구문제 4.32

유체모델	뉴턴	빙행소성	멱급수
압력손실	2397.9	2495.4	2455.1
FBHP	13217.6	13315.1	13274.8
BHP	7800.0	7800.0	7800.0

연구문제 4.35

약 4배 증가

연구문제 4.36

문제 (1) 15.44 ppg

문제 (2) 5,760 psi

문제 (3) 163.4 min

문제 (4) 3.22 bbls

문제 (5) 1,747 psi

연구문제 4.37

문제 (1) MD 10,341 ft, HD 1,378 ft

문제 (2) 219.7 HP

문제 (3) 6개

문제 (4) 421 psi

문제 (5) 13.52 ppg

문제 (6) 1,172 psi

연구문제 4.38

문제 (1) 12.32 ppg

문제 (2) 881 sacks

문제 (3) 38.5 min

문제 (4) 1,550 bbls

제5장 케이싱과 시멘팅

연구문제 5.3

문제 (1)~(2)

	Barker and Wood method				Eaton method		
깊이	지층밀도	지층압	공극압	파쇄압	D_BML	포아송비	파쇄압
ft (RKB)	ppg	psi	psi	psi	ft		psi
0	0	0	0	0	0		0
5000	0	2236	2236	2236	0		2236
6500	14.3	3350	2907	3015	1500	0.386	3185
8000	15.7	4684	3748	4216	3000	0.431	4458
9500	16.6	6116	4893	5505	4500	0.450	5892
11000	17.2	7616	6092	6854	6000	0.463	7406
12500	17.8	9167	7334	8250	7500	0.470	8960
14000	18.2	10761	8609	9685	9000	0.476	10568
15500	18.6	12392	9914	11153	10500	0.482	12219
17000	18.9	14055	11244	12650	12000	0.486	13907
18500	19.2	15747	12598	14172	13500	0.490	15626
20000	19.5	17464	13971	15718	15000	0.493	17369

해저면은 5000 ft (RKB) 행에 해당함

〈참고〉

1. Eaton 법에서 공극압은 Barker and Wood 법의 결과를 그대로 사용함
2. Eaton 법 적용을 위해 깊이에 따른 포아송비를 알아야 함
3. 공극압과 파쇄압은 해수의 정수압보다 높게 처리함

문제 (3) 위의 두 경우를 그래프로 그려, 그림 5.3이나 5.4와 같이 필요한 케이싱의 수를 예상함
(구조케이싱 외에 공극압을 제어하기 위해 최소로 필요한 개수임. 안전마진 고려하지 않음)

4개   Barker and Wood method

3개   Eaton method

연구문제 5.4

문제 (1)~(2)

	깊이	지층밀도	Barker and Wood method 지층압	공극압	파쇄압	D_BML	포아송비	Eaton method 파쇄압
	ft (RKB)	ppg	psi	psi	psi	ft		psi
	0	0	0	0	0	0		0
해저면	10000	0	4472	4472	4472	0		4472
	11500	14.3	5586	5143	5143	1500	0.386	5421
	13000	15.7	6920	5814	6228	3000	0.431	6653
	14500	16.6	8352	6682	7517	4500	0.450	8046
	16000	17.2	9852	7881	8866	6000	0.463	9580
	17500	17.8	11403	9122	10263	7500	0.470	11146
	19000	18.2	12997	10398	11698	9000	0.476	12763
	20500	18.6	14628	11703	13166	10500	0.482	14424
	22000	18.9	16291	13033	14662	12000	0.486	16120
	23500	19.2	17983	14386	16185	13500	0.490	17845
	25000	19.5	19700	15760	17730	15000	0.493	19593

4개   Barker and Wood method

2개   Eaton method

연구문제 5.6

케이싱 설계 요약

깊이, ft	grade	단위질량
0 to 6661	N-80	47.0
6661 to 8000	N-80	53.5

연구문제 5.7

케이싱 설계 요약

깊이, ft	grade	단위질량
0 to 7332	N-80	47.0
7332 to 8000	N-80	53.5

연구문제 5.10

	항목	무게, lb	밀도, ppg	부피, gal
	시멘트	94.00	26.16	3.59
문제 (1)	벤토나이트	1.88	22.07	0.09
문제 (2)	물	53.20	8.33	6.39
문제 (3)	합	149.08	56.56	10.07
문제 (4)	시멘트 반죽의 최종 밀도, ppg			14.81

연구문제 5.11

항목	무게, lb	밀도, ppg	부피, gal
시멘트 A	94.00	26.16	3.59
Pozmix	74.00	20.49	3.61
혼합시멘트	87.00	24.17	3.60
벤토나이트	5.22	22.07	0.24
물	91.63	8.33	11.00
합	183.85		14.84
			12.39

반죽의 총부피, gal
반죽의 밀도, ppg

연구문제 5.12

문제 (1) **44.6** bbls
문제 (3) **657.7** ft
문제 (2) **130.4** bbls

연구문제 5.13

14.2 bbls

연구문제 5.14

문제 (1) **139.2** bbls
문제 (2) **728** psi
문제 (3) **13.76** ppg　(지표면에서 6000 ft까지 8.33 ppg 물로 채운다고 가정)
　　　　　　　　　　　(시멘트 반죽은 이수를 이용하여 밀어 준다고 가정)

제6장 유정제어

연구문제 6.1

문제 (1) **킥 발생**
문제 (2) **416** psi
문제 (3) **10.8** ppg

연구문제 6.2

677개

연구문제 6.3

문제 (1) **2.53** bbls
문제 (2) **킥 없음**
문제 (3) **20.33** bbls
문제 (4) **킥 발생**
문제 (5) **2개**

연구문제 6.4

문제 (1) **9.15** bbls

문제 (2) **킥 없음**

문제 (3) **22.13** bbls

문제 (4) **킥 발생**

문제 (5) **2개**

연구문제 6.5

문제 (1) SIDPP = **390** psi

SICP = **520** psi

문제 (2) **3848** psi

연구문제 6.10

1730.8 ft/hr

연구문제 6.12

문제 (1) **1300** psi

문제 (2) **685.7** psi

문제 (3)

부피	펌프압력
bbls	psi
0.0	1300.0
13.3	1238.6
26.6	1177.1
39.9	1115.7
53.2	1054.3
66.5	992.8
79.8	931.4
93.2	870.0
106.5	808.5
119.8	747.1
133.1	685.7

연구문제 6.13

919.1 gpm

연구문제 6.20

문제 (1) SIDPP = **312** psi, SICP = **389** psi

문제 (2) **93.2** bbls

연구문제 6.21

문제 (1) **2,230** psi

문제 (2) SIDPP = **520** psi, SICP = **1,048** psi

문제 (3) ICP = **2,750** psi, FCP = **2,509** psi, 펌프압력 = **2,547** psi

문제 (4) FBHP = **7,271** psi

문제 (5) 펌프압력 = **2,036** psi

연구문제 6.22

문제 (1) **2,889** psi

문제 (2) **3,318** psi

문제 (3) **7,030** psi

문제 (4) **2,528** psi

문제 (5) **4,008** psi

문제 (6) **1,400** ft/hr

제7장 시추문제

연구문제 7.7

	시추공 깊이 RKB, ft	수심 ft	Total vol. bbls	Mud vol. in Riser, %
문제 (1)	15000	5000	2492.8	**69.2**
문제 (2)	15000	10000	3967.9	**87.0**
문제 (3)	20000	10000	4307.2	**80.1**

연구문제 7.8

140400 lbf

연구문제 7.9

문제 (1) **8.35** ppg

문제 (2) **4.07** bbls

문제 (3) **44928** lbf

연구문제 7.13

109.2 hrs

연구문제 7.14

51.6 hrs

제8장 시추신기술

연구문제 8.3

BUR, deg/100 ft	Radius, ft
2	2864.8
5	1145.9
10	573.0

연구문제 8.5

1629.6 ft

35.9 deg.

연구문제 8.6

문제 (2) 1909.9 ft

문제 (4) 1322.8 ft

22.9 deg.

연구문제 8.7

참고문헌: OTC 16626 (2004 OTC Conference) Paper by Choe et al.

"Well control analyses on extended reach and multilateral trajectories"

문제 (2) 1909.9 ft

문제 (4) 1308.0 ft

35.0 deg.

연구문제 8.8(연구문제 8.8~8.10은 구체적 수식을 찾아 계산해야 함)

				Radius of curvature method		
no.	MD	inclination	Azimuth	North	East	Vertical
	ft	deg	deg	ft	ft	ft
1	3000	0	20	0.0	0.0	3000.0
2	3200	6	6	10.2	2.3	3199.6
3	3600	15	20	80.9	18.7	3592.5
4	4100	24	80	183.3	140.7	4063.4

연구문제 8.9

Minimum curvature method

no.	North	East	Vertical
	ft	ft	ft
1	0.0	0.0	3000.0
2	10.4	1.1	3199.6
3	80.0	21.0	3592.6
4	159.3	144.7	4067.7

연구문제 8.10

문제 (1)

Average angle method

no.	North	East	Vertical
	ft	ft	ft
1	0.0	0.0	3000.0
2	10.2	2.4	3199.7
3	81.2	18.8	3593.0
4	188.5	146.6	4064.3

문제 (2)

Balanced tangential method

no.	North	East	Vertical
	ft	ft	ft
1	0.0	0.0	3000.0
2	10.4	1.1	3199.5
3	79.8	21.0	3591.5
4	158.3	143.3	4061.4

연구문제 8.14

문제 (1) BHP = 13000 psi

Ppore = 12500 psi

문제 (2) 킥 발생

문제 (3) 13.86 ppg

연구문제 8.16

참고문헌: Analysis of riserless drilling and well-control hydraulics by J. Choe

(SPE D&C, Vol. 14, No. 1, p. 71-81, 1999)

■ 찾아보기 ■

[ㅇ]

379

■ 최종근 ■

●● 약력
· 1965년 생
· 1988년 2월 서울대학교 자원공학과 수석졸업(학사)
　　　　　　　서울대학교 최우등졸업
· 1990년 2월 서울대학교 대학원 자원공학과 졸업(석사)
· 1995년 5월 Texas A&M 대학 석유공학 박사(국비유학)
· 1995년 6월 ~ 1998년 8월 Texas A&M 대학 연구원
· 1998년 9월 ~ 현재 서울대학교 에너지자원공학과 교수
　　　　　　　서울대학교 에너지시스템공학부 겸임
· Marquis Who'sWho 국제인명사전에 수록

●● 수상
· 국제 4개 학회(SPE, SME, TMS, ISS) 공동선정 AIME 최우수논문상(2000년)
· 서울공대 우수강의교수상(2000년, 2007년)
· 과학기술인총연합회 우수논문상(2002년)
· 늘푸른에너지공학상(2004년)
· 공과대학 신양학술상(2006년)
· 한국지구시스템공학회 학술상(2010년)
· 한국지구시스템공학회 GSE 최우수연구상(2012년)

●● 주 연구분야
· 석유공학
· 시추공학
· 지구통계학
· 최적화

●● 이메일
· johnchoe@snu.ac.kr

381

해양시추공학(제2판)

초판발행 2011년 11월 28일
초판 2쇄 2012년 12월 20일
2판 1쇄 2017년 11월 9일

저 자 최종근
펴 낸 이 김성배
펴 낸 곳 도서출판 씨아이알

책임편집 박영지
디 자 인 백정수, 윤미경
제작책임 이헌상

등록번호 제2-3285호
등 록 일 2001년 3월 19일
주 소 (04626) 서울특별시 중구 필동로8길 43(예장동 1-151)
전화번호 02-2275-8603(대표)
팩스번호 02-2265-9394
홈 페 이 지 www.circom.co.kr

I S B N 979-11-5610-343-1 93530
정 가 27,000원